青少年科学基石32课

◎汪诘 著 庞坤 绘

从万有引力定律到相对论的诞生

南方出版社·海口

图书在版编目（CIP）数据

青少年科学基石 32 课 . 1, 从万有引力定律到相对论的诞生 / 汪诘著 ; 庞坤绘 .—海口 : 南方出版社 , 2024. 11.

ISBN 978-7-5501-9186-0

Ⅰ . N49；O412-49

中国国家版本馆 CIP 数据核字第 2024ZU9197 号

QINGSHAONIAN KEXUE JISHI 32 KE：CONG WANYOUYINLI DINGLÜ DAO XIANGDUILUN DE DANSHENG

青少年科学基石 32 课：从万有引力定律到相对论的诞生

汪诘 著　庞坤 绘

责任编辑：师建华
特约编辑：林楠
排版设计：刘洪香
出版发行：南方出版社
地　　址：海南省海口市和平大道 70 号
电　　话：（0898）66160822
经　　销：全国新华书店
印　　刷：天津丰富彩艺印刷有限公司
开　　本：710mm×1000mm　1/16
字　　数：418 千字
印　　张：34
版　　次：2024 年 11 月第 1 版　2024 年 11 月第 1 次印刷
书　　号：ISBN 978-7-5501-9186-0
定　　价：168.00 元（全六册）

目录

序　言　/01

第1章　伽利略和牛顿的世界观

伽利略的相对性原理　/002

牛顿的宇宙观　/006

牛顿的时间观　/011

第2章　不可思议的光速

伽利略测量光速　/014

罗默证明光速有限　/018

菲索成功测量出精确光速　/021

光速不受地球运动影响　/024

第3章　狭义相对论的诞生

光速居然是不变的？　/028

时间竟然是相对的？　/032

印证时间相对性的飞行实验　/036

相对论对传统时间观念的打破　/039

物体的长短也是相对的　/041

第4章 遨游太阳系

百年一遇的机会 /046

拜访木星 /050

拜访土星 /052

从太空看地球的最佳照片 /054

拜访天王星和海王星 /055

拜访冥王星 /057

揭开冥王星的神秘面纱 /059

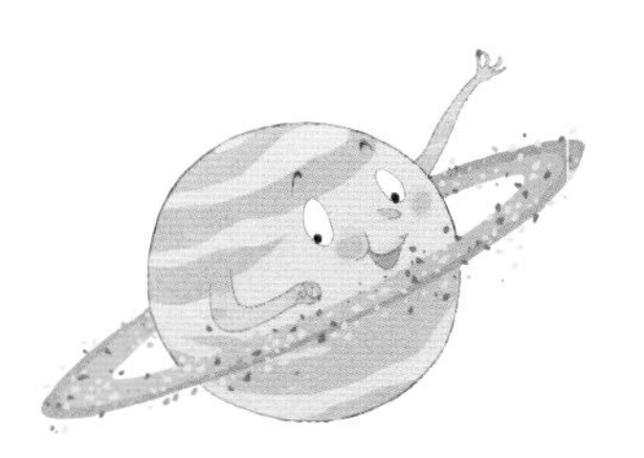

第5章 万有引力定律和引力弹弓效应

牛顿的思想实验 /064

万有引力定律 /067

引力弹弓效应 /071

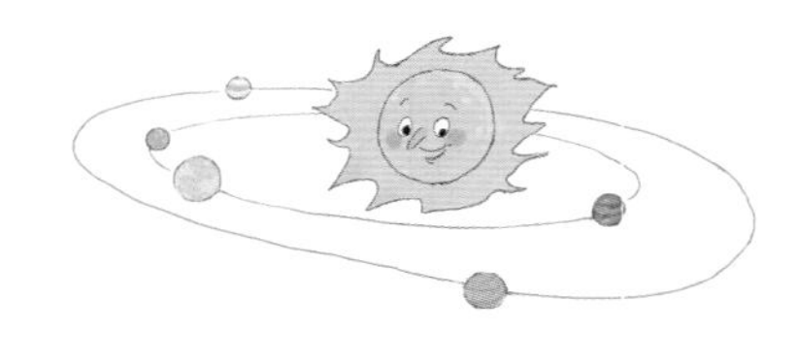

第6章 一对双胞胎引发的宇宙谜案

无处不在的万有引力 /076

双胞胎佯谬 /078

等效原理 /084

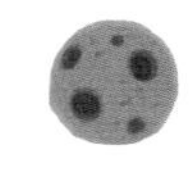

序言

我过去10多年写过的书和相关的音视频节目中，最受欢迎的永远都是天文学和物理学这两大领域。首先，我想，每一个少年的心中，都有一个星辰大海的梦想。对宇宙的好奇，是写在我们每个人的基因中的。20多万年前，当我们的先祖抬头仰望星空的那一刹那，人类文明便诞生了。从此，这颗蓝色星球上就有了第一种对宇宙产生好奇心的动物。而科学就是好奇心的产物。所以，可以说天文学是人类最早的科学，它是科学基石中的基石。

而科学的另外两块基石都与物理学相关。现代物理学包含了相对论和量子力学这两大支柱理论。不论是相对论涉及的时空弯曲、双生子佯谬，还是与量子力学有关的量子纠缠、不确定性原理，都打破了我们在日常生活中的直觉。这对于青少年来说，毫无疑问会具有无与伦比的吸引力。事实上，许多青少年对相对论和量子力学很有兴趣。这让我这个科普工作者深感欣慰。

而且这两个理论本身不仅很有趣，更是我们得以理解世界的底层基础。

具体地说，相对论为我们描绘了一个宏大的宇宙蓝图。它告诉我们时间和空间是相互联系的整体，还阐述了为什么光速是宇宙中不可逾越的极限。这些看起来好像在科幻小说中才会存在的概念，其实才是我们这个宇宙的真相。此外，黑洞、宇宙大爆炸、时空旅行等科学猜想的背后，都是相对论在提供理论支撑。

量子力学让我们得以窥见微观世界的奥秘。它解释了原子和亚原子粒子的奇妙行为，以及它们如何在我们身边以各种各样的符合物理规律的方式表现出来。它不仅改变了我们对物质和能量的理解，也为我们提供了微观领域的全新视角。

以上就是本套书再次出版时的新书名的由来（原版书名为《少儿科学思维培养书系》）。

除了书名上的变化，新版本还有什么变化呢？首先，我对全书进行了精心的扩充和修订。此前，很多读者反馈说第一版没有从符合大多数人经验和直觉的伽利略和牛顿的世界观开始讲起，直接从光速不变开始讲相对论，有点跟不上。为此，我在第 1 册《从万有引力定律到相对论的诞生》中增加了第 1 章“伽利略和牛顿的世界观”。看过小说《三体》的青少年朋友应该对其中的“降维打击”这个词印象深刻，其实它来自于相对论，而且很多人会把“降维打击”和“高维打击”混为一谈，为此我特地补充了第 2 册《从黑洞理论到引力波》的第 3 章“四维时空和高维空间”来说明相关知识。而在后面的 4 册书中，我基于这 5 年来收到的各种读者反馈以及重新、深入的思考，对部分章节进行了内容上的扩充或修订。这些内容合计 3 万字左右。

其次，因为内容上的扩充，我将这套书分成了 6 册并修改了分册书名，以便让广大青少年读者更好地把握相关内容。

伽利略、牛顿、爱因斯坦等科学家之所以伟大，不仅是因为他们创造的知识体系，更重要的是他们的科学精神——仔细观察、深入思考、大胆假设、小心验证。科学精神是解决复杂问题、推动科学进步的关键所在。在它的指引下，人类拥有了科学，创造出了如今这辉煌灿烂的科技文明。所以，了解科学知识及相关的科学故事，可以帮助青少年培养起像科学家一样思考的习惯，同时树立起科学精神。

亲爱的读者朋友，我希望无论你年岁几何，都能永远敞开好奇心的大门。

这是我们成为智慧生物的标志，也是我们作为人类最值得珍惜和骄傲的特征。

我希望，《青少年科学基石 32 课》这套书能成为青少年读者走进科学世界的敲门砖和开启知识大门的钥匙，我会尽量用通俗的语言和有趣的故事，把科学的魅力展现给你。

好了，现在请跟随我踏上一次奇妙的科学之旅。

你们的大朋友：汪诘

第 *1* 章

伽利略和牛顿的世界观

伽利略的相对性原理

恭喜，当你翻开本书，意味着你即将踏上一次奇妙的科学之旅。在这趟旅程中，你将体会历史上那些伟大科学家的奇妙经历。

我们要从意大利科学家伽利略（公元 1564—1642）的故事开始讲起。

现在，让我们回到 16 世纪末的意大利。当时，在繁华的比萨城，文艺复兴运动步入鼎盛阶段。文学、艺术与科学，如同春风一般拂过整个欧洲，一个全新的时代正在悄然来临。伽利略正是这个时期涌现出来的众多天才人物之一，他为现代物理学这座大厦奠定了第一块基石。

你一定听说过那个大名鼎鼎的比萨斜塔实验，但实际上伽利略并没有做过这个实验，而且他最擅长做的实验其实是一种“思想实验”——或许你第一次听说这个词。请记住，思想实验，是凭借大脑的想象进行的实验，它在我们人类的科学史上起到了极为关键的作用。甚至可以说，每一位伟大的科学家，都是一位思想实验大师。因此，你会在本书中看到许多精妙的思想实验。

下面，让我带你体验一下伽利略的思想实验的精妙，下面是他和古希腊哲学家亚里士多德之间的一次对话（以下内容为虚构）：

伽利略：“亲爱的亚里士多德先生，您不是说重的东西比轻的东西下落得更快吗？那么如果我们把一个铁块和一个木块用绳子拴在一起，从高处向下扔，最终会发生什么？按照您的说法，较轻的木块下落得慢，因此它会迟滞铁块的下落速度，所以它们一起下落的速度会比单个铁块下落慢一点，是不是这样？”

亚里士多德：“没错，逻辑正确。”

伽利略：“但是，铁块和木块拴在一起后的总重量要比一个铁块重，那么它们应该比单个铁块下落得更快？”

亚里士多德：“呃，这个嘛……”

伽利略：“这个实验就不用实际去做了吧，在脑子里面模拟一下就可以发现您的理论是自相矛盾的。所以，物体的下落速度和它们的轻重是无关的。”

亚里士多德：“你让我想想……”

你看，实际上，伽利略根本不需要像许多文章中说的那样爬上高高的比萨斜塔向下扔铁球，铁块和木块中哪个落得快的问题通过思考就能解决。伽利略是一名非常善于做思想实验的科学家。这对于一名物理学家来说非常重要，因为物理学经常需要在理想环境中展开研究，没有什么环境比头脑中构建的环境更理想了。

伽利略还做过另外一个著名的思想实验，从中发现了著名的“惯性定律”。

设想把一个小球放到一个 U 形管的一端，然后让小球自由滑落，那么这

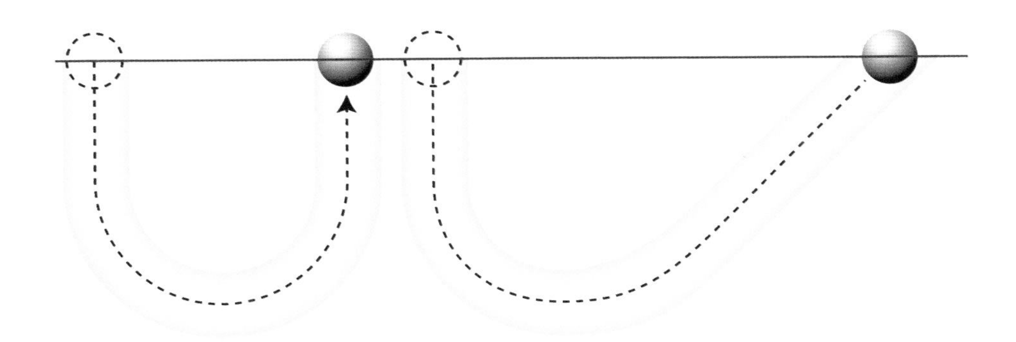

如果能发明一种完全没有阻力的材料，小球从这种材料做成的 U 形管的一端落下，应该最终到达与起点高度相同的位置

根 U 形管表面越光滑，小球在另一端上升得就越高。他设想如果能发明一种完全没有阻力的材料，则小球应该最终能恰好在另一端到达跟起点同样高度的位置。这就像在一根绳子上挂一个小球作为钟摆，如果完全没有空气阻力的话，小球从一端摆到另一端的高度应该是完全相同的。

伽利略的这个思想实验并没有止步于此，他继续往下想：好，现在假设找到了上面说的那种完美的材料，那么我把 U 形管的另一端拉平，则小球从起点滑落后，为了能在终点达到和起点同样的高度，它只能永远地滚下去，不可能停下来。

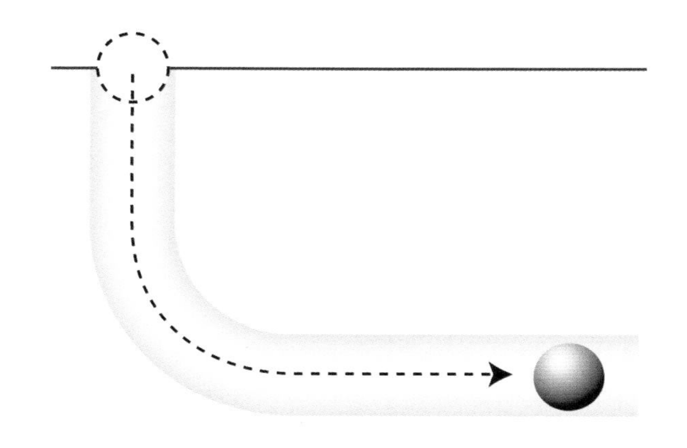

如果用上面说的那种材料做成的 U 形管的另一端是平的，从起点滑落后，为了能在终点达到和起点同样的高度，小球就永远不会停下来

从这个思想实验中，伽利略得出了一个关于运动的力学定律：在一个完全光滑的表面上运动的物体，会产生一种保持这种运动的“惯性”，除非有外力阻止这个惯性。伽利略称这个定律为“惯性定律”。

当时的人普遍认为，力是维持物体运动的必要条件，如果没有力的推动，物体就不可能发生运动。但是，伽利略通过惯性定律改变了人们的认知。惯性定律告诉我们，物体的运动并不需要力来维持，如果没有摩擦力的干扰，物体就会一直运动下去。这一原理不仅挑战了当时已经被人们普遍接受的亚里士多德的物理学，也为后来牛顿的第一运动定律打下了基础。

在惯性定律的基础上，伽利略还提出了“惯性系”的概念。他认为，如果一个物体不受任何外力干扰，那么这个物体不是处于静止状态，就是处于匀速直线运动的状态。他认为，静止和匀速直线运动的物理意义是相同的。为了精确定义这两种状态，伽利略发明了一个新词：惯性系。

也就是说，在匀速直线运动状态下，所有的力学规律和静止状态的时候是完全一样的。而且，世界上并不存在真正的静止状态，静止状态只能是相对的。一个物体有没有在运动，关键在于怎么选取参照物，就是说静止只是相对于参照物的相对静止。

由此，伽利略得出了著名的**伽利略相对性原理：**

在任何惯性系中，力学规律保持不变。

通过这个原理，可以得出这样一个推论：速度是可以叠加的。比如，你在一列行驶的列车的车头中朝前方开枪，那么，子弹相对于地面的飞行速度会变得更快，因为这个速度等于子弹的出膛速度加上火车的行驶速度。

这个原理非常符合我们的经验和直觉。然而，300 多年后，人们居然找到了一个不遵守伽利略相对性原理的特殊物质。至于它是什么，我们留到下一章再说。

牛顿的宇宙观

1642年1月8日凌晨4点，在意大利，78岁的伽利略走到了人生的尽头。他不断地重复着一句话："追求科学需要特殊的勇气。"随着说话的声音越来越轻，伽利略吐出了最后一口气，合上了眼睛，一位科学巨星就此陨落。

冬去春来，斗转星移，1年后，在英国林肯郡，一名男婴呱呱坠地，一位新的科学巨星诞生了，力学的接力棒从伽利略手上传到了这名男婴的手上，他就是艾萨克·牛顿（公元1643—1727）。

我想，你一定听说过牛顿，他是人类历史上最伟大的科学家之一，他的宇宙观和时间观（简称为"时空观"）深深地影响了好几代科学家，直到被另外一个天才科学家爱因斯坦推翻。不过，我敢说，牛顿的时空观可能更符合你的经验和直觉。

下面这段牛顿给大学生上课时的对话是虚构的，但其中的道理都是真实的：

牛顿："同学们，现在开始上课了！下面开始点名。小明，OK；小冰，OK。嗯，不错，今天来了两个，比昨天多了一个。今天我们要讲的是空间和运动。

"我们假设有一艘船正以10米/秒的速度前进。小明，现在我把你扔在

在一艘正以 10 米 / 秒的速度前进的船上，小明在船尾以 1 米 / 秒的速度朝船头方向走，此时小冰站在岸上

船尾，你以 1 米 / 秒的速度朝船头方向走。小冰，你站在岸上。我想问一下，小明在你眼里的速度是多少？

“小冰，小冰！这才刚开始上课，你怎么就打瞌睡了？好吧，小冰，看在你这么诚恳地看着我的份上，我就不难为你了。

“答案其实很简单，根据伽利略相对性原理，在小冰的眼里，小明的移动速度是船的移动速度加上小明走路的速度，也就是 10+1=11（米 / 秒）。

“接下来，我还有两个问题。问题一：如果小冰在岸上用 2 米 / 秒的速度和船做同方向运动，那么在小冰眼里的小明的速度是多少呢？问题二：如果小冰和船做着反方向运动，那么在小冰眼里的小明的速度又是多少呢？”

小明回答道：“这两个问题一点都不难，问题一的答案是 10+1−2=9（米 / 秒），问题二的答案是 10+1+2=13（米 / 秒）。”

牛顿说：“小明、小冰，我如此啰唆地问你们这些看似很无聊的问题，是希望你们能自己总结出速度合成的规律，给出速度合成的定律。怎么样？

你们俩谁想表现一下？”

小明抢先答道：“教授，我知道了，假设 A 的速度是 v，B 的速度是 u，那么得出他们的相对速度 w 的公式是：w = v ± u。v 和 u 中间是用加号还是

当小明站在船上，小冰站在岸上，在船上飞舞的苍蝇的眼里，小冰运动得比小明快；反过来，在岸上飞舞的苍蝇的眼里，小明运动得比小冰快

减号，关键是看他们运动的方向，如果一致就用减号，否则用加号。”

牛顿说：“非常好。那么，小冰，你同意小明的结论吗？”

小冰说：“我完全同意，教授。我想补充说明的是，要想知道相对速度到底是多少，绝对不能脱离参照物，因为做同样运动的物体，如果参照物不同，速度是完全不一样的。比如，在我看来，小明的速度是 11 米 / 秒，但在一个站在太阳上的人看来，小明的速度还得再加上地球绕太阳运行的速度。”

小明补充说：“我认为，这个世界上不存在绝对的速度上的快与慢。当我站在船上而小冰站在岸上时，在船上飞舞的苍蝇的眼里，小冰运动得比我快；反过来，在岸上飞舞的苍蝇的眼里，我运动得比小冰快。”

牛顿：“说得很好，你们两个今天果然聪明多了。接下来，我要问你们一个有深度的问题了。请问，什么东西可以作为参照物？”

小明和小冰异口同声：“任何东西都可以作为参照物。”

牛顿：“很好，那空间本身是不是也可以作为参照物呢？”

小明和小冰：“呃……这个，还真没想过这么深奥的问题。”

牛顿：“你们想象一下，宇宙中充满了空间，宇宙延伸到哪里，空间就延伸到哪里。这个巨大的空间本身代表的就是宇宙的母体，处处均匀，永不移动。天上的星星，地上的蝼蚁，我们居住的地球，都在这个空间中运动。如果把空间本身看作一个参照物，那么这个参照物就是一个‘绝对空间’，所有物体在绝对空间中的运动速度就是一种‘绝对速度’，这样就可以比较它们速度的快慢了。这时，我们会发现，原来地球的绝对运行速度比太阳的绝对运行速度要快。我们的宇宙就像一个充满了水的巨大玻璃球，水安静地待在那里，没有丝毫流动。太阳、星辰和我们就像水中的鱼儿一样在里面游动，鱼儿感受不到水的存在，我们也同样无法感受到空间中某样实体的存在。这就是我的宇宙观。”

怎么样？你同意牛顿的宇宙观吗？你可以带着对这个问题的思考继续阅读本书，相信最终你一定能体会到科学的魅力。

牛顿的时间观

牛顿是怎么看待时间的呢？我们再次请出牛顿老师，让他自己来告诉你（以下内容仍然是虚构的）：

牛顿：“有一样东西，我们看不见摸不着，但是谁也无法否认它的存在，那就是时间。你们说说看，时间是什么？”

小明：“时间就是生命，时间就是金钱，时间就是知识，时间就是胜利，时间就是丰收，时间就是灵感，时间就是思考。”

小冰：“时间就是教堂的钟声，时间就是太阳的东升西落、斗转星移。我说不清楚时间是什么，但我分明感受到时间在流逝。”

牛顿：“时间真实存在，但它与外在的一切事物都无关，它绝对地、均匀地流逝，不与任何性质有关，任何力量都无法改变它绝对不变的频率。威斯敏斯特大教堂的钟12点整准时敲响，不会因为你在洗澡还是在跑步而改变。小明在伦敦，小冰在巴黎，如果忽略声音的传播时间的话，当钟声响起的时候，你们都应当听到，在听到的一刹那你们俩若有心灵感应，你们会同时感受到对方传递的感受。时间对于世间万物都是公平的。”

此时，下课铃响了，小明和小冰几乎同时消失在了教室门口，速度之快甚至让牛顿都怀疑时间是不是真的存在了。

“时间对任何人都不多给一点也不少给一点。”牛顿对着空气（他早就习惯了），把最后一句话说完，夹着讲义，走出了教室。

怎么样？牛顿的时间观是不是和你的一样呢？我相信，牛顿的时间观符合大多数人的日常生活体验，因此，牛顿的这套思想体系很容易被大众接受。在当时，牛顿是物理界的权威，他的话如真理一样不容置疑。

如果说到目前为止，本书所讲的一切都还让你觉得这个世界就是你所认识的那个世界，那么，我接下来要讲的，都将慢慢颠覆伽利略和牛顿的世界观以及你的常识，挑战你的思维极限。

让爸爸妈妈帮助你把几个不同重量的东西悬挂起来（比如一袋沙子、一个皮球和一桶水），然后你用手推一推它们，感觉一下它们的重量。想想看，为什么你不用亲手拎起它们，也能知道谁轻谁重？这里面蕴含着什么深刻的道理呢？

第2章

不可思议的光速

伽利略测量光速

颠覆伽利略和牛顿的世界观的故事很长，要从人类对光的探索开始讲起。

光，是我们这个宇宙中常见的自然现象。在我们的世界中，光无处不在。人类无法想象一个没有光的世界将会是什么样子的。

然而，光也是我们这个宇宙中神秘的自然现象。直到今天，我们也依然不敢说完全了解光。在漫长的历史中，人类曾一度认为光线的传播是不需要任何时间的，也就是说，光的传播速度无限大。这非常符合我们的常识。比如，你在漆黑的房间里划亮一根火柴，火柴的亮光发出的一刹那，整个房间都被照亮了，谁也没有看到过自己的手先亮起来，然后自己的脚亮起来，最后看到房

在漆黑的房间里面划燃火柴的一刹那，光完成了传播

间的墙壁慢慢显现。再比如，当太阳从山后升起来的一刹那，地面上的所有东西都同时披上了金色的外衣，谁也没有看到过阳光像箭一样朝我们射过来。

但是，400 多年前，上一章中提到的那位意大利科学家伽利略，不相信光的传播不需要时间。他猜想，既然存在空间，就不可能有一个可以完全无视空间的东西，我们感觉不到光的速度，肯定是因为它跑得实在太快了。

伽利略为什么能成为世界历史上最伟大的科学家之一呢？一个最重要的原因就是他不仅仅是想想而已。每当有了一个猜想，伽利略总是会想尽办法用实验来证明自己的猜想。

你也想当科学家吗？

如果想，请你记住：要当科学家，先要成为一个“实验党”。

那么，伽利略是怎么做实验来证明光的速度有限呢？

当时，还没有发明手电筒和电子表，身边能发光的东西只有火把和煤油灯。伽利略在煤油灯的外面套了一个罩子，保证拉开这个罩子，光就照射出来，关上罩子，光就消失了，好歹算是做出了一个简陋的手电筒。如果你穿越过去，送他一支激光笔，伽利略一定特别感激你。

伽利略一行四人，分成两组，分别登上两座相隔 1.5 千米的山峰。每组各自携带上面提到的那种“手电筒”和一个钟摆计时装置（这种装置是伽利略利用钟摆的等时性原理制成的，是摆钟的前身）以及用来记录数据的纸笔。

接下来，让我们来看看伽利略具体是怎么做实验的吧！（以下故事带有演绎成分）

在上山前，伽利略给队员们布置任务：“卡拉齐，你和我一组，去 A 山；贝尼尼和卡拉瓦乔一组，去 B 山。我和贝尼尼负责掌管煤油灯，卡拉齐和卡拉瓦乔负责数据记录。贝尼尼，你记住，当看到我的煤油灯发出的信号时，

伽利略在煤油灯外面套个罩子，做了一个简陋的“手电筒”

你也立即拉开滑盖，向我发信号，我一看到你的信号就会关灯，你一看到我的灯熄灭就赶紧把灯关上，等我看到你关灯后就迅速地再把灯打开并发出信号，这时你按照前面的步骤再来一遍。我们就这么循环做下去，只要我发出信号你就不要停。明白了吗？”

贝尼尼：“明白了！”

伽利略继续说：“卡拉齐、卡拉瓦乔，你们听好了，你们的任务是记录在钟摆的一个来回内总共看到你们的同伴发出了多少次信号。任务大家都清楚了吧？还有没有问题？”

众人齐声回答：“没有问题！”

伽利略：“有没有信心完成任务？”

众人齐声回答：“保证完成任务！”

于是，带着必胜的信念，他们上山去了。

伽利略的智慧是过人的，他其实很清楚，由于光速太快，要想靠这么简陋的装置测量光速极为困难，他们在打开与关闭煤油灯的过程中必然会有来自方方面面的各种误差。于是，他想到了用统计学的方法来消除误差。也就是重复做大量的实验，然后取平均值。重复的次数越多，越能接近真实数值。

设想一下，在一个漆黑的夜晚，74 岁的伽利略老先生和他的小伙伴们在相距很远的两座高山上，不断地打开、关闭煤油灯，试图记录下光传播所需要的时间。这是一幅多么励志的画面啊！

月黑风高的夜晚，伽利略和他的小伙伴们在山上做实验

然而，伽利略失败了，想要用这种办法测量光速，就好像用一根裁缝的皮尺量一下头发丝有多粗一样，是很难实现的，因为头发丝太细而尺子上的刻度太宽了。

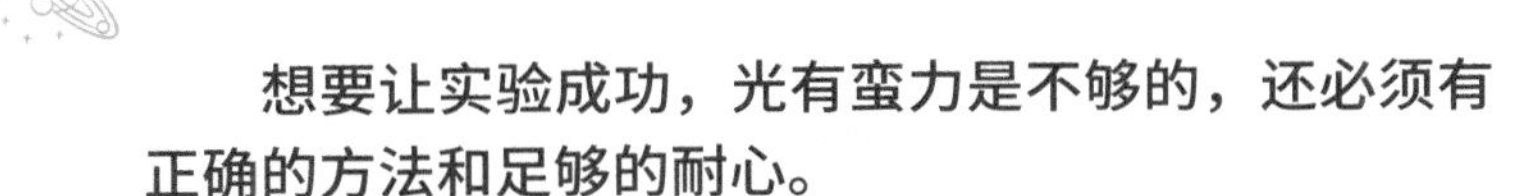

想要让实验成功，光有蛮力是不够的，还必须有正确的方法和足够的耐心。

直到去世，伽利略也没能测量出光速。

罗默证明光速有限

伽利略去世后30多年，也就是到了1675年左右，丹麦天文学家奥勒·罗默（公元1644—1710）终于首次证明了光是有传播速度的。

罗默特别喜欢观测木星。木星有四颗卫星，从地球上看过去，有时候这些卫星会转到木星的背面，于是就产生了如同我们在地球上看到的月食一样的现象——木星的卫星慢慢地消失，然后又在木星的另一侧慢慢出现。

罗默对木星的“月食”现象整整观察了9年，积累了大量的观测数据。他惊奇地发现，当地球逐渐靠近木星时，木星上发生“月食”现象的时间间隔会逐渐缩短，而当地球逐渐远离木星时，木星上发生“月食”的时间间隔会逐渐变长。

这个现象太神奇了，因为根据当时人们已经掌握的定理，卫星绕木星旋转的周期一定是固定的，不可能忽长忽短。罗默突然意识到：这不正是光速有限的最好证据吗？因为光从木星传播到地球并被我们看见需要时间，那么地球离木星越近，光传播过来的用时就越短，反之则越长。这恰好可以用来解释木星上发生“月食”现象的时间间隔为什么会长短不一。

当年，罗默的计算结果是光速为22.5万千米/秒，这已经和最终人们得到的精确数据（光速为约30万千米/秒）相差不远了。

地球靠近木星时，木星上发生“月食”现象的时间间隔会缩短；当地球远离木星时，木星上发生“月食”的时间间隔会变长

罗默最大的贡献在于他用详实的观测数据和无可辩驳的逻辑证明了光速有限，并且还精确地预言某一次“月食”发生的时间要比其他天文学家计算的时间晚 10 分钟。从此，关于光速有限还是无限的争论画上了句号，整个物理学界都认同了光速是有限的。

但是，在此后的 100 多年中，依然没有任何一个人能用实验的方法更精确地测量出光速。直到一位法国人的出现，才终于解决了这道世纪难题。他就是法国科学家菲索（公元 1819—1896）。

菲索成功测量出精确光速

菲索是有什么黑科技吗？当然没有。菲索用到的仅仅是一支蜡烛、一面镜子、一个齿轮和一架望远镜而已。就靠这几样东西，他就成功地利用一个绝妙的实验测出了光速。

菲索的这个绝妙的实验到底是怎么做的呢？这个实验的过程如下页的图所示：

首先，我们让蜡烛的光穿过齿轮的一个齿缝后射到一面镜子上，然后光会被反射回来。你想象一下，如果齿轮是不转动的，那么被反射回来的光沿原路返回后，仍然会通过同一个齿缝被我们看到。现在，你开始转动齿轮。刚开始，齿轮的转速比较慢，因为光速很快，所以光仍然会通过同一个齿缝反射回来。当齿轮越转越快，最终达到一个特定的速度时，光被反射回来的时候，原先的那个齿缝刚好转过去，于是光被挡住了，我们就看不到那束光了。当齿轮的转速继续加快，快到一定速度时，光被反射回来的时候恰好又穿过了下一个齿缝，于是我们又能看见那束光了。这样一来，我们只要知道齿轮的转速、齿数还有眼睛到镜子的距离，就能计算出光速了。

这个实验最巧妙的地方在于它不需要计时器，而之前的测量光速的实验都失败的根本原因就在于找不到有足够精度的计时器。

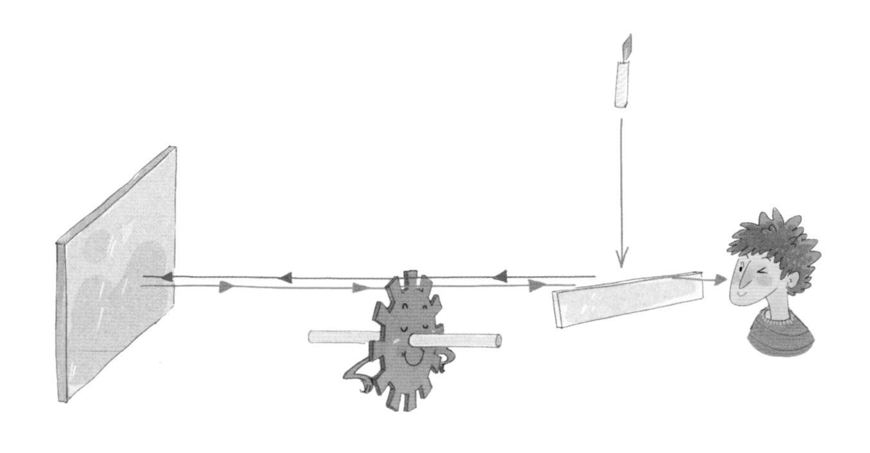

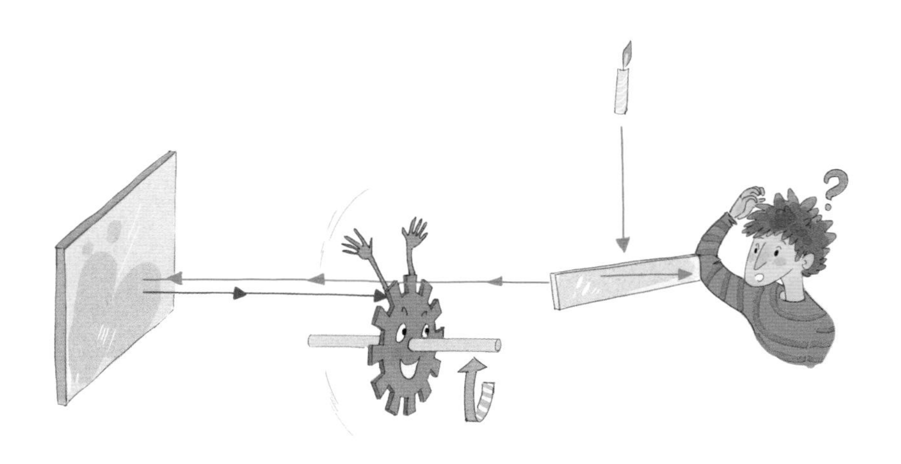

菲索测量光速的实验

但是你们也别以为菲索的这个实验很轻松。事实上，因为光速实在太快了，菲索当年只能不断地加大光源到镜子的距离，这样就对光源的强度提出了很高的要求。此外，他还要不断地增加齿轮的齿数，否则精度也不够。就这样，在菲索不懈的努力下，当齿数达到 720 齿，光源距镜子的距离达到 8 千米，齿轮的转数达到每秒 12.67 转的时候，菲索欢呼起来，因为此时他首次看到光被挡住了。当转速提高一倍以后，他又再次看到了光源。

菲索终于胜利了，他计算出的光速是 31.5 万千米 / 秒。这更加接近真正的光速了。

你知道这是多快的速度吗？如果用这个速度跑步，1 秒钟可以绕地球 7.5 圈。如果用这个速度从地球出发去月球，1 秒钟多一点就跑到了。孙悟空一个筋斗能达到十万八千里，已经是很快的速度了，但这在光速面前，那就太慢了！假如孙悟空和光赛跑，发令枪一响，孙悟空还没出发，光就已经跑了无数圈后回到起点了。

光的速度实在是太快了，但是，如果仅仅是快，那还称不上“不可思议”。又过了 100 多年，在对光速进行深入研究后，科学家发现了更加神奇的现象。

孙悟空一个筋斗十万八千里，在光速面前，那就太慢了

光速不受地球运动影响

19 世纪末，美国物理学家迈克尔逊（公元 1852—1931）和莫雷（公元 1838—1923）做了一个著名的实验，哪知道实验结果令包括他们自己在内的所有科学家都吓了一大跳，这就是历史上赫赫有名的迈克尔逊 - 莫雷实验。

他们原本是想通过这个实验来证明，光的速度会受到地球在太空中运动方向的影响。他们认为，地球就像一列行驶在围绕太阳公转的轨道上的火车，日夜不停地带着我们奔跑。因为这条轨道不是一个正圆，而是一个椭圆，所以，在一年四季中，地球有时候是朝着接近太阳的方向运动，有时候是朝着远离太阳的方向运动。当地球朝着接近太阳的方向运动时，阳光相对于我们的速度应该变快；而当地球朝着远离太阳的方向运动时，阳光相对于我们的速度就应该变得慢一些。想象一下，假如你和一个小伙伴在操场上面对面地跑起来，你们是不是很快就会迎面相遇了？而如果他来追你，那就要花更多的时间才能追上你。这本该是一件天经地义的事情。

可是，迈克尔逊 - 莫雷实验却发现，光的速度居然完全不受地球运动方向的影响，就是说不论地球是朝着接近太阳的方向运动还是朝着远离太阳的方向运动，光速都是完全一样的。这件事情实在令人感到不可思议。你想想，这就相当于假如你是一束光，当你要去追一个小伙伴的时候，不论他是冲你

迈克尔逊－莫雷实验发现，不论地球朝着太阳运动还是远离太阳运动，光速都一样

跑过来，还是背对着你拼命地逃，你抓住他的时间总是不变的。

一开始，几乎所有科学家都认为这个实验结果实在是太邪门了，一定是哪里出了问题。有些人甚至想把迈克尔逊和莫雷拎起来拷问，让他们老实交代到底有没有搞错。

事实上，可怜的迈克尔逊和莫雷自己也被实验结果弄得焦头烂额。

在迈克尔逊和莫雷完成迈克尔逊－莫雷实验后的几十年中，科学家们设计了一个又一个实验，千百次地反复验证，最终都证明，无论在什么情况下，光的速度都不会发生一丝一毫的变化。光，永远在用同样的速度日夜不停地奔跑着，既不会停下来，也不会改变奔跑的速度。

就是说，光一直在奔跑，不论我们坐在火车上还是坐在火箭上，它永远在用同样的速度远离我们，而我们永远也不可能追上它。

不论我们坐在火车上还是坐在火箭上，光永远在用同样的速度远离我们，而我们永远也不可能追上它

在这一章中，人类终于发现光速是宇宙中永恒不变的最快速度并测量出令人不可思议的光速。这是人类对自然规律的一项重大发现，这个发现还将带来接下来一连串更加令人震惊的发现，这些又会是一些什么样的发现呢？下一章将揭晓答案。

现在你很容易就可以买到激光笔，用它可以很方便地发出一束细细的光，传播到很远的地方。另外，你还可以买到光纤，利用它，可以让光线沿着任意方向传播。那么，你能不能想出一个利用它们来测量光速的实验呢？

第3章

狭义相对论的诞生

光速居然是不变的？

在 20 世纪初，已经有很多实验证明，在任何情况下，我们都无法观察到光速发生变化，也就是说光速恒久不变。但这个现象过于奇妙，也太违反常识和直觉，因此，当时的科学界普遍不相信、不接受。

第一个敢于接受光速不变的就是伟大的科学家爱因斯坦（公元 1879—1955）。他的观念转变是从一个思想实验开始的。

1905 年，26 岁的爱因斯坦默默地思考着一个前人从未想过的问题，那就是：假如我和光跑得一样快，在经过一个光源的一刹那，光源亮起，那时我将看到什么呢?

这个问题，困扰了爱因斯坦很长时间。如果按照人们对运动的传统认知，那么他将看到一束相对于他来说是静止的光。但是，爱因斯坦觉得这根本不可能，因为光是一种电磁波。什么是波？举个例子，你拿着一根长绳子，然后抖一下，是不是会看到在绳子上形成一个凸起的波峰，而且这个波峰一直在传递下去？所以绳子上的一个点如果运动，它必然会带动下一个点跟着运动，于是就形成了波。光波的本质就是电场和磁场的交替感应，这有点像体育课报数，第一个人喊 1，下一个人一定要喊 2，再下一个人一定要喊 3，这是不可破坏的规则。一束静止的光，就好比应该喊 2 的人不喊 2，如此一来，规矩岂不是被破坏了？

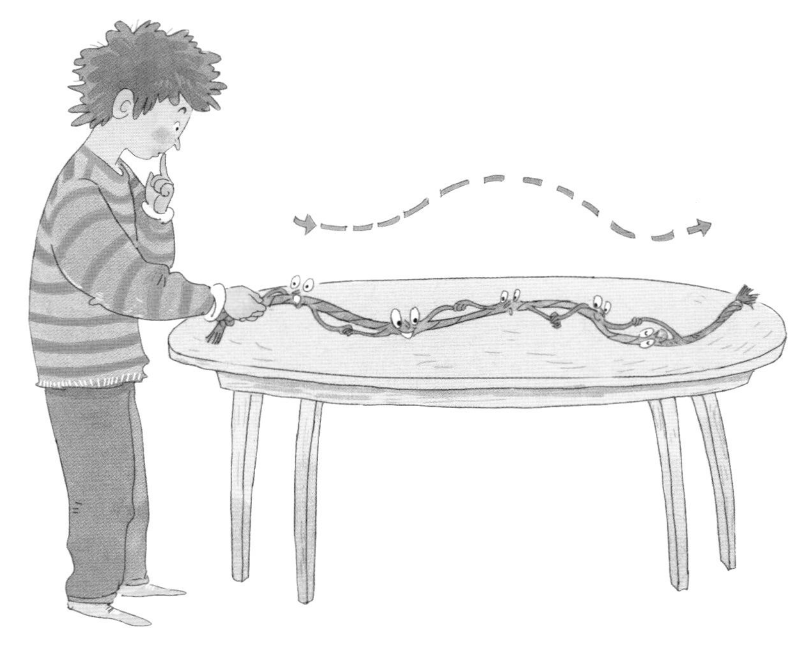

抖动一根长绳，绳子的运动过程就像波的轨迹

最后，爱因斯坦不得不作出一个大胆的假设：

光速相对于任何观察者来说，一定是永恒不变的。

这个假设意味着什么呢？假如现在有一只小鸟在一列以速度 v 行驶的火车上以 w 的速度飞，那么在站台上的人看来，小鸟的速度显然应该是 v+w。此时，如果一个人坐在这列火车上，用手电筒打出一束速度为 c 的光，那么，在站台上的人看来，这束光的速度难道不应该是 c+v 吗？但如果真的是 c+v 的话，这明显和爱因斯坦自己的假设冲突了。看来他要么放弃简洁优美的速度合成原理，要么放弃头脑中对于速度的既有理解。

要知道，相比于光速，小鸟和火车的速度都低得可以忽略不计。所以无论是在火车上的人还是在站台上的人，它们看到的光速都是 c。这个结论之所以让我们感到奇怪，是因为我们一厢情愿地把我们在小鸟和火车等组成的低速世界的感受直接延伸到光所在的高速世界 。

想到这里，爱因斯坦不再纠结了，他决定断然地接受光速恒定不变这个新观念，这就是著名的光速不变原理。他决定以此为基石，继续往下推演，想看看会得出什么结论。

如果一只小鸟在一列以速度 v 行驶的火车上以 w 的速度飞，那么在站台上的人看来，小鸟的速度应该是 v+w

实际上，任何结论都可以交给实验去检验真伪。你可能会说自己现在还不具备做实验的条件，那么，下面我就带着你来做一个思想实验，看看如果光速真的不变，会产生一些什么样的神奇现象呢？

时间竟然是相对的？

现在想象一下，你正驾驶着一艘宇宙飞船，飞船正在以接近光速的速度飞行。此时，假设我站在地面上，看着你的飞船。在这个思想实验中，你需要假设我是千里眼，不论多远，都能看清你的飞船。

现在，请打开飞船的大灯，让光线照亮你前进的轨道。请你想象一下，站在地面上的我，会看到什么样的景象呢？

因为飞船大灯射出的光线在我的眼里是 30 万千米 / 秒，而宇宙飞船的速度也是接近光速，所以，我会看到飞船和这束光先是几乎齐头并进，后来它们慢慢拉开距离但飞船只比光慢了一点点 。

接下去，重点来了：如果我们切换一下视角，请你想象一下，坐在飞船驾驶室中的你会看到什么样的景象呢？

因为光速在任何情况下都是永恒不变的，所以，在飞船中的你依然会看到光线正以 30 万千米 / 秒的速度远离你而去，刹那间，光线就跑到了很远很远的地方。

我希望你在继续阅读本书之前，稍微思索一下上面说到的两种情况，仔细想想有没有觉得奇怪之处。

假设飞船的速度是 27.2 万千米 / 秒，那么，在地面上的我，1 小时后看到飞船和光拉开了 30 万千米的距离，而在飞船上的你，只眨了眨眼睛，也就

从地面看，飞船和光一开始是齐头并进。慢慢地，飞船会比光落后一点点

好快呀！
坐在飞船中的驾驶员看到，光正以30万千米/秒的速度冲向前方

是差不多用了 1 秒钟，就看到飞船与光拉开了 30 万千米的距离。如果这一切都是真的，那岂不是我的 1 小时相当于你的 1 秒钟吗？

而且，在刚才这个例子中，显然飞船的速度越是接近光速，我的时间就越是比你的时间显得长。这么奇怪的事情难道是真的吗？难道传说中的“飞船一天，地上一年”是真的吗？

是的，根据光速不变的假设，爱因斯坦也得出了令当时所有科学家都大吃一惊的结论：

时间不是永恒不变的，处在不同运动速度中的事物所经历的时间的流逝速度是不同的，也就是说，时间是相对的。

爱因斯坦不但得出了“时间是相对的”这个结论，还精确地给出了时间和速度之间的换算公式（具体内容不详细展开）。根据他的公式，我们可以计算出，如果有一架飞机以 300 米 / 秒的速度连续飞 100 年的话，那么飞机上的乘客 100 年后走下飞机，他们就会比地面上的人年轻 26 分钟 18 秒。

印证时间相对性的飞行实验

爱因斯坦刚刚宣布“时间是相对的”这个结论时，几乎没有人认可。很多人觉得，思想实验毕竟是假想出来的实验，除非有一个真正的实验能够证明这个结论，否则他们不会认可时间是相对的。

可是，要做出真正的实验来证明爱因斯坦的结论，谈何容易。在科学家们的不懈努力下，直到 1971 年，才终于有人成功做出了这样的实验。这时，爱因斯坦已经去世 16 年了。

这一年，美国科学家约瑟夫·哈费勒和理查德·基廷带上全世界精度最高的铯原子钟[①]，先后两次从华盛顿的杜勒斯机场出发，做环球航行，一次自西向东飞，一次自东向西飞，飞行高度为 9000 米左右，飞行时速为 800 千米左右。这两次飞行，一次花了 65 小时，一次花了 80 小时。落地后，他们把飞机上的铯原子钟显示的时间与地面上的铯原子钟进行了比较，结果发现前者只比后者晚了 59 纳秒。也就是说，他们的这次实验得到的数据与相对论的计算结果几乎完全吻合。

爱因斯坦之所以伟大，是因为他不仅仅预言了飞机上的时间会变慢，还能精确地计算出时间会变慢多少秒。在科学研究中，我们把“时间会变慢”这种能够确定一件事情的性质的研究称为“定性研究”，而把“时间会变慢

约瑟夫·哈费勒和理查德·基廷的飞行实验证明了爱因斯坦的结论“时间是相对的”

多少秒”这种能够确定一件事情的具体数值的研究称为“定量研究”。

要想做科学研究，只做定性研究是不够的，还必须做定量研究，而且定量研究比定性研究更重要。

有时候，你可能会在生活中听到各种各样的说法，比如说瓜子吃多了会上火、多喝凉水会拉肚子等。这些说法都只是定性，没有定量。下次你再听到这些说法的时候，可以追问一下：吃多少瓜子才叫多呢？吃多少颗瓜子会上多少数量的火呢？多少度的水算是凉水呢？喝多少才算多呢？你如果能这样想，就说明你开始像一个科学家那样思考问题了。实际上，吃瓜子会上火、喝凉水会拉肚子都是没有科学依据的说法，也没有得到实验的证明。不过，无论什么东西，如果一次吃或者喝得过多，都是不好的，瓜子和凉水也不例外。吃任何东西，都要适可而止。

你看，上一节爱因斯坦所做的思想实验最终得到了这一节提到的真实实验的证明，他的理论从此得到了全世界的广泛接受。有时候，思想实验比真实实验还管用呢！

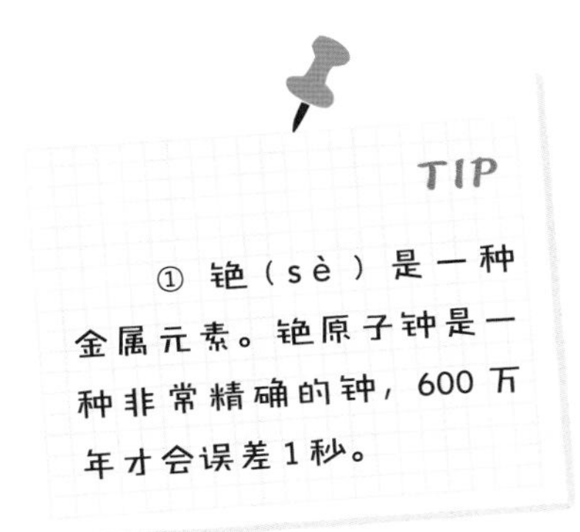

TIP
① 铯（sè）是一种金属元素。铯原子钟是一种非常精确的钟，600 万年才会误差 1 秒。

相对论对传统时间观念的打破

爱因斯坦是世界上第一个打破了传统时间观念的人，这是非常了不起的成就。第 2 节提到的“飞船一天，地上一年”看来是完全有可能实现的。那么我们能不能借此实现在很多影视剧中高频出现的“长生不老”呢？答案是不能。

这是因为在飞船飞了 1 年也就是 365 天，回到地球后，地球确实可能过去了 365 年，但是对于你自己来说，你真真切切地还是只活了 1 年。以此类推，假设你坐在行驶的飞船上飞了 100 年，当你回到地球的时候，地球确实过去了 3.65 万年，但是对于你自己来说，仍然只能感受到自己生命中的 100 年。你只不过是用自己的一生，验证了向前穿越 3.65 万年是可以实现的。所以说，爱因斯坦的理论并不能让我们延长寿命。

但是，爱因斯坦的理论有可能让你实现一夜暴富。为什么这样说呢？

假设你现在购买了一款 1 万元的年收益率是 8% 的理财产品，然后你登上一艘速度相当于光速的 99.999% 的飞船，离开地球，去另外一个星球度假。假定飞船往返于两个星球之间的时间是 3 个月也就是差不多 100 天，当你回到地球后，地球已经过去了差不多 100 年。这时，你当初的 1 万元，连本带息地计算下来，就变成了 2200 万元（计算过程过于复杂，这里就不罗列了）。

是的，你没有看错，你获得的税前收入确实是这么多。我绝对没有跟你开玩笑，这就是复利的力量。

当然，我举上面这个例子不是鼓励你去追求一夜暴富，而是希望你能更好地理解相对论。

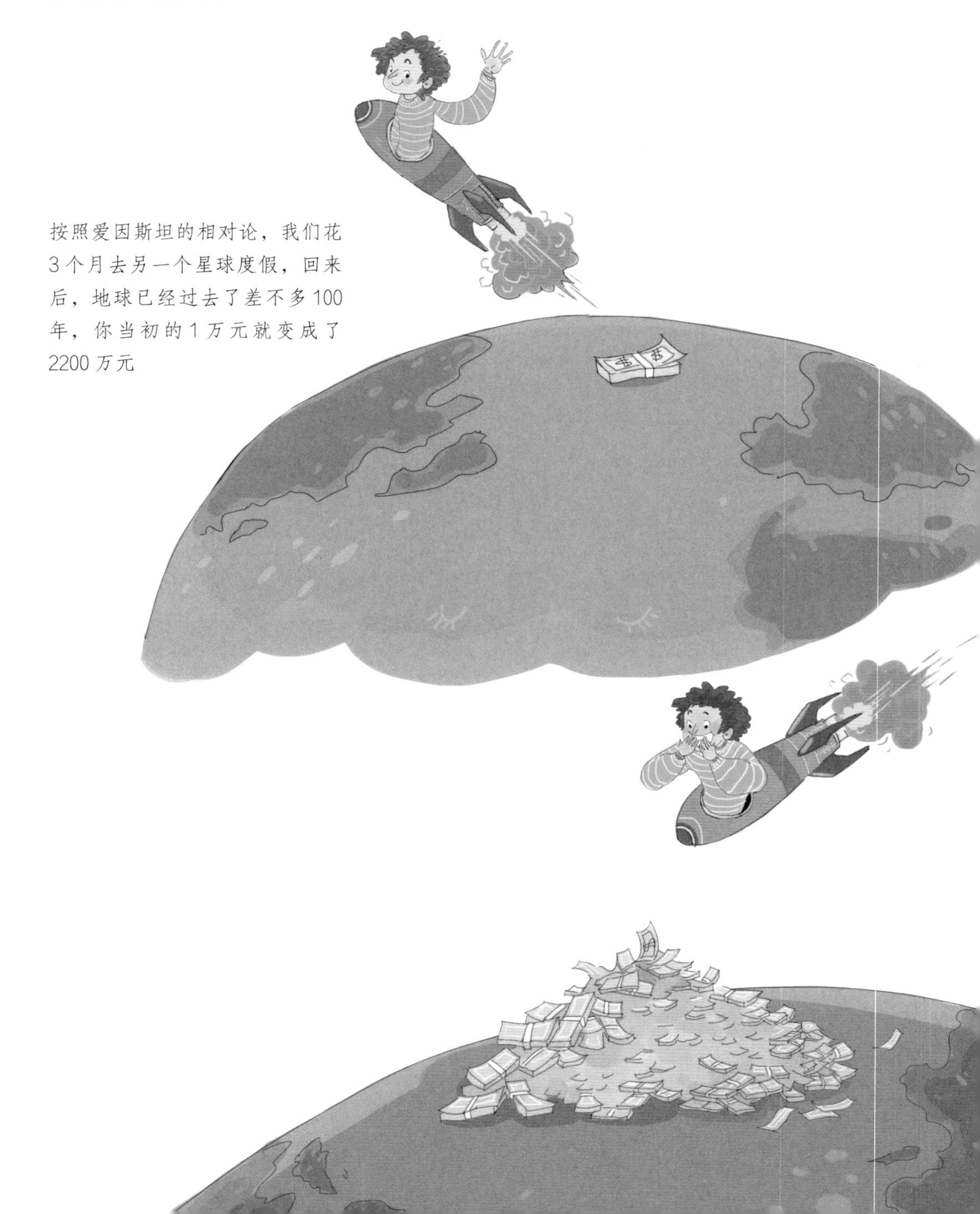

按照爱因斯坦的相对论，我们花3个月去另一个星球度假，回来后，地球已经过去了差不多100年，你当初的1万元就变成了2200万元

物体的长短也是相对的

在打破了传统时间观念后，爱因斯坦没有停止思考，而是通过几个精彩的思想实验，再加上数学推导，又得到了一个令人惊讶的结论：物体的长度也不是一成不变的，也就是说物体的长短也是相对的。比方说，一艘宇宙飞船在你的面前飞过，在你的眼中，这艘飞船就会变得很扁，就好像一根弹簧被压扁了一样。而且，飞船的速度越快，它看上去就会越扁。

但是，如果爱因斯坦只是说物体运动的速度快了，看上去就像被挤扁，那就只是定性。爱因斯坦的厉害之处就在于，他还能告诉你，速度上增加多少数量，长度会相应地缩短多少。比如说，一辆高速行驶的动车从你身边开过，它的长度在你眼中会收缩多少呢？用爱因斯坦的公式一算，你就知道它会缩短相当于针尖的 一千万分之一。

爱因斯坦的这些理论后来都被实验证明是正确的，于是大家就把他的这些理论叫作“相对论”。你理解了吗？我的这句话很重要。我之所以不说“你相信吗？”，是因为科学理论都是可以被理解的。下次如果有人问你相不相信他，你就反问他：你要是有本事，就让我理解你啊！

不过，相对论的内容还远远不止本章中这些内容，这些爱因斯坦在 1905 年提出的观点通常被称为“狭义相对论”。后续的“广义相对论”对宇宙做

一艘宇宙飞船在你的面前飞过，在你的眼中，这艘飞船就像一根弹簧被压扁了一样。速度越快，看上去就越扁

出了许多匪夷所思的预言，后面会一点点为大家揭晓。为了让你更好地理解这些神奇的预言，下一章，我们要离开地球，跟着几个宇宙探测器去遨游太阳系，初步认识一下我们身处的宇宙。

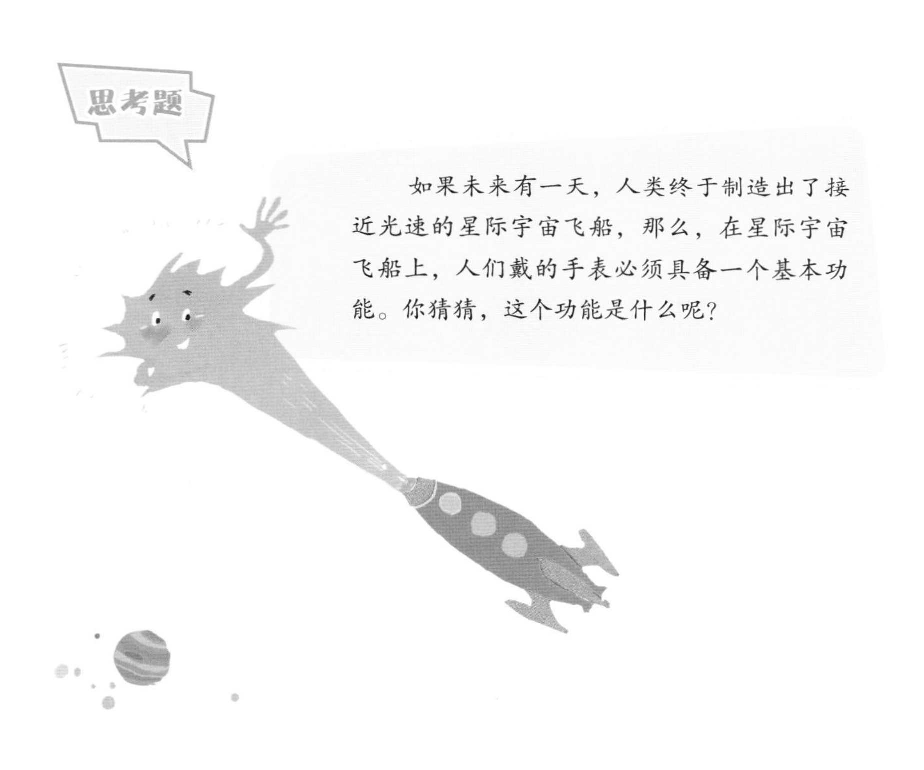

思考题
如果未来有一天，人类终于制造出了接近光速的星际宇宙飞船，那么，在星际宇宙飞船上，人们戴的手表必须具备一个基本功能。你猜猜，这个功能是什么呢？

第 4 章

遨游太阳系

百年一遇的机会

上一章的思考题想出来了吗?

在星际宇宙飞船上，人们戴的手表必须具备的一个基本功能就是要让人类至少知道三个时间：一个是飞船上的时间，一个是地球上的时间，一个是目的地的时间。现在有些多时区手表会设计好几个不同的表盘，上面可以同时显示北京时间、纽约时间、伦敦时间等。但未来的星际手表和它们在本质上是不同的。多时区手表上的北京时间和伦敦时间永远相差 8 小时，哪怕手表上没有显示伦敦时间，我们也依然可以通过北京时间心算出伦敦时间。但是，星际手表中的几个时间可是真正的不同时间，彼此之间不存在固定的换算关系，它们之间的差异取决于星际宇宙飞船的航行速度、目的地星球的重力环境等因素。

好啦，现在请“戴上”你的星际手表，跟着本章的故事一起离开地球，遨游太阳系吧!

1977 年 8 月 20 日，美国宇航局以及全世界的天文爱好者们都激动难眠："旅行者 2 号"宇宙探测器在这一天按计划发射升空。此次发射无比重要。为什么这样说呢?

大家都知道太阳系有八大行星，其中水星、金星、火星位于地球绕太阳

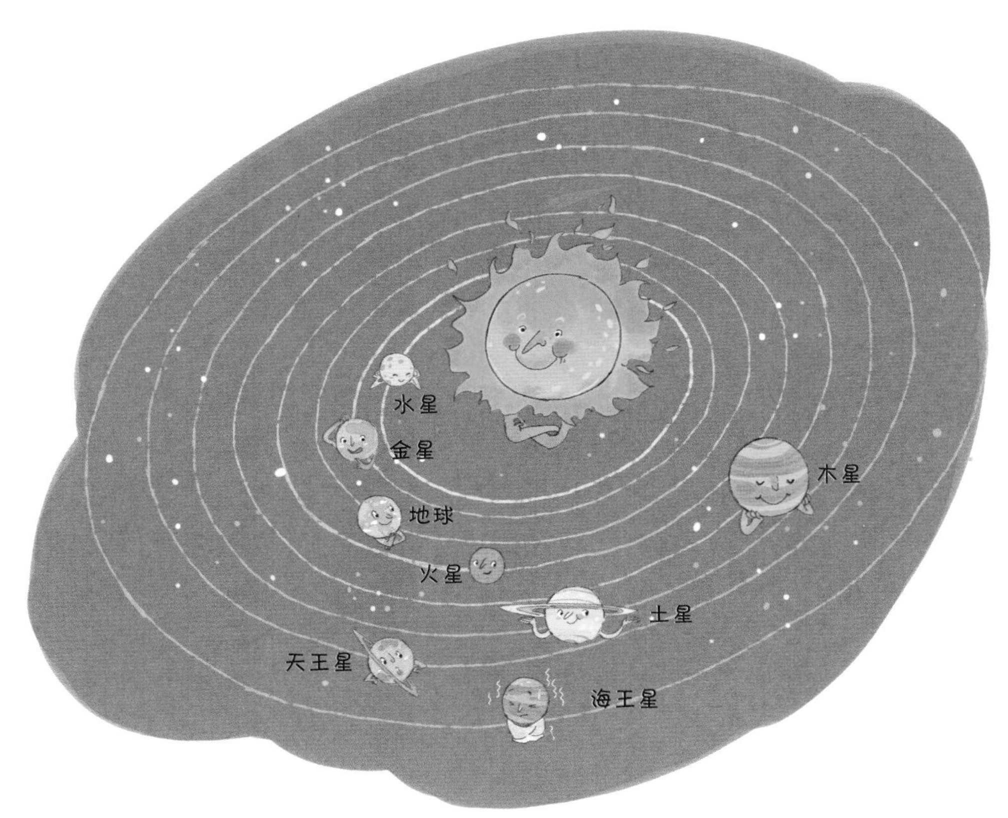

太阳系的八大行星都在围绕太阳公转

公转的轨道的内侧，因此它们三个和地球所在的区域被称为内太阳系；而木星、土星、天王星、海王星则位于地球绕太阳公转的轨道的外侧，因此它们所在的区域被称为外太阳系。这七大行星与地球一起围绕着太阳公转，但每颗行星的公转周期都不同。所以，在绝大多数时候，这些行星都像撒豆子一样散落在太阳系的各处。从地球上看，每颗行星都在不同的方向，这使得我们每次发射的探测器只能造访一颗行星，因为在宇宙中，探测器基本上依靠惯性飞行，一旦被发射出去，是没有动力自行调转方向的。

就在 1977 年，一个百年难遇的绝佳窗口期出现了：如果在这一年发射探测器，那么就可以在差不多两年后到达木星；再飞上两年，土星也刚好经过探测器所在的位置；再过 4 年半和 3 年半后，同样的巧合将再次发生在天王星和海王星身上。当然，在科学家看来，这些并不是巧合，而是经过精心计

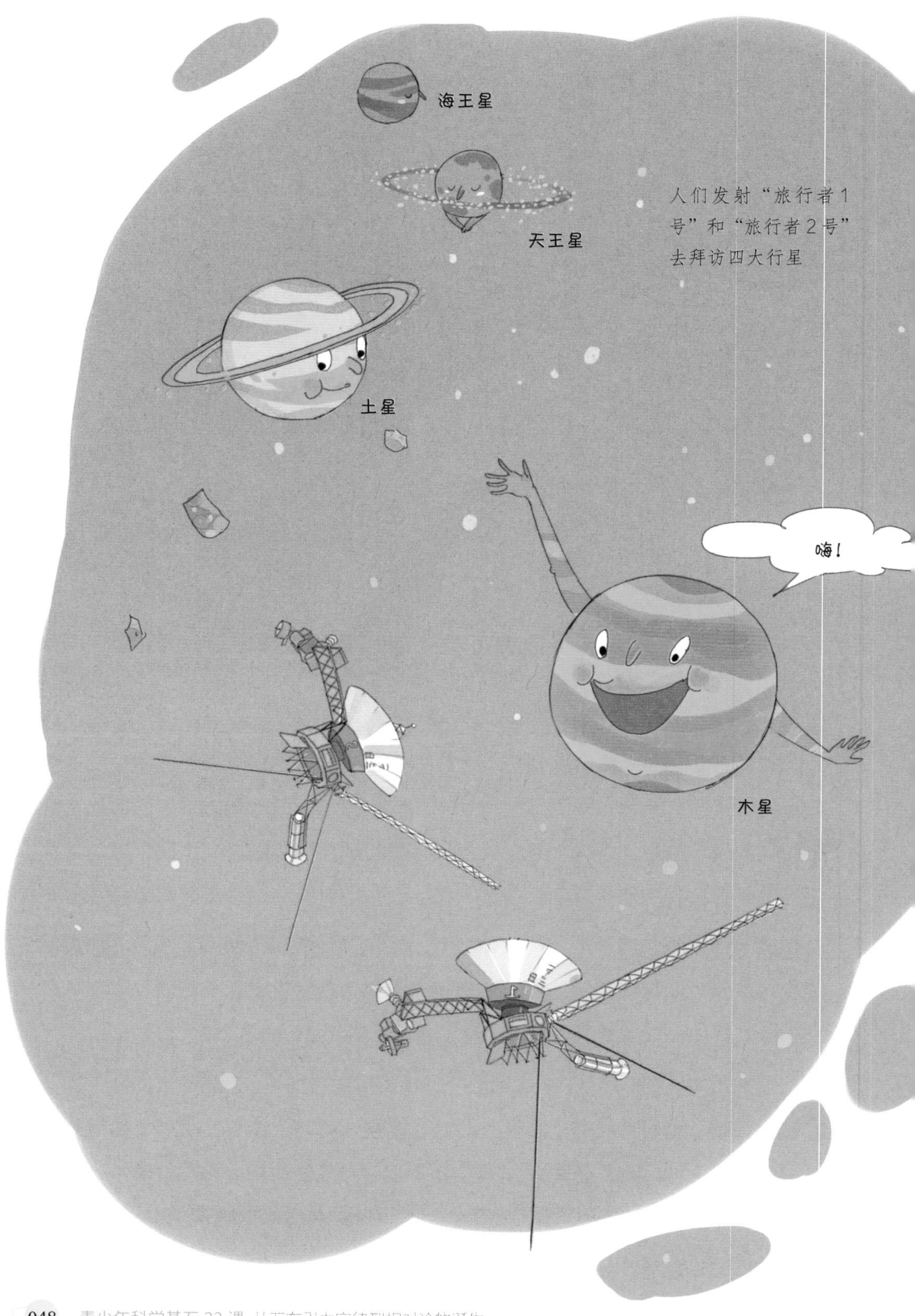
海王星
天王星
人们发射“旅行者1号”和“旅行者2号”去拜访四大行星
土星
嗨！
木星

算后的结果。

一个探测器可以一次性拜访四颗大行星，像这样罕见的机会，平均 176 年才能遇到一次。为了确保不浪费这次百年一遇的机会，美国宇航局准备了 10 多年，制造了两个一模一样的探测器，分别取名为“旅行者 1 号”和“旅行者 2 号”，这是为了做到双保险。

美国当地时间 1977 年 8 月 20 日，在美国佛罗里达州的卡纳维拉尔角，“旅行者 2 号”顺利发射升空。10 多天后，“旅行者 1 号”在同一地点也顺利发射升空。虽然“旅行者 1 号”比“旅行者 2 号”晚发射，但是它飞得更快，所以很快就超过了“旅行者 2 号”，这也是后发射的探测器反而要叫“旅行者 1 号”的原因。

拜访木星

“旅行者 1 号”的飞行速度是民航客机的 70 多倍，如果你坐上“旅行者 1 号”从上海飞往北京，不到 2 分钟就飞到了。

但是我们的太阳系实在太大了，这么快的“旅行者 1 号”在太空中孤独地飞行了 18 个月，才抵达木星附近。这是一颗巨大的气态行星，如果地球缩小到一颗玻璃球那么大，那么木星就会像一个篮球那么大。木星没有坚硬的表面，你不可能站在木星的表面，就像你不可能站在云上一样。

木星最显著的特点就是它的表面有一个像眼睛一样的巨大的红斑，天文学家们管它叫大红斑。这个大红斑到底是什么呢？它之前一直是一个谜，“旅行者 1 号”终于为我们揭开了谜团。原来这个大红斑是木星这个巨大气团中的一场巨型风暴，其风力之大足以把地球一口吞掉。但最令人惊讶的是“旅行者 1 号”竟然拍摄到了离木星最近的卫星木卫一的地表上的一座正在喷发的火山，这是人类第一次观察到地球以外的星球上的火山喷发。

木星表面有一个巨大的红斑，它是木星这个巨大气团中的一场巨型风暴，其风力之大足以把地球一口吞掉

拜访土星

“旅行者 1 号”飞过木星后，又孤独地飞行了 20 个月，终于抵达了第二站——土星。它比木星小一点儿，是太阳系中长得最有特点的行星。从远处看，无数明亮而美丽的光环围绕着土星，就像给它戴了一顶草帽。这些光环到底

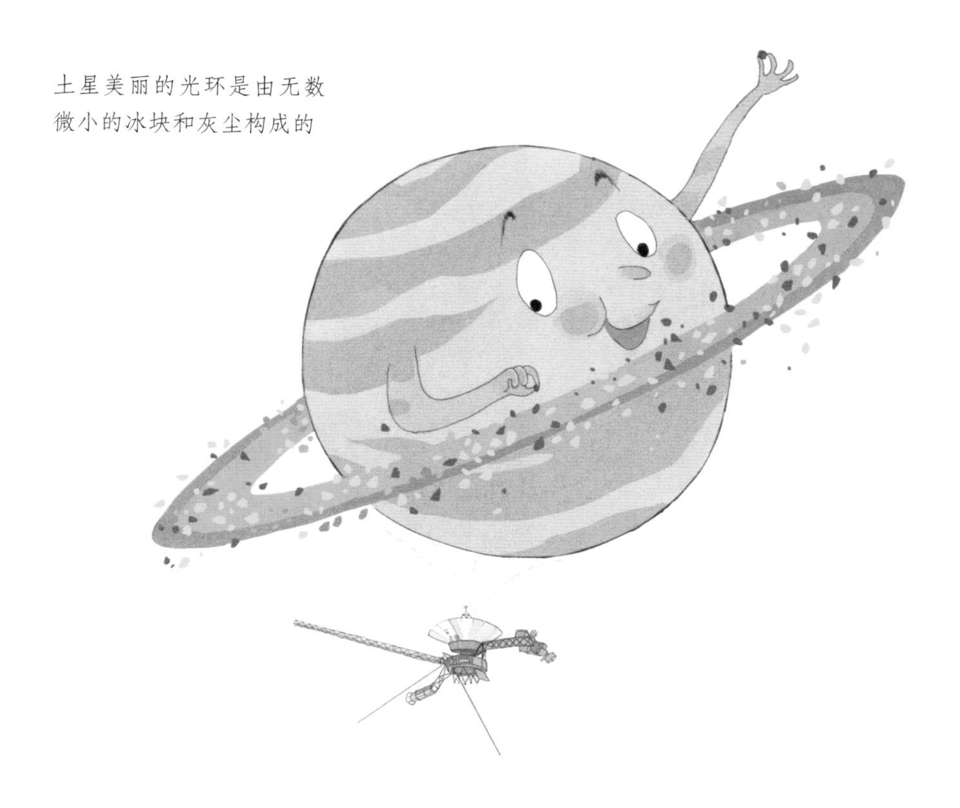

土星美丽的光环是由无数微小的冰块和灰尘构成的

是什么？这个谜题此前一直困扰着人们。“旅行者 1 号”又为人类揭晓了答案，原来这些光环是由无数个微小的冰块和灰尘构成的，它们反射太阳光后就显得非常明亮。这些光环其实很稀薄，“旅行者 1 号”可以毫发无伤地穿过它们。

在揭晓了光环之谜后，“旅行者 1 号”将观测设备对准了土星最大的一颗卫星——比水星还大的土卫六，即泰坦星。在此之前，人们已经知道泰坦星有大气，而大气的存在意味着这颗星球上或许会有生命存在。所以，“旅行者 1 号”尽可能靠近泰坦星，想透过大气层看清楚它的地表。遗憾的是，泰坦星的大气层的厚度完全超出了人们的预料，“旅行者 1 号”的观测设备无法穿透。“旅行者 1 号”看不到泰坦星的地表，只能近距离地拍摄了它的大气层。换句话说，“旅行者 1 号”此行最重要的任务之一并没有完成。直到 2004 年“卡西尼 - 惠更斯号”探测器到达土星附近，才彻底揭开泰坦星的秘密：泰坦星的表面居然有液态甲烷构成的湖泊。

因为近距离观测泰坦星，“旅行者 1 号”偏离了黄道面[①]，所以它不可能再飞向天王星和海王星了，于是终止了探索行星的任务，按计划朝太阳系外飞去。

TIP

① 黄道面就是地球绕太阳的公转平面，八大行星的公转平面差不多都与黄道面重合。

从太空看地球的最佳照片

1990年2月14日，“旅行者1号”已经飞到了距离地球64亿千米的地方。美国宇航局在天文学家卡尔·萨根（公元1934—1996）的建议下，动用了“旅行者1号”宝贵的电力，指挥它回眸一瞥，给我们的地球家园拍摄了一张照片。这就是著名的《暗淡蓝点》。它非常出名，曾被票选为从太空看地球的最佳照片。在这张照片上，有一个像灰尘一样的暗蓝色小光点，其背景是仅有几道太阳光束的漆黑天宇。与我们人类有关的一切都发生在这粒宇宙中微不足道的灰尘（即地球）上。

1994年，萨根以宇宙为视角的科普书《暗淡蓝点：探索人类的太空家园》出版了。他在书中说：没有什么能比从遥远太空中拍摄到的这张我们微小世界的照片更能展示人类的自负有多愚蠢。它在提醒我们：我们的责任是更加和善地对待彼此，并维护和珍惜这个暗蓝色的小光点——这个我们目前所知的唯一的共同的家园。

拜访天王星和海王星

“旅行者 2 号”从土星飞到天王星，花了 4 年半的时间。这里离太阳已经极为遥远，所以非常寒冷。天王星是一颗蓝绿色的冰巨星，它的表面被冻得很结实。如果地球缩小到一颗玻璃球那么大，那么天王星就像乒乓球那么大。

离开天王星，“旅行者 2 号”又飞了 8 年半，才终于抵达了海王星。它

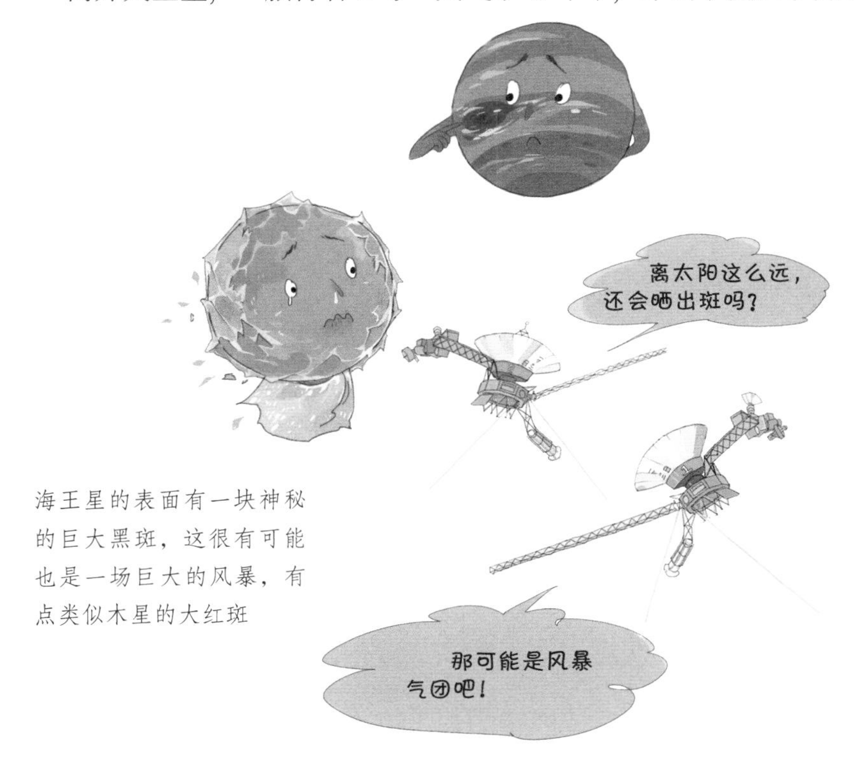

离太阳这么远，还会晒出斑吗？
那可能是风暴气团吧！

海王星的表面有一块神秘的巨大黑斑，这很有可能也是一场巨大的风暴，有点类似木星的大红斑

与天王星差不多大。在这里，太阳光已经变得非常微弱。“旅行者 2 号”在海王星的表面发现了一块神秘的巨大黑斑，这很有可能也是一场巨大的风暴，有点类似前面提到的木星的大红斑。

令人惊奇的是，5 年后，当人们用哈勃太空望远镜再次观察海王星时，发现大黑斑神秘地消失了。科学家们至今仍然在寻找其中的原因。

由于这是“旅行者 2 号”能够造访的最后一颗行星，所以人们决定调校它的航道，让它尽可能靠近海卫一，不再坚持让飞行轨迹保持在黄道面。正是这次近距离探访海卫一，“旅行者 2 号”得以拍摄到史上最高清的一张海卫一的照片。在照片中，我们发现了海卫一表面的间歇泉，它也可以被看成是一种冰火山。它像火山一样喷发，但是喷发出来的不是岩浆，而是冰。

“旅行者 2 号”离开海王星后，也一头扎进了茫茫宇宙，朝着太阳系外继续飞行。

冰火山喷发出来的不是岩浆，而是冰

拜访冥王星

在海王星的轨道外面，还有一颗神秘的行星等待着人类去拜访，那就是冥王星。

要把宇宙探测器送到冥王星附近非常困难，为什么呢？第一，它离地球实在是太遥远了，假如我们把从地球到月球的距离比作操场上一圈 800 米的跑道，那么从地球跑到冥王星就需要跑 1 万圈；第二，冥王星太小了，比月球还要小。

所以，如果我们要发射一个探测器，让它飞将近 10 年，准确地到达冥王星附近，这就好比从上海一杆把高尔夫球打到位于乌鲁木齐的球洞里面，其难度可想而知。

从开始研究制造能够探测冥王星的探测器那一年算起，美国宇航局花了 18 年的时间，终于制造了“新视野号”探测器。它将背负着全人类的期望，在太空中孤独地飞行 9 年半，然后抵达目的地——冥王星。

2006 年 1 月 19 日，在美国佛罗里达州的卡纳维拉尔角空军基地，“新视野号”被成功发射。45 分钟后，第三级火箭分离，“新视野号”脱离地球引力，朝木星飞去。它将在 1 年零 1 个月后抵达木星，然后借助木星的引力助推，飞向冥王星。这是一次超远距离的一杆进洞表演。

“新视野号”探测器风尘仆仆、激动万分地飞掠过冥王星

光阴荏苒，9 年多过去了，时间走到了北京时间 2015 年 7 月 14 日的晚上 7 点 49 分，远在 40 多亿千米之外的“新视野号”一次性地飞掠过冥王星。它发射的信号以光速飞向地球上的巨型天线。4 个多小时后，这些信号将会告诉我们这次飞掠行动是否成功。全世界无数人坐在电视机和电脑前，关注着飞掠行动。

忽然，信号来了，一切正常，“新视野号”成功一杆进洞，全世界的天文爱好者们都沸腾了。这是人类科学取得的又一次伟大胜利，工作人员们都流下了激动的泪水。首席科学家艾伦刚刚接手这个项目的时候才 40 出头，现在已是满头白发了。他用了 27 年才终于等到了这一刻。

少年，如果未来你想做科学家，就一定要耐得住性子，科学研究就像是一场马拉松长跑，在抵达终点之前，必须一直努力。

揭开冥王星的神秘面纱

冥王星的神秘面纱终于被“新视野号”揭开了。它给了我们一个大大的惊喜。过去，有些科学家认为冥王星的表面是光滑平坦的，有些则认为是崎岖不平的，他们为此争论了几十年。“新视野号”给出了答案：冥王星地貌的多样性令人惊叹，其中既有大片的冰川平原，也有绵延几百千米的山脉，既有深不见底的悬崖，也有白雪皑皑的山峰。当然，冥王星上的雪跟地球上的雪不一样：地球上的雪融化后就成了水，而冥王星上的雪融化后就成了天然气。

如果有一天人类登陆冥王星，就会看到冥王星的天空也是蓝色的，只是太阳昏暗得几乎看不清，它像一个灯泡一样挂在黑蓝黑蓝的冥王星的天空中。天空中还时不时地会飘起雪花。我们还能看到冰封的河道和湖泊，很有可能在几亿年前，这里不是一个冰封的世界，而是到处都有流动的液体和波光粼粼的湖泊。当然，我们能看到的最壮观的景象是冥王星上巨大的冰火山。在3亿至6亿年前，它们曾经猛烈地喷发过，但是喷出来的不是火热的岩浆，而是由各种气体经过冷冻后凝结成的冰块。

“新视野号”为我们揭开了关于冥王星的很多谜团，但同时也留下了很多谜团。例如，按照传统观点，像冥王星这么小的天体应该早就冷却了，不

如果有一天人类登陆冥王星，我们会看到冥王星的天空也是蓝色的

哇，蓝色的天空！

应该再有什么地质运动。但是，观测证据表明，这种观点完全错了。“新视野号”的两个发现可以证明冥王星上存在活跃的地质运动。

第一个发现是，在冥王星的平原上有“冰”在流动，而且有纹路。

第二个发现是，冥王星表面的撞击坑分布极不均匀，有 40 多亿年的饱受摧残的古老表面，也有 1 亿至 10 亿年的中年表面，还有几乎没有任何撞击坑的大平原，年龄不会超过 3000 万年，甚至可能更年轻。这样大的地表年龄跨度是科学家们始料未及的。

冥王星表面分布着撞击坑

以上两个发现充分证明冥王星上有活跃的地质运动。但是，这些地质运动的能量来源是什么呢？这就是“新视野号”留给我们的谜题了。

现在，“新视野号”虽然已经离开了冥王星，但是还在源源不断地把数据发回地球。冥王星还有许多谜团和更多有趣的发现等待着我们去探索。

人类还没有完全了解太阳系，因为太阳系太大了。假如把太阳系比作一个足球场那么大，“新视野号”和此前的“旅行者 1 号”“旅行者 2 号”都还没有走出人的一只胳膊的长度呢！广阔的太阳系，等待着人类去继续探索。

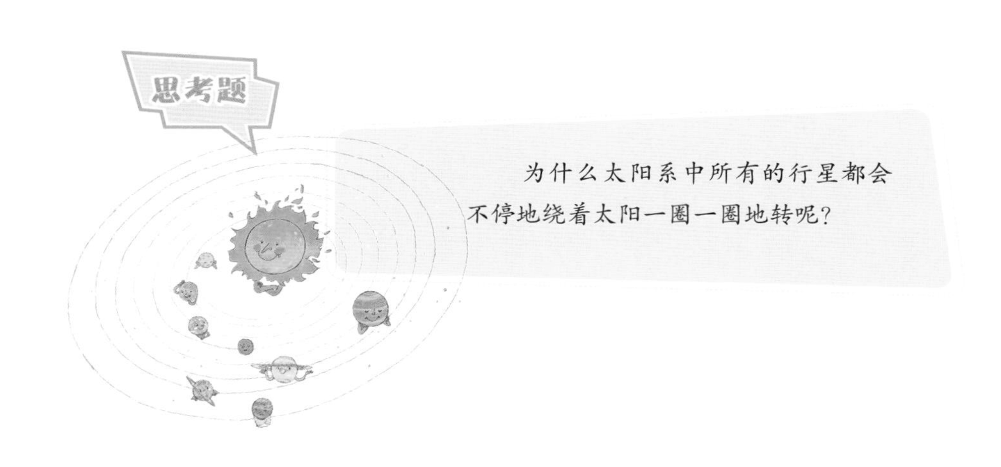

思考题
为什么太阳系中所有的行星都会不停地绕着太阳一圈一圈地转呢？

第 5 章

万有引力定律和引力弹弓效应

牛顿的思想实验

今天，我们每个人都知道，地球是一个大大的圆球，飘浮在宇宙空间中，绕着太阳一圈一圈地旋转着。

然而，古人一直被一个问题困扰着：如果地球是个旋转的球，那生活在地球“下面”的人岂不是头朝下、脚朝上吗？为什么他们不会掉下去呢？

1665 年，在英国的林肯郡伍尔索普村的一个庄园中，有一个青年坐在苹果树下思索着这个古老的问题，他就是我们的老朋友牛顿先生。

这个问题让牛顿想了很久。最终，他从一个思想实验开始，一步步推导出了结论。他是这样想的：假如我站在一座高塔顶上，朝前方扔一块石头，那么石头会以一个呈抛物线状的运动轨迹掉落在地上。我越用力，石头就会被扔得越远。石头能扔得多远取决于石头出发时的速度。牛顿在纸上画下这样一幅图：

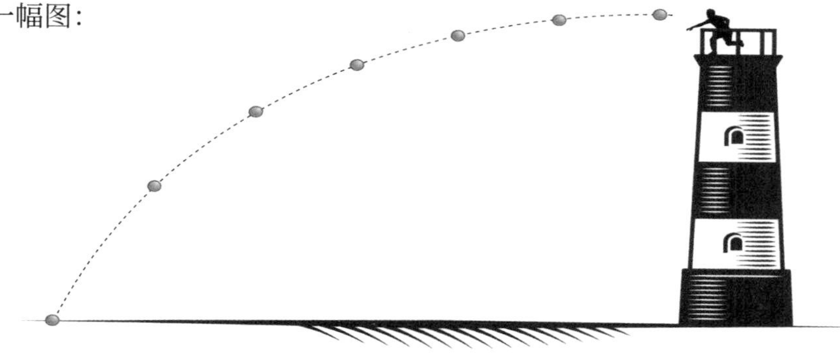

为什么会是这样的一种运动轨迹呢？牛顿后来找到了原因：飞行中的石头实际上在同时做两种运动，一种是水平方向上的运动，另一种则是垂直下落的运动，把这两种运动合在一起，就形成了一个呈抛物线状的运动轨迹。（如下图所示）

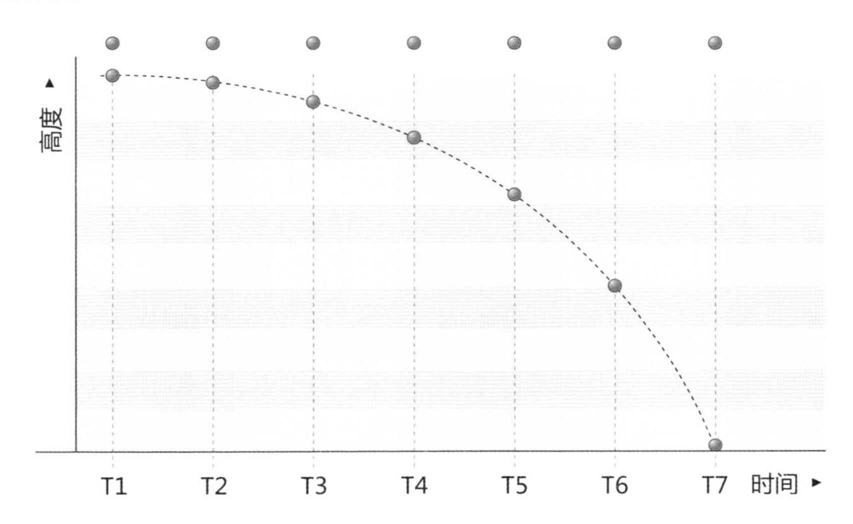

牛顿继续想，因为地球是圆的，当石头扔得“远”到一定程度，那么岂不是趋向于绕着地球转一圈而回到原地吗？（如下图所示）

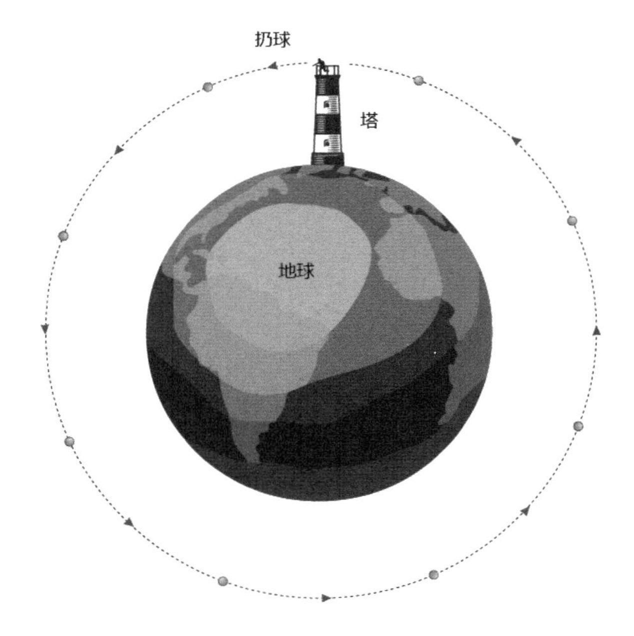

牛顿在他的草稿纸上反复画着草图，最终想明白了，只要把这个石头扔得足够快，那它将会一直绕着地球转，根本停不下来，也永远不会掉到地球上。要维持这样的一种运动，石头必须始终受到来自地球的一个很稳定的、均匀不变的力，而且这种力是可以隔空产生作用的，它指向地球的球心。牛顿把这个力称为“引力”。这就好比你甩动一个链球并想让它在你的头顶上方转圈，你就必须用手拉紧链子，通过链子，对球施加一个牵引力。同理，绕着地球转的石头就像是在被地球伸出的一根无形的链子牵引着。

万有引力定律

从上一节那个思想实验出发，牛顿还在往下想。有一天晚上，牛顿突然发现，地球的周围正好存在上一节说的这样一个“石头”——月球，它绕着地球一圈圈地转。这恰好解释了为什么月亮不会掉到地球上来。

一时间，牛顿豁然开朗，那个此前困扰他很久的问题迎刃而解了。人之所以不会“掉出”地球，是因为地球的引力指向地心，每个人都被引力牢牢“抓在”地表上，双脚指向地心。

但是，假如牛顿想到这里就停止的话，那么我不会说他是 500 年一出的大天才。实际上，他这个非凡的大脑还在继续思考：月亮绕着地球转是由于地球对月亮的吸引力，那么同样的道理，地球和其他太阳系的行星绕着太阳转，说明太阳对所有太阳系的行星都有吸引力。既然如此，那是不是意味着大的天体对小的天体会产生吸引力

万有引力存在于所有物体之间

呢？想到这里，牛顿摇摇头，天体之间隔着这么远的距离，它们怎么会知道谁大谁小？而且如果是两个大小相同的天体，难道彼此之间就没有吸引力了吗？引力一定是普遍存在于两个天体之间，准确地说，应当是存在于所有物体之间的。

于是，24 岁的牛顿终于发现了那个宇宙中最基本的规律：万有引力定律。这个定律的内容是万物之间都会相互吸引，就像互相靠近的磁铁一样相互吸引。只不过，这种吸引力非常微弱。你想想，地球那么大，虽然把我们吸在地表上，可是我们只要轻轻一跳，就能对抗地球对我们的吸引力。我们从地上捡起一个石块，没有花多大的力气就比整个地球对石块的吸引力还要大了。

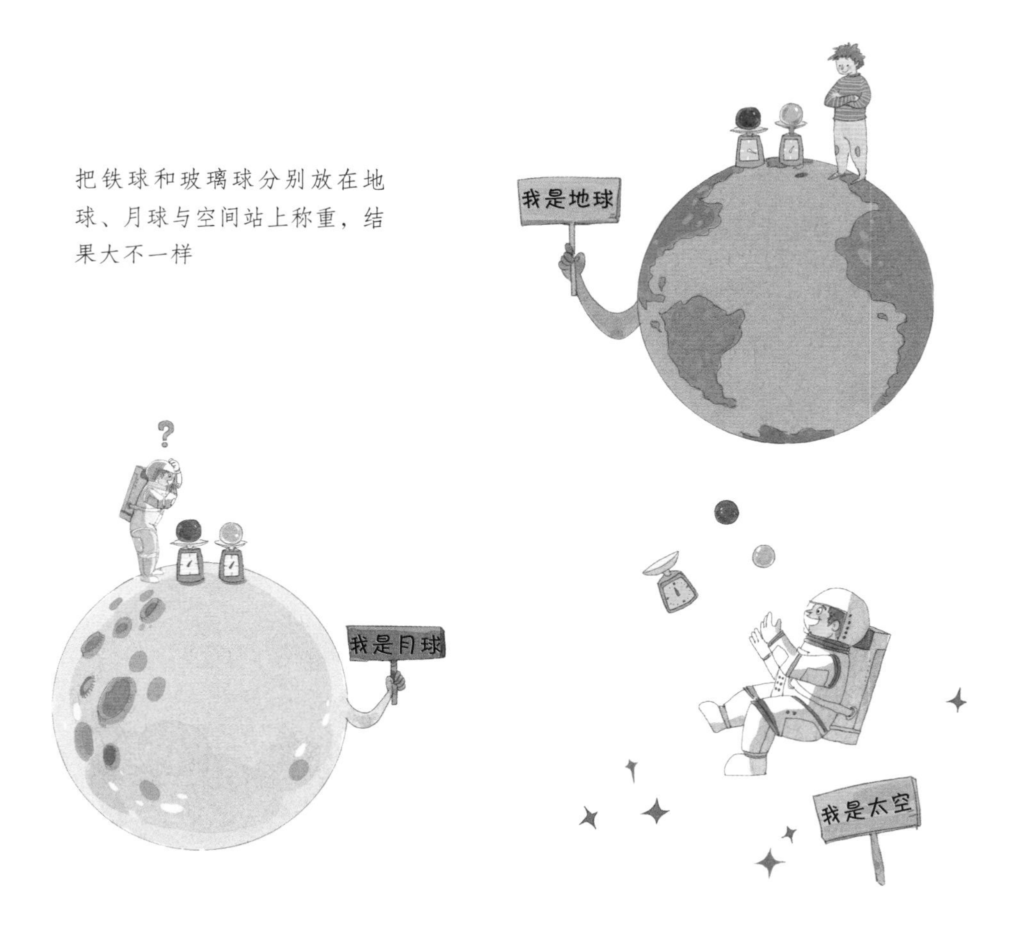

把铁球和玻璃球分别放在地球、月球与空间站上称重，结果大不一样

要进一步理解万有引力，我们还必须掌握一个基本概念——质量。

我先问问你：同样大小的两个球，一个是玻璃球，一个是铁球，哪个重量更大呢？你可能会脱口而出，当然是铁球啊。但是，我要告诉你，这可不一定。比如，你把它们带到太空中的国际空间站中，它们都会飘浮起来，这时你把它们拿在手里，会感觉到它们都没有重量。或者，你把它们分别放在地球与月球上称重，结果大不一样，比如有可能是玻璃球更重呢！所以，玻璃球和铁球的重量谁大谁小是不一定的。

不过，你肯定也能感觉到，铁球似乎应该比玻璃球包含的物质更多。物理学中用来描述一个物体包含多少物质的术语是质量。同样大小的铁球和玻璃球，不论把它们放在地球上还是月球上，铁球的质量永远大于玻璃球的质量。物体重量的大小是不一定的，但质量的大小是一定的，所以在同样的重力环境中，质量越大的物体就会越重。

如果仅仅是想到两个物体之间有吸引力，就只是定性研究，还没有做定量研究。我说过，一个科学理论不但要做定性研究，还要做定量研究。牛顿的伟大在于，他最终提出了万有引力的定量公式。他发现，两个物体之间引力的大小与它们的质量乘积成正比，与距离的平方成反比。如果用数学公式来简单表达，就是下面这样（详细内容见第 5 册第 4 章第 3 节）：

$$F=G\frac{M_1M_2}{R^2}$$

如果你现在看不懂没关系，先有个大致印象，将来你看到这个公式的时候能认出来就可以，以后中学物理课上会重点学。这个公式是牛顿一生中最重要的成就之一，是开启人类认识宇宙的一把金钥匙。利用这个万有引力公式，我们只要知道任意两个物体的质量以及它们之间的距离，就能准确地计算出它们之间受到的万有引力的大小。

太阳的质量大约是地球的 33 万倍，而且它的质量占据了整个太阳系的 99.86%。所以，太阳能够牢牢地吸引住太阳系中的所有行星。那地球为什么不会掉到太阳上呢？这个道理就跟月亮不会掉到地球上一样：地球始终在绕着太阳转，只要不停止转动，地球就不会掉到太阳上去。这就好像链球运动员甩动链球，只要运动员不松手，链球就会一圈圈地转。

地球始终绕着太阳转，只有不停地转动，地球才不会掉到太阳上去

引力弹弓效应

万有引力这个现象给了科学家们一个启示：能不能利用万有引力给太空飞行器加速呢？答案是可以的，这就是著名的引力助推效应。

还记得我们上一章说过的“新视野号”探测器吗？当靠近木星的时候，它就像一个链球，而木星就像是链球运动员，万有引力就相当于运动员手中的链子。“新视野号”被木星吸住之后，只转了不到半圈就被抛出去了。从远处看，“新视野号”好像被撞飞了一样，速度也因此增加了很多。这看上去是不是很像打弹弓呢？所以，引力助推效应还有一个更常见的名称——引力弹弓效应。

还有一个更形象的比喻可以帮助你理解引力弹弓效应。你可以把木星想象成一列火车，它在围绕着太阳的轨道上高速行驶。而“新视野号”像一颗小小的玻璃球，当它和木星相遇的时候，就会被木星火车给撞飞出去。当然，科学家们有办法让它们不发生真实的碰撞。

“新视野号”离开木星后，速度增加了，这说明它的能量也增加了，它增加的能量就是从木星身上偷来的。这样一来，木星的运行速度岂不是要降低了吗？没错，木星的运动速度确实会降低那么一点，不过降低的这一点儿就像是从大海中取走一杯水，完全可以忽略不计。

如果把木星想象成一列火车并在围绕太阳高速转动，而“新视野号”则像一颗小小的玻璃球，当它和木星相遇的时候，就会被火车巨大的动量撞飞，这就是引力弹弓效应

利用引力弹弓效应给探测器加速这个方法非常有效，只需要一点点燃料就可以把探测器的速度提高很多。所以，每当我们发射探测器，只要有利用引力弹弓效应的机会，就一定不会放过。

不过，你不要以为引力弹弓效应只能用来给宇宙探测器加速，其实它也可以用来给宇宙探测器减速。这就好像链球运动员接住了甩过来的链球，但是并没有用很大的力气甩出去，而是拽着链球，把它拖慢一点后再甩出去。

1973 年美国宇航局发射的“水手 10 号”水星探测器，是历史上第一个利用引力弹弓效应到达另一颗行星的探测器。它先从地球出发，飞向距离地球最近的金星。绕着金星转了两圈之后，火箭引擎再次点火，它改变了飞行轨道，飞向了水星。从地球上看过去，好像是金星接住了“水手 10 号”，甩

了两圈后，准确地抛向了水星，非常有趣。

有时候，科学家们为了尽可能地利用引力弹弓效应，不惜让探测器多绕几个弯之后再飞向目的地。有一个非常经典的例子就是 1997 年发射的“卡西尼号”探测器，它的最终目的地是土星。但是，它并没有直接飞向土星，而是先飞向金星，利用了一次金星的引力弹弓效应。接着，“卡西尼号”没有急着飞向土星，而是绕着太阳转了一圈后再次与金星相遇，第二次利用金星的引力弹弓效应，把自己甩向地球。它再利用地球的引力弹弓效应，把自己甩向木星。最后，它利用木星的引力弹弓效应，把自己送到了飞向土星的轨

引力弹弓效应也可以用来给宇宙探测器减速。这就好像链球运动员接住了甩过来的链球，拽着链球，把它拖慢一点后再甩出去

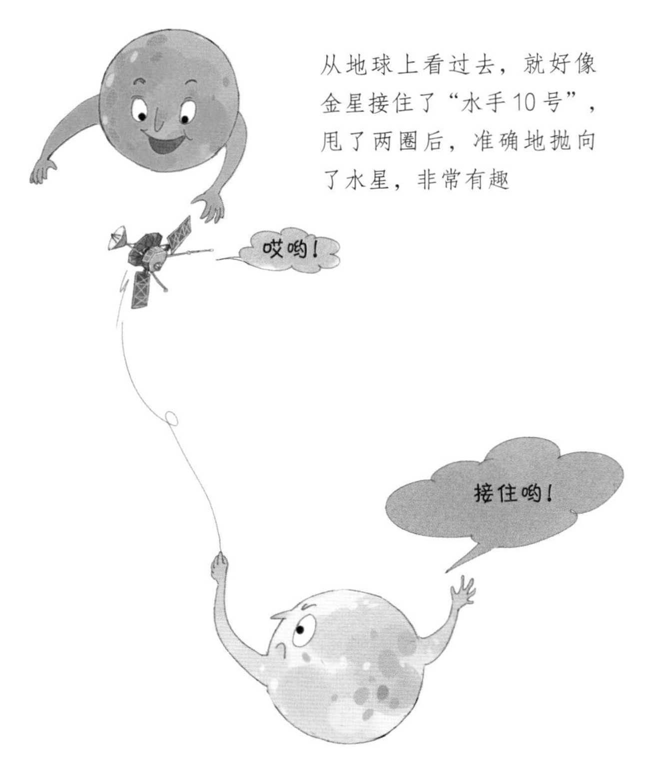
从地球上看过去，就好像
金星接住了“水手10号”，
甩了两圈后，准确地抛向
了水星，非常有趣
哎哟！
接住哟！

道上。因此，“卡西尼号”的飞行路线极其复杂，每一次变轨飞行都必须在非常精确的时间点上启动引擎，一丝一毫都不能错。这些复杂、精确的计算全都是靠牛顿的万有引力公式完成的。

科学总是在不断地进步，后人总是能站在前人的肩膀上，从而看得更远。在本章中，牛顿提出了万有引力定律。可是，他万万没有想到，关于宇宙的惊天大秘密会与万有引力有关，人们揭开这个惊天大秘密的时候他已经去世 190 年了。这又是怎么一回事呢？下一章为你揭晓。

思考题

宇宙探测器在太空中飞行的时候，走的是一条直线还是一条弧线？为什么？

第6章

一对双胞胎引发的宇宙谜案

无处不在的万有引力

上一章留给你的思考题的答案，你想出来了吗？

正确答案是，所有宇宙探测器在太空中飞行的时候，走的都是弧线。为什么呢？因为不论它们飞到哪里，总是会受到太阳系所有天体的万有引力的吸引，而太阳系中其他所有天体的质量加起来都还不到太阳的一个零头，所以其他天体对探测器的影响可以忽略不计。每一个探测器都好像一只风筝，被太阳放出的一根无形的线牵着，所以，不论它们朝什么方向运动，总会因太阳的引力偏转方向，不会走直线。

万有引力的影响无处不在，它就像一张无形的大网，撒满了整个宇宙。它与时间、空间、运动一样，都是宇宙中最基本的自然现象。

在太阳系，每一个探测器都好像一只风筝，被太阳放出的一根无形的线牵着，所以，不论它们朝什么方向运动，总会因太阳的引力而偏转方向，不会走直线

双胞胎佯谬

我在第 3 章提到过 26 岁的青年爱因斯坦提出了狭义相对论，这是非常了不起的成就。但是，他自己并不满意，因为他发现自己的理论中竟然没有包括无处不在的万有引力！他猜想，时间会不会也受到万有引力的影响呢？

他从直觉上觉得应该会，但是又理不出一个头绪来。转机出现在某一天他和当时所供职的瑞士伯尔尼专利局局长哈勒的一次对话中。

哈勒："爱因斯坦，你是不是认为运动速度越快，时间就会变得越慢呢？"

爱因斯坦："是的。"

哈勒："我觉得你的这个观点是自相矛盾的。你不是喜欢做思想实验吗？那我也来做一个思想实验。在漆黑的宇宙中，有一对双胞胎，哥哥和弟弟分别驾驶着一艘飞船，朝着对方飞去。在哥哥的眼中，弟弟的飞船一开始是一个小亮点，然后越来越大，最后嗖的一下就从身边飞过去，一转眼就不见了。那么，根据你的相对论理论，弟弟的时间过得比哥哥慢。是不是这样？"

爱因斯坦："是的。"

哈勒："很好，我再来问你，弟弟看到了什么？是不是和哥哥看到的一样呢？如果是这样，那么根据你的相对论，不是应该哥哥的时间过得比弟弟

爱因斯坦和局长哈勒在探讨两艘飞船相遇时的时间相对性

慢吗？爱因斯坦先生，我想问你，到底是哥哥的时间更慢还是弟弟的时间更慢呢？如果你回答不上来，说明你的理论是错误的。”

爱因斯坦没想到这位局长私底下也在思考这些奥妙的物理问题。这个思想实验确实对爱因斯坦的观点提出了挑战，让他思索了好几天，不过最终还是没有难倒他。

爱因斯坦："局长，在您设想的那种情况下，在弟弟的眼中，哥哥的时间慢了，而在哥哥的眼中，弟弟的时间慢了。这并不矛盾。"

哈勒："哦？那你倒是说说看，为什么不矛盾呢？"

爱因斯坦："您想，哥哥和弟弟如何知道对方的时间呢？他们是不是必须通过发电报来对时间呢？比如，哥哥这样告诉弟弟，当弟弟听到'嘀'的一声时，表明哥哥这里是 12 点整，立即回报时间。弟弟收到哥哥的呼叫后，马上发电报回报自己的时间。等哥哥收到了弟弟的回报，就能比较自己的时

爱因斯坦的解释让哈勒一脸困惑

哈勒生气了，认为爱因斯坦在狡辩

间和弟弟的时间的快慢了。我说的没错吧，局长？”

哈勒：“没错，就是这么简单。”

爱因斯坦：“但是，您千万不要忘了，信号传递不是瞬时的。信号传递的极限速度是光速。因此，当哥哥发出‘嘀’的一声时，弟弟什么时候能听见取决于两艘飞船之间的距离。但不管怎么说，我可以肯定的是弟弟在听到‘嘀’的一声时，哥哥那里的时间肯定是过了12点。于是，过了几秒钟，弟弟说他于12：00：05听见‘嘀’的一声。哥哥说他听到弟弟发出的‘嘀’的一声时，正好是12：00：15。此时，弟弟会自然地认为是哥哥那里的时间慢。当哥哥听到弟弟发出的“嘀”的一声后迅速记下了时间，此时已经是12：00：25。但是，哥哥马上发现，靠这个时间无法证明到底是哥哥这里的时间走得慢还是弟弟那里慢，因为要扣除信号在中途传递的时间。于是，在他扣除信号传递的时间后，会认为弟弟的表走得更慢。您听懂了吗？局长大人。”

哈勒：“太复杂了，我已经完全听迷糊了。但我觉得你是在狡辩！”

爱因斯坦：“好吧，其实我只是想说，以往我们完全不会考虑的信号传递时间居然在这个比对时间的游戏中起到了决定性作用。我们会发现，随着速度的增加，信号传递的时间总是要大于相对论效应拉慢的时间。也就是说，在这个游戏中，哥哥和弟弟完全处于对称的地位，一方的计算结果完全可以被想象成是另一方的计算结果。最后，他们都会得出一个惊人的结论，那就是对方的时间变慢了。这就好比如果哥哥和弟弟在相隔很远的地方互相对望，那么哥哥会觉得弟弟是一个小黑点，而弟弟会觉得哥哥是一个小黑点，虽然他们都把对方看成小黑点，但是这并不矛盾。事实就是如此！”

哈勒（生气）：“我觉得你还是在狡辩，时间的快慢怎么能用对方看上去是不是小黑点来类比呢？你知道，随着时间的流逝，人是会长胡子的。时间过得更快的人，胡子就会长得更长。如果按照你的说法，岂不是哥哥看到弟弟的胡子变长了，弟弟看到哥哥的胡子变长了吗？真是荒谬！就算真是这样，我们让哥哥和弟弟见面，总能比较出胡子的长短吧？我要你正面回答我，他们见面时到底是哥哥的胡子更长还是弟弟的胡子更长？”

爱因斯坦：“这……”

以上这段对话当然是虚构的，但对话中哈勒提出的双胞胎难题在科学史上非常出名，以至于还有一个对应的专有名词——“双胞胎佯谬（yáng miù）”。佯谬的意思是看上去是错误的，其实是正确的。

这个难题曾经难倒了很多人，但最终还是被爱因斯坦破解了。他最终发现，在上面那个思想实验中，如果哥哥和弟弟想要见面，那么他们俩的地位就不再平等了，因为必然要有一个人先把飞船的速度降下来，然后调转船头，再加速追上另外一个人。这样一来，谁掉头去追另一个人，谁就会变得更年轻。这样，哥哥和弟弟的胡子谁更长都是有可能的，关键是看追别人的那个人是谁。

这听上去是不是很神奇？不过，这是千真万确的事实，遵循的是宇宙为我们制定的神圣法则。

等效原理

当爱因斯坦破解了双胞胎佯谬这个谜题之后，他隐约觉得自己就要找到把万有引力和时间联系起来的线索了。他苦苦地思索着，但就是找不到那个线索。直到有一天，他突然获得了一个绝妙的想法，他把这个想法称为自己一生中最快乐的想法。这到底是一个什么样的想法呢？

你坐过电梯吗？你有没有发现，当电梯刚刚启动上升的时候，你会觉得

电梯刚刚启动上升时，你会觉得自己的心一沉，好像身体变重了；电梯快停下来时，你又会觉得自己的心一飘，好像身体变轻了

自己的心一沉，好像自己的身体变重了一点？而当电梯快停下来时，你又会觉得自己的心一飘，就好像自己的身体变轻了一点？这是因为电梯在启动或者停止时，会有一个加速度，正是这个加速度让我们感觉到了自己身体重量的变化。

这原本是一个很常见的现象，可是爱因斯坦突然想到，假如我坐在一个密闭的电梯中，有没有办法区分出这架电梯是静止在地球上还是在太空中加速运动呢？如果我在电梯中失重了，那我能不能区分出电梯是飘浮在太空中还是在地球上自由下落呢？爱因斯坦想来想去，最后发现，只要不开电梯门，根本没有任何办法区分这两种状态。于是，爱因斯坦得出了一个结论，它被爱因斯坦称为**等效原理**，其内容为：

加速度和引力在物理效果上是相同的。

有了等效原理，爱因斯坦终于能把万有引力放到自己的理论中了。为什么呢？因为万有引力通过等效原理就和加速度关联上了，而加速度和运动是有关联的。这样一来，爱因斯坦的相对论就升级了，他终于能把宇宙中最普遍的自然现象（时间、空间、运动、引力）全都整合到一个理论中，这就是广义相对论。这是非常非常非常了不起的成就，

爱因斯坦的广义相对论把宇宙中最普遍的自然现象（时间、空间、运动、引力）全都整合到一个理论中

我必须用三个“非常”才能形容它的伟大。从狭义相对论到广义相对论，爱因斯坦花了整整 10 年的时间。今天，许多科学家都把相对论称为世界上最美的理论和人类最伟大的智力成就。

多亏爱因斯坦搞明白了引力和时间的定量关系，我们今天随处可见的导航仪才能为我们精确地指引方向。因为导航仪要用到的全球卫星定位系统（简称 “GPS”）就是利用天上的卫星来给地球上的接收器定位。不同的卫星信号抵达接收器的时间不同，这时候，就必须非常精确地知道卫星上的时钟和地面上的时钟会相差多少。而天上的卫星与地面上的接收器所受到的地球引力是不同的，因此，就要用到爱因斯坦的公式才能精确计算出它们的时间差。

信号在卫星和地球之间的传送和接收

爱因斯坦终于从理论上证明了万有引力确实会影响时间。在他去世后，科学家们也用实验证明了他的理论。然而，真正让全世界的科学家都无比震惊的是，后来爱因斯坦又发现了关于万有引力的真相，而这个真相实在太过于惊人，以至于当它被天文观测证实的时候，引发了全世界的大轰动、大讨论。

这个令人震惊的真相到底是什么呢？我将在下一册为你揭晓答案。

你可能听到过食物相克的说法，例如：有人说土豆和香蕉一起吃会长雀斑。你敢不敢做一个实验来验证一下，然后说说，你觉得这是不是真的？

青少年科学基石32课

◎汪诘 著 庞坤 绘

从黑洞理论到引力波

南方出版社·海口

图书在版编目（CIP）数据

青少年科学基石 32 课 . 2, 从黑洞理论到引力波 / 汪诘著 ; 庞坤绘 . —海口 : 南方出版社 , 2024. 11.

ISBN 978-7-5501-9186-0

Ⅰ . N49；O412-49

中国国家版本馆 CIP 数据核字第 2024CG9396 号

QINGSHAONIAN KEXUE JISHI 32 KE： CONG HEIDONG LILUN DAO YINLIBO

青少年科学基石 32 课：从黑洞理论到引力波

汪诘 著　庞坤 绘

责任编辑：师建华
特约编辑：林楠
排版设计：刘洪香
出版发行：南方出版社
地　　址：海南省海口市和平大道 70 号
电　　话：（0898）66160822
经　　销：全国新华书店
印　　刷：天津丰富彩艺印刷有限公司
开　　本：710mm×1000mm　1/16
字　　数：418 千字
印　　张：34
版　　次：2024 年 11 月第 1 版　2024 年 11 月第 1 次印刷
书　　号：ISBN 978-7-5501-9186-0
定　　价：168.00 元（全六册）

目录

第1章 时空弯曲猜想和黑洞理论

爱因斯坦的时空弯曲猜想 /002

爱丁顿和星空实验 /005

黑洞理论 /010

尚未发现的白洞和虫洞 /014

第2章 宇宙大爆炸和引力波

哈勃的重大发现 /020

宇宙大爆炸 /024

发现宇宙微波背景辐射的故事 /026

大名鼎鼎的引力波 /030

第3章 四维时空和高维空间

在四维时空中奔跑 /034

给空间再加个维度 /037

高维打击和降维打击 /041

第4章 时间旅行是可能的吗？

飞向未来是可能的吗？ /044

工质发动机与太阳风 /046

我们能否回到过去？ /050

时间旅行可能产生的逻辑矛盾 /053

第5章 暗物质和暗能量

黑暗双侠 /058

暗物质之谜 /060

暗能量之谜 /065

第6章 令人惊叹的宇宙

太阳系有多大？ /072

银河系有多大？ /076

宇宙有多大？ /078

最重要的是科学精神 /082

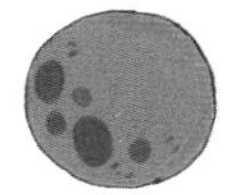

第1章 时空弯曲猜想和黑洞理论

爱因斯坦的时空弯曲猜想

你有没有过像上册结尾的思考题说的那样把土豆和香蕉一起吃的经历呢？这个搭配虽然很奇怪，但是，我可以保证，肯定不会导致你长雀斑。香蕉和土豆看起来长得很不一样，其实它们的主要成分都是淀粉和水。如果换一个角度去看，其实它们是同一类东西的不同表现形式。你是不是很惊讶呢？这个世界的真相往往与我们表面上看到的情况很不一样。

你可能会觉得热爱科学就是热爱发明创造，其实，真正热爱科学的人，都是热衷于发现真相的人，不论是生活的真相还是历史的真相。

爱因斯坦通过对万有引力的深入研究，发现了一个令所有人都震惊的宇宙真相，那就是，时间和空间就好像香蕉和土豆，表面上看起来很不一样，但是，如果我们换一个角度去看，时间和空间其实都是同一样东西的不同表现形式。我们把这样东西叫作时空。

什么是时空？我们不能把时空简单地理解为时间加上空间，就像不能认为牛奶就是牛加上奶一样。爱因斯坦告诉我们，时空就像一张由时间和空间编织起来的网，这张网充满了整个宇宙，无处不在，无边无际。时间的相对变化必然引起空间的相对变化，空间的相对变化也必然引起时间的相对变化。

牛顿说万有引力就是让物体之间互相牵着的一根看不见的线，而爱因斯坦说万有引力就是时空的弯曲。

按照牛顿的想法，地球绕着太阳转，就像一个运动员在甩链球。可是，按照爱因斯坦的想法，太阳就像压在时空上的一个球，它把时空这张网给压弯了，地球在弯曲的时空中运动，就好像小球在一张凹陷的橡皮膜上运动，它的运动路线会自然而然地围绕着中心转圈，并没有什么看不见的线牵着。

那么，他们到底谁对谁错呢？

牛顿和爱因斯坦展开激烈辩论

在科学研究中，并没有绝对的正确和错误。只有谁的理论更加接近真相，谁的计算结果更加符合实验的结果。

用牛顿的理论和爱因斯坦的理论都能计算出地球的运行轨道，只不过，用爱因斯坦的理论计算，结果会更加精确。但我们并不总是需要那么精确的计算结果，所以，牛顿的理论永远不会过时。无论到了什么时候，我们都要学习牛顿的理论。

爱丁顿和星空实验

为了检验时空弯曲的猜想，爱因斯坦提出了一个著名的星光实验。这是一个非常大胆且极具想象力的实验，展现了爱因斯坦非凡的思考力，下面让我们一起来了解一下。

首先，我们找一个晴朗的夜晚，给某一片星空拍张照片。我们会看到很多星星彼此靠得很近，可以把它们之间的距离测量出来。我们都知道恒星之所以叫恒星，是因为它在天上的位置相对于地球是不动的。也就是说，每年地球运行到同一相对位置时，这幅星空的照片应该是完全一致的，星星之间的距离也应该是完全相同的。地球绕着太阳做着圆周运动，

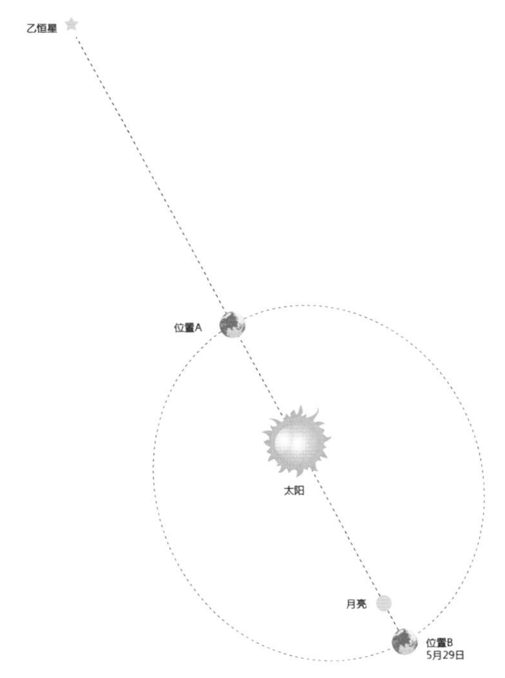

每年地球在位置 A 和位置 B 时，其相对于乙恒星的位置是完全相同的

那么每年地球都会有两次机会和恒星的相对位置保持一致，也就是在上图的位置 A 和位置 B 时。由于恒星离我们非常非常遥远，在位置 A 和位置 B 拍出来的同一片星空的照片也是完全相同的（至少依靠人类目前的观测精度，我们是无法发现差异的）。

但是，请大家注意：当地球在位置 B 时，与在位置 A 相比，有一个巨大的不同，那就是太阳挡在了中间。根据爱因斯坦的理论，太阳的引力是如此之大，以至于太阳周围的时空被压弯了。于是，星光经过太阳时就会发生弯曲，从而使我们在位置 B 观察恒星时，那些离太阳比较近的恒星就会发生位置上的变化。

如何检验恒星的位置是否发生了改变呢？我们只需要测量离太阳很近的恒星与离太阳很远的恒星之间的距离即可。比较一下在位置 B 处的星空照片和在位置 A 处的星空照片，我们会发现，恒星之间的距离发生了变化，这就好像魔术师凭空把星星挪了一个地方一样。如果这个预言是正确的，那么离太阳近的乙恒星的视觉位置会朝着远离太阳的方向偏一点。这一点是多少呢？根据爱因斯坦的计算，这一点约为 1.7 角秒[①]。

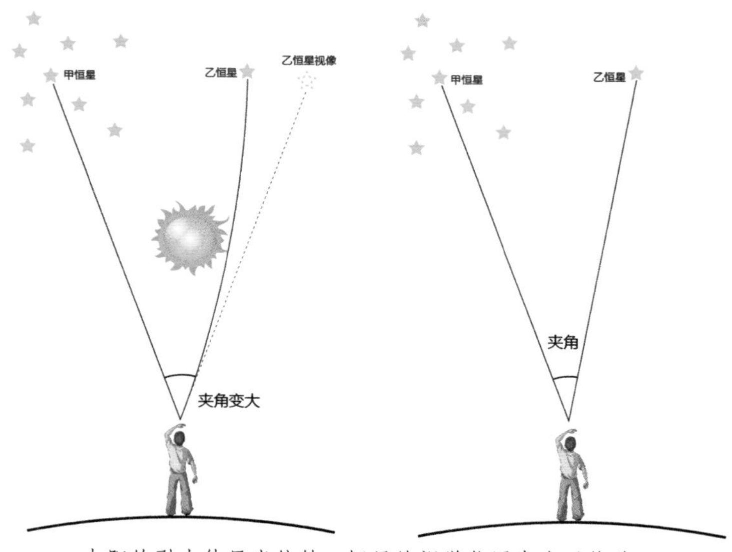

太阳的引力使星光偏转，恒星的视觉位置发生了偏移

日全食发生的时候，我们在白天也能看到星星，非常神奇

看到这里，你可能会产生疑惑：当地球处在位置B的时候，我们处在白天，该怎么看到恒星呢？可是，你千万别忘了，有一个特殊的时刻可以让你在白天看到星星，那就是日全食发生的时刻。

这就是爱因斯坦提出的星光实验。如果我们把时空弯曲看成他提出的一个假设，那么星星改变位置就是根据这个假设推导出来的一个猜想，而这个猜想是可以被实验检验的。

这就是科学研究的一个重要方法——提出一种假设，推导出一种猜想，再用实验去验证这个猜想。

你千万别以为这个方法很容易想到，在人类文明的几千年历史中，人们能够熟练运用这个方法也就三四百年的时间。

英国天文学家爱丁顿（公元 1882—1944）是第一个用英语宣讲相对论的科学家，是 20 世纪初广义相对论在英国的最大支持者。1919 年那次日全食来临前，英国派出了两支远征观测队，一支队伍远赴巴西，爱丁顿率领的另一支队伍远赴西非。1919 年 5 月 29 日，日全食如约而至，虽然当时天公不作美，远征队遇到了阴天，但是他们拍到了至少 8 张能用的照片。他们把照片带回英国后，进行了长达几个月的数据分析，其间还邀请了全世界的天文学家齐聚英国皇家研究所一起分析与计算。最后，他们宣布，爱因斯坦的广义相对论得到了完美的证实，观测值与理论计算值吻合得非常好！用爱因斯坦自己的话说：“这是一个彻底和令人满意的结果！”

以英国天文学家爱丁顿为首的科学家们证实了爱因斯坦的广义相对论

星光实验使相对论在历史上第一次得到了实验的验证，也使爱因斯坦享誉世界。在此后的科学史上，每隔一段时间，关于相对论的科学理论或发现都会得到一次实验的证实。而每一次对相对论的成功验证，几乎都会获得诺贝尔物理学奖。例如历史上非常著名的脉冲星的发现，获得 1974 年的诺贝尔物理学奖；宇宙微波背景辐射的发现，获得 1978 年的诺贝尔物理学奖；最近一次是引力波的发现，获得了 2017 年的诺贝尔物理学奖。

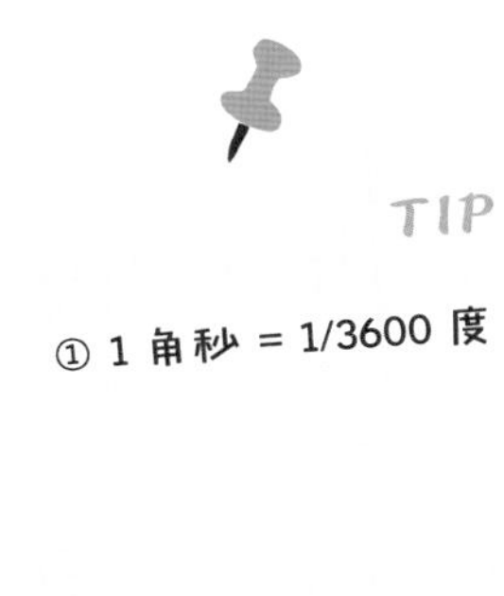

黑洞理论

现在，我们比牛顿时代更加接近宇宙的真相。所有的天体都像一个个球压在了时空之网上，球的质量越大，体积越小，在这张网上就下陷得越深。像地球这样的天体，只能压出一个小小的凹陷。天体质量的加大所造成的凹陷会越来越深，这些凹陷会越来越像空间中的“洞”。

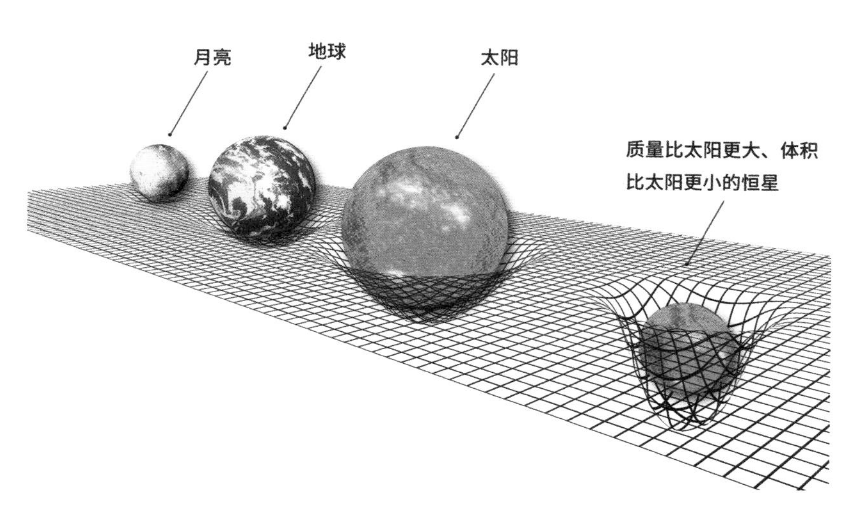

像地球这样的天体，只能压出一个小小的凹陷，天体质量的加大所造成的凹陷会越来越深

当这个洞达到最深的时候，就连光也只能在洞中的时空里打转，再也出不来了，更不要说其他物质了。科学家们把这样的洞称为“黑洞”。它是我们这个宇宙中最奇怪的一种天体。我们永远也无法看到黑洞里面的样子，因为时间和空间在里面已经打成了一个结，也可以说都不复存在了。黑洞就像宇宙中的一个吸尘器，不断地吞噬着一切靠近它的物质，而且吞进去后就不会吐出来。

黑洞非常厉害，能吞噬一切东西

其实，任何天体，如果压缩得足够小，都能成为一个黑洞。比如，我们如果能把地球压缩到只有一颗巧克力豆那么大，那么地球就会成为一个黑洞。著名科幻电影《星际穿越》中的黑洞就是用计算机模拟出来的。

但是，以上所述只是一个不太准确的比喻。实际上，黑洞比你想象的样子还要怪异。黑洞的大小，只是黑洞的中心到边界的大小。这个黑色区域其实是空无一物的。你可能要感到奇怪了：物质都跑到哪里去了呢？其实，我刚才说把地球压缩到一个巧克力豆那么大，一旦地球被压缩到巧克力豆那么大时，就没有任何力量能够阻止地球继续收缩了，最后只能是留下一个黑洞洞的壳。那么，地球上的物质到底跑到哪里去了呢？我们只知道它们会一直收缩下去，永远停不下来。

如果你一定要我告诉你最后到底会怎么样，我只能回答你：对不起，我想到一半就已经昏迷不醒了。如果你去问其他科学家，他们可能会这样回答你：这些物质最后都会收缩成一个非常奇怪的点，我们把这个点叫作“奇点”，等你长大了就明白了。其实我现在都长这么大了，也还是不明白。或许，等你长大了，通过探索和研究，就能反过来告诉我真相了。

正因为以上这些具有不确定性的内容，当黑洞理论刚刚被提出来的时候，几乎没有人相信宇宙中真的会存在这样奇怪的天体。后来，随着对相对论的深入研究，科学家们才发现，似乎宇宙中出现这样一种奇怪天体是不可避免的。相对论被一个又一个的实验所证实，这更加坚定了科学家们的信念。

黑洞理论显然是一个非同寻常的主张，必须要有非同寻常的证据。也就是说，要最终证明黑洞的存在，必须找到天文观测方面的证据。于是，天文学家们开始了艰苦卓绝的努力。2019 年 4 月 10 日 21 时，人类拍摄的首张黑洞的照片终于面世，引发了全世界的关注。你要是感兴趣，可以自己上网去看看。

科学家不知道地球上的物质到底跑到哪里去了

尚未发现的白洞和虫洞

就在天文学家们努力寻找黑洞的同时，又有科学家发现，根据广义相对论，可以推测出一种与黑洞性质完全相反的天体。这种天体不是不停地吞东西，而是刚好相反——不断地吐出东西。于是，这种更奇怪的天体就被叫作“白洞”。这样一来，黑洞还没找到，又冒出了一个白洞，那些搞观测的天文学家就更加忙碌了。当然，科学家们也没闲着。白洞经常吐东西，他们则在忙着研究

白洞经常吐东西，科学家们则在忙着研究白洞吐出来的东西

白洞吐出来的东西。

后来，那些搞理论的科学家又提出了一种更奇怪的“洞”，这可让天文学家们更加头大了。这是什么洞呢？根据广义相对论，科学家们发现，两个黑洞或者黑洞与白洞之间虽然相距很远，但是理论上有可能通过弯曲时空而连接在一起，形成一个时空隧道——虫洞。

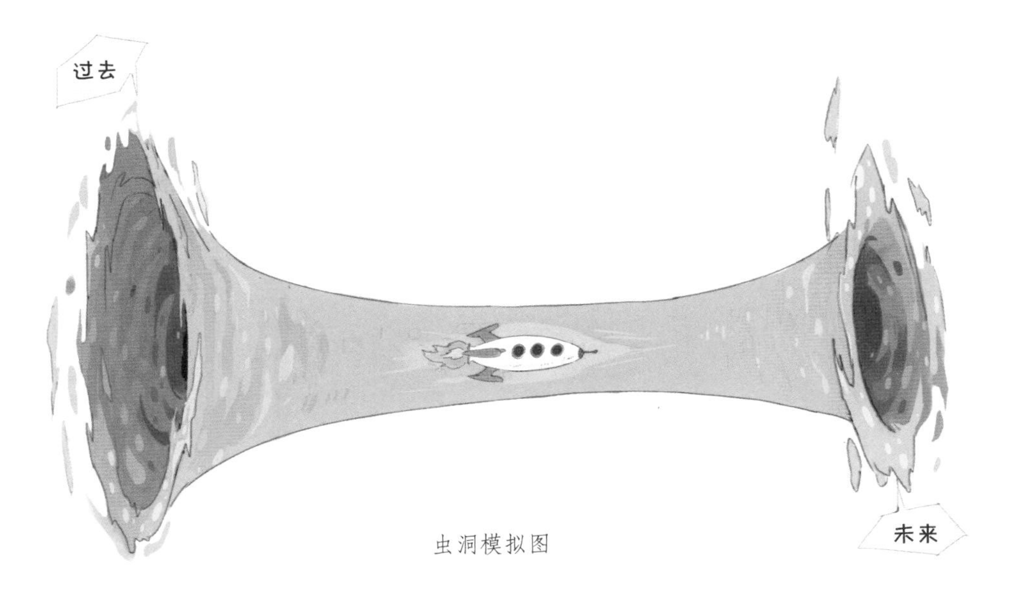

虫洞模拟图

这个时空隧道恐怕是人类目前已知的宇宙中最奇怪的东西了，恐怕也是最疯狂的科学猜想。如果虫洞真的存在，那么就有可能让在银河系的这一头的宇宙飞船突然出现在银河系的那一头，原本要花几亿年才能飞过的距离一瞬间就跨过了。

你知道科学猜想和胡思乱想有什么区别吗？科学猜想都是有明确的推导过程，而不是随便一拍脑袋就凭空冒出来的想法。更重要的是，科学猜想是可以通过观察或者实验来验证的，而胡思乱想是经不起验证的。

宇宙中到底有没有黑洞、白洞和虫洞呢?

光有理论是不够的，必须要找到证据。因为黑洞本身不发出任何光线，所以无法被直接看到。不过，科学家可以找到很多间接证据，比如黑洞会极大地扭曲时空，于是，当光线经过黑洞附近，就会像照哈哈镜一样被扭曲。

黑洞会极大地扭曲时空。光经过黑洞附近时会被扭曲，像照哈哈镜一样

几十年来，科学家们不断地发现各种证据，到 2015 年探测到了两个黑洞相撞后产生的引力波后，人类已经可以自豪地宣布：黑洞的存在已经是铁证如山了。

著名物理学家霍金最大的科学成就是指出黑洞不是永恒存在的，而是会像一滴水一样，慢慢地蒸发掉。这种现象被称为“霍金辐射”。但是，相关证据还没找到，等待着你去发现。

令人遗憾的是，相比于黑洞，迄今为止，我们还没有寻找到任何关于白洞和虫洞存在的证据。也许当你长大以后，能投身到寻找白洞和虫洞的伟大科学探索中。

我前面提到两个黑洞相撞后会产生引力波，那什么是引力波呢？下一章将为你解答这个问题。

著名物理学家霍金指出黑洞不是永恒存在的，而是会像一滴水一样，慢慢地蒸发掉。这种现象被称为“霍金辐射”

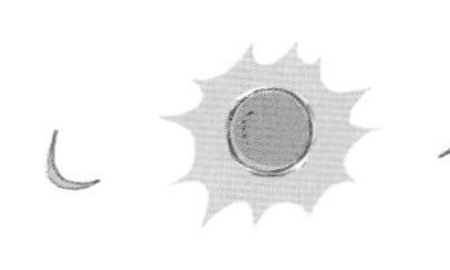

请你思考一下，如果回到古代，你提出了一个假设，你能不能想办法检验这个假设呢？希望你能与父母一起讨论一下我们可以在生活中找到什么样的方法来验证这个猜想。

第2章
宇宙大爆炸和
引力波

哈勃的重大发现

在 100 年前，科学家们认为，宇宙是永恒不变的，过去无限远，未来也是无限远，谁要是问宇宙是从什么时候诞生以及怎样诞生的，是会被人笑话的。

1919 年，有一位 30 岁的年轻人来到美国的威尔逊山天文台工作。谁也没有料到，这位年轻人将永久地改变人类的宇宙观，他是埃德温·哈勃。

哈勃一到天文台，便以近乎疯狂的状态投入到了对仙女座大星云的观测中，这片星云是北半球仅有的两片肉眼可见的星云之一。当时的天文学家们以为，银河系就是整个宇宙，而仙女座大星云只不过是银河系中一片发光的气体云。

哈勃通过长年累月的细心观测，用无可辩驳的证据证明了仙女座大星云距离地球至少几十万光年，远远超出了银河系的大小。而且，仙女座大星云根本就不是什么发光的气体云，而是一个比银河系还大的星系，包含了几千亿颗像太阳一样的恒星。除了银河系，在望远镜中还能看到无数片星云，每一片星云几乎都是一个巨大而遥远的星系，有的星系甚至离我们有几亿光年之遥。

哈勃的这些发现让所有天文学家都感到非常吃惊。这时，哈勃又有了一

仙女座大星云比银河系还大

个更加令人震撼的发现，甚至让远在德国的爱因斯坦都惊讶得合不拢嘴。

原来，哈勃发现，除了仙女座大星系等几个极少数的邻近星系，几乎所有的星系都在远离我们，就好像你站在广场上，周围所有的人都在后退一般。而且，距离我们越远的星系，后退的速度就越快。

难道说地球真的是宇宙的中心吗？否则，怎么解释，从地球看过去，几乎所有的星系都在后退呢？哈勃进一步的观测发现，事情远没有想象的那么简单。的确，几乎所有的星系都在远离地球，但是几乎所有的星系也都在互相远离。换句话说，如果你站在宇宙中的任何一个地方朝四周观看，都会看到同样的现象，那就是几乎所有的星系都在后退。所以你可以说宇宙没有中心，也可以说宇宙中任何一个地方都是中心。

怎么会出现这种奇怪的现象呢？请你想一想，看看能不能找到一个合理的解释。科学家们也在热烈地讨论着。最后，所有人都只能想到唯一的合理解释，那就是，宇宙就像一个气球，而这个气球正在不断地被吹大，如果你在气球表面随便画上一些点，那么，当气球不断膨胀时，所有的点与点之间的距离都会增加，无一例外。这么说，难道我们的宇宙正在不断地膨胀吗？

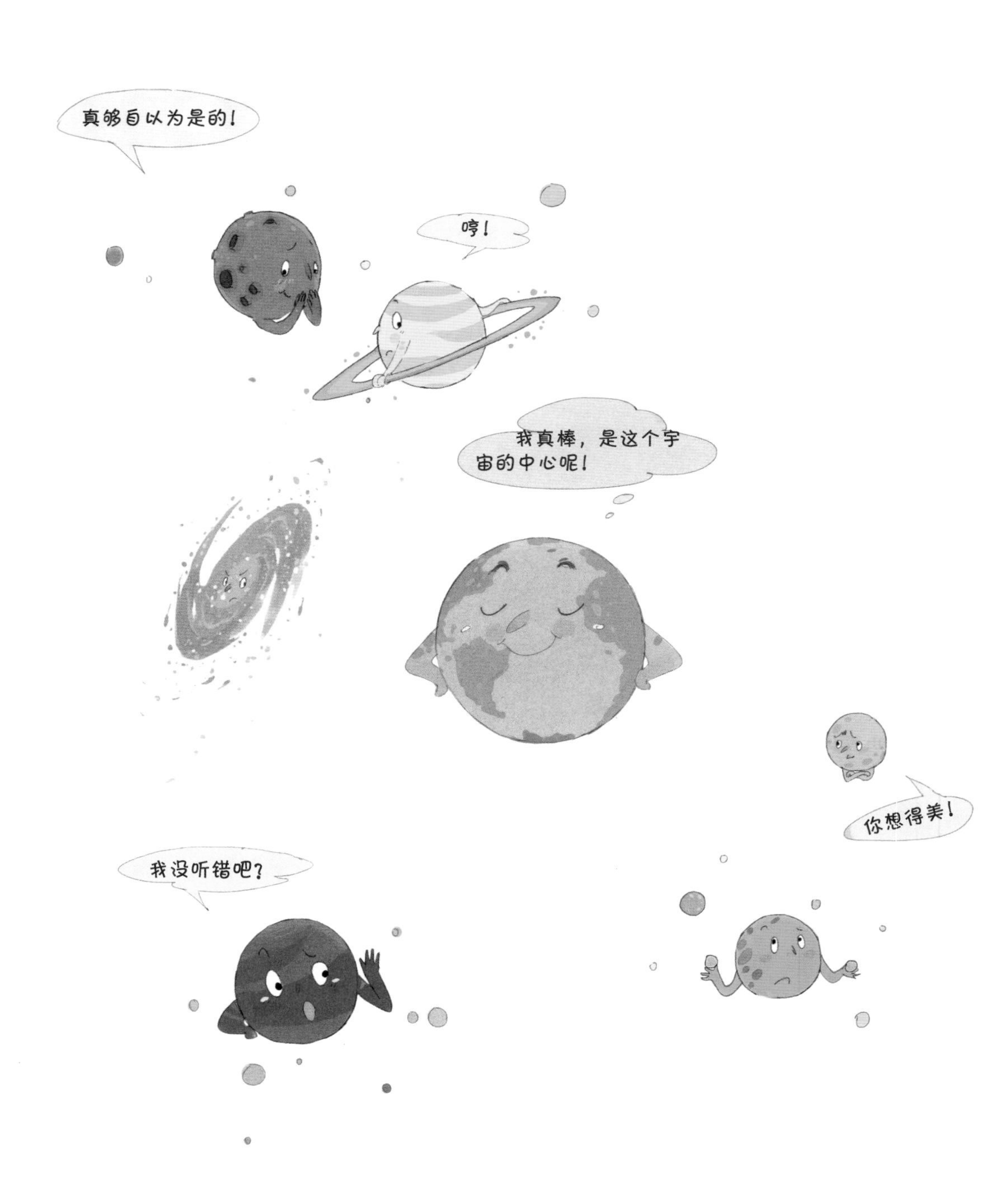

宇宙没有中心

远在德国的爱因斯坦听说了哈勃的发现，惊讶得不得了。这不是因为他不相信宇宙在膨胀，而是因为这个发现竟然和他的广义相对论不谋而合。原来，爱因斯坦此前根据广义相对论计算出宇宙应该是在膨胀的，可是这个结果连他自己都不信。为了维持一个不变的宇宙，也为了不让别人笑话他的理论，他把自己的理论人为地改动了一点。但他没想到哈勃竟然发现宇宙真的是在膨胀。事后，人们不得不感叹爱因斯坦不愧是大师。

宇宙就像一个气球在不断膨胀

宇宙大爆炸

如果宇宙真的像哈勃所说的那样，一直在膨胀，那么，明天的宇宙就会比今天的宇宙更大。换句话说，昨天的宇宙比今天的宇宙小一点，前天的宇宙又比昨天的宇宙更小一点。那么，如果时光倒流的话，宇宙岂不是越来越小吗？这样一来，终会有缩到头的一天。科学家们根据宇宙的膨胀速度进行了计算，发现只要往回倒推 138 亿年，那么宇宙就会缩小为一个点了。这也就是说，我们的宇宙是在 138 亿年前从一个点开始，最后膨胀成今天的样子的。这就是著名的宇宙大爆炸理论。

现在，你脑子里面是不是冒出了一个疑问：除了哈勃的发现，还有没有更多证据能证明宇宙在膨胀呢？如果你能这么想，我会感到非常高兴，因为你已经记住了我讲过的“非同寻常的主张需要非同寻常的证据”。

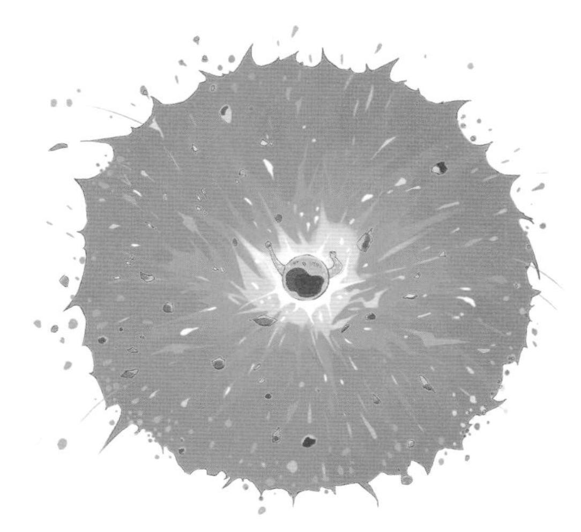

宇宙大爆炸

自从宇宙大爆炸理论被提

出后，科学家们一直在寻找证据。比如，我们可以根据广义相对论计算出，从大爆炸开始，宇宙冷却了 138 亿年后的温度。只是这个温度很低，用任何温度计都是测量不出来的。要测量如此低的温度，只有一个办法，就是利用巨大的射电望远镜。

你可能感到奇怪，怎么用望远镜还能测量温度呢？其实，与其说射电望远镜是一个望远镜，不如说它是一个超级收音机，因为射电望远镜并不是用“眼睛”去“看”，而是通过一个巨大的天线来收集各种频率的电磁波，然后科学家们再把电磁波转换成图像和声音这两种让人类可以直观感受的形式。

要测量宇宙的平均温度，其实就等于测量来自全宇宙的微波背景辐射，因为当温度变得极低时，热量是以微波的形式存在的。家里的微波炉能加热食物也是利用了同样的原理。只是宇宙这台超级大微波炉的功率很低，自从射电望远镜被发明出来，人类通过它接收到的全部微波加起来的热量还不够融化一片雪花。

射电望远镜通过一个巨大的天线来收集各种频率的电磁波

发现宇宙微波背景辐射的故事

宇宙微波背景辐射的发现是一个非常有戏剧性的故事。1964 年，阿诺·彭齐亚斯（公元 1933—2024 ）和罗伯特·威尔逊（公元 1936—）是美国贝尔实验室的两名工程师，入行时间不长，资历也不深。当时，他们俩一起在美国新泽西州的霍尔姆德尔建造了一个形状奇特的号角形射电天文望远镜，然后开始对来自银河系的无线电波进行研究。

这根号角形的巨大天线非常灵敏，喇叭口的直径达到了 6 米，可能是当时世界上最灵敏的天线。但天线启动后，总有一个怎么也去不掉的噪声在干扰他们。两人一致认定这个噪声是天线本身的问题，因为无论天线指向天空中任何一个地方，这个噪声总是存在。

他们与噪声展开了斗争。首先，他们把所有能拆的零件全部拆下来，然后重新组装一遍，噪声还是存在。然后，他们又检查了所有电线，掸掉了每一粒灰尘，噪声依旧存在。他们爬进了天线的喇叭口，用管道胶布盖住每一条接缝、每一颗铆钉，噪声还是存在。

后来，他们一度以为找到了原因。当时他们在天线里发现了一个鸽子窝，居然有鸽子在里面筑巢。“罪魁祸首一定是鸟屎！”威尔逊恍然大悟地对彭齐亚斯说，“鸟屎是一种电解质。”彭齐亚斯听了，使劲地点头。

彭齐亚斯和威尔逊在射电天文望远镜上发现了鸽子窝，他们以为鸟屎是产生噪声的罪魁祸首

于是，他们俩再次爬进天线，把所有的鸟屎擦得干干净净，这可不是一件轻松的活。可是，干完这一切后，那个噪声反而更加清晰了，这让他俩险些疯掉。

就这样，他们折腾了足足一年。到了1965年，他们在濒临绝望的时候，终于想到了离他们仅有50多千米远的普林斯顿大学。那可是爱因斯坦工作过的大学，藏龙卧虎，肯定有高人。他们打电话找到了普林斯顿大学的罗伯特·迪克教授，向这位功底深厚的天文学家、物理学家详细描述了他们遇到的问题，希望迪克教授能帮他们诊断一下问题，“开个方子”。迪克教授在听完了他俩的絮叨后，心里凉凉的，说了一句话：“你们俩拼了命要去掉的东西，正是我拼了命要寻找的东西，你们俩的运气怎么这么好？”

幸运的彭齐亚斯和威尔逊因为发现了宇宙微波背景辐射而被授予诺贝尔物理学奖，迪克教授很落寞

原来，迪克教授正领导一个研究小组试图验证关于宇宙大爆炸的证据——宇宙微波背景辐射。如今，他清楚地知道，他要找的东西已经被这两个并不知道什么是宇宙大爆炸理论的毛头小伙子找到了。

就这样，20 世纪天文学史上最重要的发现，也是宇宙大爆炸理论的最关键证据——宇宙微波背景辐射——被极其戏剧性地发现了。这两个幸运的美国工程师因为这个发现，在 10 多年后获得了 1978 年的诺贝尔物理学奖，荣光无限，尽管他们根本就不是研究理论物理的。他们恐怕是诺贝尔奖史上最幸运的获奖人，而迪克教授则收获了无数同情。

大名鼎鼎的引力波

越来越多的证据表明，我们的宇宙确实来自 138 亿年前的一场大爆炸。

不过，这场大爆炸与我们见过的普通爆炸很不一样，在爆炸发生后的几十万年中，是没有任何光的，因为在那期间，宇宙还是一锅浓汤，连光子都还没有诞生。如果只有望远镜，人类无论如何也无法捕捉到那个时期的宇宙信号。那么，科学家们有没有办法研究刚刚诞生的宇宙呢？

办法也是有的，有一种信号在宇宙大爆炸发生的那一瞬间就会产生，而且还有可能被今天的我们捕捉到，这种信号就是大名鼎鼎的引力波。

到底什么是引力波呢？

这又要回到广义相对论了。还记得吗？我在上一章开头说过时空就像一张由时间和空间编织起来的网，这张网充满了整个宇宙，无处不在，无边无际。任何天体都会把这张时空之网压得弯曲一点。质量越大、体积越小的天体，会把时空压得越弯曲。

引力波就是时空之网泛起的涟漪，就好像你把一块石头扔到平静的水中，水面上就会泛起阵阵涟漪。

那么，在什么情况下会产生引力波呢？其实，任何两个物体互相围绕着

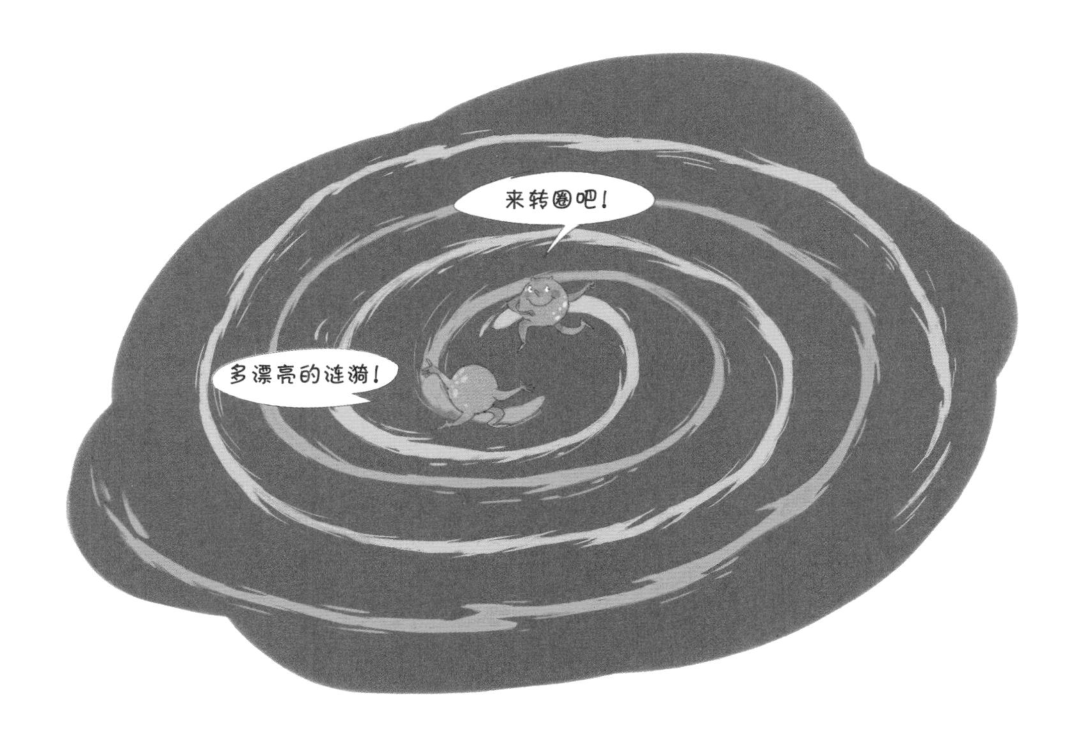

任何两个物体相互围绕着旋转时都会产生引力波

旋转时都会产生引力波，比如我和你手拉着手一起跳舞，也能产生引力波，只是我们俩实在是太轻了，产生的引力波微弱到完全不可能被检测到。

但是，如果是两个黑洞互相围绕着旋转，那么它们产生的引力波会很强，就有可能被地球上的引力波探测器捕捉到。

100 年前，爱因斯坦预言了引力波的存在。但是，由于引力波的信号极其微弱，要捕捉到它真的比登天还难。为了探测到引力波，科学家们努力了半个多世纪。在 2015 年 9 月 14 日，人类终于首次探测到了来自宇宙深处的引力波信号。这是两个黑洞并合所产生的信号，在宇宙中穿行了 13 亿年后抵达地球，信号持续时间还不到 1 秒钟，被幸运的人类恰好捕捉到。

从此，人类探索宇宙时不再仅仅依靠望远镜，又多了一件“神器”，那就是引力波探测器。如果把望远镜比作人类的眼睛，那么引力波探测器就像人类的耳朵。你想想，当一个听障人士突然能听见大自然的声音，他该多么兴奋啊！所以，包括我国在内的全世界许多国家都在积极筹建引力波探测器。

通过引力波，未来的科学家就有可能捕捉到宇宙大爆炸时期的引力波信号，从而了解当时发生了什么。现在正是新天文学的黎明时期，如果你有志于未来成为一名天文学家，那么不妨选择引力波天文学，很有可能会做出像伽利略等科学家做出的伟大贡献。

要研究古老的宇宙，我们现在唯一的办法就是捕捉来自遥远过去的光子或者引力波。除此之外，还有没有别的办法呢？你想到了吗？

你还记得我在第 1 章提到的科幻电影《星际穿越》吗？在电影中，主人公约瑟夫·库珀落入了黑洞，在黑洞内部经历了一系列奇异的空间和时间的变化，之后进入了一个五维时空。库珀在五维时空中找到了自己女儿小时候的房间，然后通过引力场给自己的女儿传递了信息。故事在这里完成了一个完整的因果循环，库珀也因此拯救了人类。

那么，到底应该怎么理解时空呢？无所不能的高维时空真的存在吗？这就是我们下一章要回答的问题。

思考题

你知道哈勃是如何证明仙女座大星云距离地球至少几十万光年的吗？你可以通过互联网寻找答案。记住，寻找答案的过程比答案本身更重要。

第 3 章

四维时空和高维空间

在四维时空中奔跑

著名科幻小说《三体》中有一个名词非常出名，叫作“降维打击”。它在书里是指外星人使用“二向箔”，对太阳系进行攻击，将其由三维空间降至二维空间。这固然是科幻作家的一种想象，那么它有没有科学依据呢？为了搞清楚这一点，我们先来理解一下我们生活的这个时空的维度。

我们生活在一个四维时空中。其中，空间有三个维度，就是上下、前后、左右三个方向。中国古人说的“天地四方曰宇，古往今来曰宙”描述的其实就是一个四维时空。当然，这些认识都基于我们人类能直接感知到的世界。其实，人类的智慧可以突破自身的感知局限。利用逻辑推理加实验观测，科学家们给了人类一个全新的宇宙观。

爱因斯坦提出了一个奇妙的观点：四维时空中的所有物体的运动速度都等于光速。就是说，你、我、宇宙飞船、太阳和月亮以及其他一切物体的运动速度都是光速。

你可能会感到很奇怪：在上一册，我不是说过光速是宇宙中最快的速度，任何信息和能量的传播速度都不可能超过光速吗？请注意，我们之前所谈论的速度都是三维空间中的速度，而现在说的是四维时空中的速度。

为了让你理解三维空间速度和四维时空速度的不同，我给你举个例子：

假设你有每天戴着某款儿童手表跑步的习惯。在跑步的过程中，你的手表随时记录着你的步数，还会帮你计算你的运动距离和速度。有一天，你心血来潮，决定这一天不跑步了，改成爬楼梯来锻炼身体。于是，你花费了半小时来爬楼梯，累得满头大汗。结果，你的手表告诉你，你今天的运动距离竟然只有 10 米也就是 0.01 千米，你的运动速度也被计算成 0.02 千米 / 小时。为什么会这样？要知道，为了爬楼梯，你可是累得满身大汗，不比在楼下跑步轻松。

假设你有每天带着某款儿童手表跑步的习惯，在跑步的过程中，你的手表随时记录着你的步数，还会帮你计算你的运动距离和速度

聪明的你是不是已经猜到问题出在哪里了？没错，问题就出在你的手表只会记录你在前后、左右两个维度中的位置变化，不会考虑你爬楼时产生的上下也就是高度的变化，所以才会认为你在半小时里只跑了 10 米。

这跟理解爱因斯坦的观点有什么关系呢？关系可太大了。在上面的例子中，你的力气是固定的，所以如果你花了太多力气用来爬楼梯，那么你在前后、左右两个维度中的移动速度就变慢了。同样，如果我们把时间因素加进来，当一个物体用了更快的速度去穿越空间，那么它的时间就会变慢。

所以，爱因斯坦的意思是，每个物体在三维空间中的运动速度，再加上它在时间这个维度上的运动速度，都永远等于光速。于是，在三维空间中运动速度快的物体，它的时间就过得慢；在三维空间中运动速度慢的物体，它的时间就过得快。

给空间再加个维度

你已经知道三维空间是我们每个人都能直接感知到的空间维度。那么，是否存在我们人类无法感知到的更高的空间维度呢？

我给你举个例子：假如某幅画上的人有生命，那么他们就只能感知到“上、下”和“左、右”两个空间维度，永远也感知不到我们所熟知的“前、后”这个维度。

同样的道理，我们会不会也和画上的人一样，生活在一个三维空间中，但在三维之外实际上还有一个更高维的空间呢？没有人知道答案。但是，我们可以假设宇宙中存在一个额外的空间维度。换句话说，我们的宇宙是五维时空（四维空间 + 一维时间）。利用数学推理，我们可以想象出四维物体在空间维度中的样子。这种想象要借助推理来完成。

假设，突然有一天，一个三维的正方体获得了朝第四个空间维度运动的能力，那么它会是一个什么形状呢？虽然我们暂时无法在头脑中想象出来它的具体形状，但是我们至少可以推断出这个四维的“超正方体”必然有 16 个顶点，因为它原先有 8 个顶点，朝第四个空间维度运动后增加了 8 个顶点。那么它有几条边呢？它原先有 12 条边，朝第四个空间维度运动后增加了 12 条边，把新旧顶点连接起来后又增加 8 条边，因此，这个超正方体就会有 32

条边。这样，我们就得出结论：超正方体有 16 个顶点、32 条边。

我们可以试着画出这个超正方体在三维空间中的近似图或者说它在三维空间中的投影：

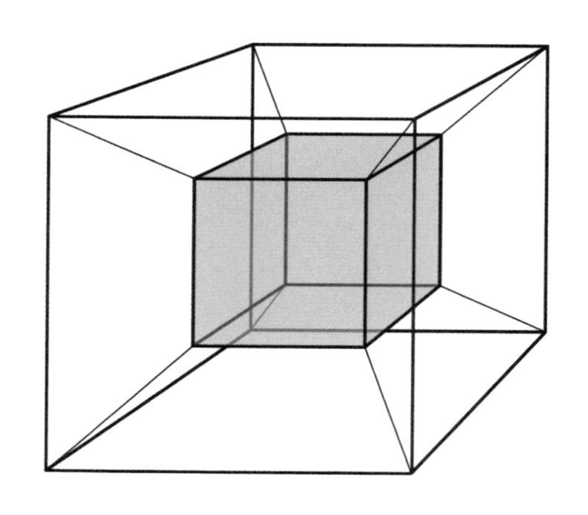

超正方体在三维空间中的投影

现在，请你闭上眼睛，努力想象一下这个四维超正方体的样子。我估计，过了很久，你睁开眼睛，会茫然地告诉我：“很抱歉，我想象不出来！”

这并不奇怪，因为我也想象不出来。除了上面这种方式，我们还可以借助另一种方式来想象超正方体的样子，这种方式需要借助从三维到二维的转换来实现。

如果我们把一个三维正方体降低一个维度（简称“降维”），也就是让它在二维平面上展开，会得到一个什么形状的物体呢？换句话说，我们要把一个纸板箱展开后全部平铺在地面上。于是，我们就会得到下页这样一张图：

一个正方体总共有 6 个面，它的二维投影也是 6 个面。把 6 个面展开，

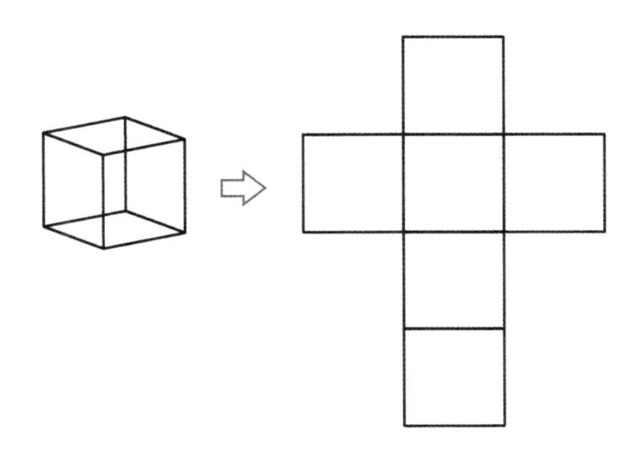

将正方体在二维平面展开后的样子

就得到了上图所示的样子。那么，你能不能画出超正方体在三维空间展开后的样子呢？如果说将三维物体在二维空间展开的关键是知道它总共有多少个“面”，那么将四维物体在三维空间展开的关键就是知道它总共有多少个“体”。前面我们说过，超正方体有 16 个顶点、32 条边。所以，超正方体在三维空间展开后的样子应该是 8 个“体”。

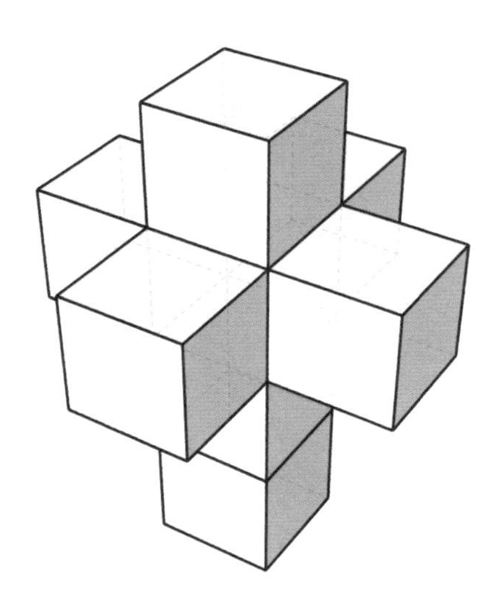

超正方体在三维空间展开后的形态

现在，我要你再次闭上眼睛，把超正方体在三维空间的投影和展开图都在脑子里面过一遍，然后努力想象一下超正方体的真正形态，你能想象得出来吗?

我猜，你睁开眼睛后还是会一脸茫然地告诉我:“我还是想象不出来啊！”

别难过，其实我跟你一样，也想象不出来。这就跟处于三维空间中的我们去跟一个没见过三维空间的处于二维空间的人讲解什么是正方体一样，无论我们如何费尽口舌，从三维正方体在二维空间上的投影讲到三维正方体在二维平面上的展开，然后画出正方体在二维平面上的投影以及展开图，希望通过类比的方法让这个处于二维空间的人想象出正方体的真正形态，他都会茫然地看着我们，摇摇头说：“我还是想象不出来。”其实，在对超正方体进行想象方面，我们比这个可怜的处于二维空间的人好不了多少。当他有一天终于能看到三维空间后，他该有多么震惊。

如果真有第四个空间维度，那么为什么就不能有第五个、第六个以至于无穷多个空间维度呢？发出这种诘问的人不仅仅是我，还有许多著名的物理学家。恰恰是这个诘问引领现代物理学家进入了基础理论物理研究的一个全新领域，在这里，由于篇幅所限，我不再详细展开论述。

高维打击和降维打击

你已经知道四维空间是这个世界上最考验我们想象力的事物之一，毕竟它超出了我们日常生活的直觉与经验的范围，我们很难像描述三维物体一样描述它。不过，通过把一个高维物体展开，就可以实现让物体由高维度向低维度的降级。而我们观察低维度的物体时，也必然会像我们观察一幅画一样，可以把其中的信息一览无余。

这就是科幻影视作品中表达高维时空的常见方法：把所有的信息全都密密麻麻地摊开来摆在眼前。如果现实中真的存在高维时空，而高维时空中又真有智慧生物的话，他们看我们的样子，可能真的就是这样。

对于右图中的这个处于二维空间的小人来说，他的红心在他的身体内部。但是，处在三维空间的我们认为这颗红心就是暴露在外面的，我们伸手就可以触摸到。这个规律当然也可以通过数学规律进行扩展。我们的心脏处于身体内部，但在处于四维空间的生物看来，心脏是暴露在外的。所以，如果处于四维空间的生物通过四维

处于二维空间的小人的心脏对我们这些处于三维空间的人来说是可见的

空间悄无声息地杀死了三维空间的敌人，这种利用高维空间对低维空间发起打击的方式，叫作高维打击。它是从更高的维度直接从内部瓦解敌人的打击方法。面对高维空间，低维生物就像本章开头图中的那个小人在面对高维星球的吸力时那样毫无办法，更别说面对高维空间的攻击。

还有一个更加流行的词，就是我在本章开头提到的“降维打击”。这个词经常被误用。有时候，一些人会把从高维度打击敌人的方法说成降维打击。这是不对的。降维打击与高维打击正好相反，它是指通过降低维度，强迫对手在低维空间中展开，从而实现对对手的攻击。

比如，如果把衡量能否装东西当作是在比较两者价值的维度，那么方形纸板显然不如纸箱子有用。可是如果前者对纸箱子发动了降维打击，也就是让一个三维空间中的纸箱子展开成了二维平面，变成了一块十字形的纸板，也就失去了装东西的功能。如果让你在一块方形纸板和一块十字形纸板之间做个选择，你可能会选择方形纸板，因为方形纸板将来显然会更有用处。这就是降维打击。

本章的知识告诉我们，高维时空暂时还只是一种概念，并非真实存在。

既然高维时空并不存在，我们能否实现时间旅行呢？下一章将揭晓答案。

思考题

前面我已经利用从三维空间到二维空间的降维过程来帮助你理解一个四维超正方体的样子，那么，你能不能用同样的方式来推演一下一个四维超金字塔在三维空间中的投影和在三维空间中展开的样子呢？

第 4 章

时间旅行是可能的吗？

飞向未来是可能的吗？

我们终于要开始讲令人激动的时间旅行了。像机器猫一样，驾驶着时光飞船去向任意一个时间段，恐怕是很多少年心中的梦，我也不例外。在我还是少年的时候，就常常做这样的梦。那么，从科学的角度来说，时间旅行到底有可能实现吗？

我必须把这个问题分成两种情况来回答你。时间旅行可以分成去往未来和回到过去两种情况，这两种情况的答案很不一样。

首先，我可以非常肯定地回答你，飞向未来是完全可能的。这是 100 多年前爱因斯坦发现的秘密，他的广义相对论告诉我们，只要能坐上一艘速度足够快的飞船，运动了一段时间后再返回地球时，我们就等于飞向了未来的地球。飞船的速度越快，地球上的时间的流逝速度相对也就越快。这已经得到了非常严谨的实验证明。

不过，我必须告诉你，虽然理论上我们可以飞向未来，可如果要真正进行有现实意义的时间旅行，我们今天的技术暂时还达不到这个水平。为什么呢？我们可以先来看看速度和时间之间到底是怎样的换算关系：

现在，假设你坐上了以下这些飞行器，飞行了 1 年后回到地球，你到底向前穿越了多长时间呢？

如果你坐的是飞机，大约能向前穿越不到 1 毫秒。即便是坐上目前人类能够制造的最快的宇宙探测器（它的速度不到光速的万分之一），也只能大约向前穿越 0.43 秒。这两种程度的时间旅行，我们是完全感受不到的。除非我们能制造出速度达到光速 90% 的宇宙飞船，还可以有那么一点点时间旅行的感觉，如果我们在这种速度的宇宙飞船上飞了 1 年后回到地球，地球上的人差不多经历了两年零三个月。如果我们能制造出速度达到光速 99% 的飞船，那时间旅行的感觉就非常明显了，而地球上的时间的流逝速度会是飞船上的 7 倍。

坐飞机绕地球飞行 1 年后，回到地球，你向前穿越了不到 1 毫秒

工质发动机与太阳风

虽然上一节我说了那么多，但是想要让人类制造的飞行器的速度提高1万倍目前还是一个遥不可及的梦想。现在人类能够制造的宇宙飞行器都叫作化学火箭。其工作原理是让某种液体或者固体燃料在很短的时间内燃烧完毕，这样就能喷出气体，从而产生反推力。

牛顿第三运动定律告诉人们，如果火箭想要产生加速度，就必须喷出东西。以人类现在的科技水平，我们能找到的最佳喷出物就是气体。像这类利用反作用力产生加速度的火箭，我们称之为“工质发动机”。“工质”就是“工作物质”的意思。这类火箭必须把工作物质抛出，才能产生加速度。这就决定了化学火箭能够达到的速度是有瓶颈的，因为要持续产生加速度，就必须不断地抛出工作物质，而工作物质通常都是被抛出去一点就少一点，很快就会耗尽。而且，所携带的工作物质越多，火箭的质量也就越大。假设同样要产生 $5m/s^2$ 的加速度，质量越大的火箭所需要的力也越大。因此，化学火箭的效率是非常低的。你在电视上看到的那些火箭，它们的重量中有90%以上是燃料，这些燃料在几分钟到几十分钟内就会烧完。

在科学家们的设想中，下一代工质发动机是核聚变发动机。它利用核能来产生极高的温度，然后把物质分解成微小的离子。这些离子虽然很小，但

化学火箭将某种液体或者固体燃料在很短的时间内燃烧完毕，这样就能喷出气体，产生反推力

是速度很快。当它们从火箭中喷出时，就可以提供动力。与化学火箭相比，核聚变发动机的工作效率大大提升，如果要产生与化学火箭同样的推力，可以携带更少的燃料。可惜的是，人类目前的科技水平距离制造出这样的发动机还有很长的路要走，因为还有许多技术难题没有解决。

当带风帆的宇宙飞船飞行到距离太阳 100 亿千米左右的地方时，宇航员发现基本感受不到太阳风了

除了工质发动机，还有一种方法可以在太空中推动宇宙飞船前进。你应该见过大海中航行的帆船吧？当海风吹来，船帆发出呼啦啦的声音。其实，太空中也有风，不过这种风不是空气的运动，而是太阳抛射出来的粒子运动。这就是太阳风。如果宇宙飞船在太空中张开一张大大的太阳帆，就可以借助太阳风在宇宙中飞行。虽然太阳风非常微弱，只能提供很小的推力，但是只要加速的时间足够长，日积月累，也能让宇宙飞船达到非常高的速度。然而，太阳风能吹到的地方很有限。假如带风帆的宇宙飞船飞行到距离太阳 100 亿千米左右的地方，宇航员就会很焦虑，因为他基本感受不到太阳风了。而从太阳系的尺度来看，这个距离只不过是刚刚离开了家门口。

我期待着你长大后能够设计出更好的发动机，从而制造出真正的时光旅行飞船。

我们能否回到过去？

我们再来看时间旅行的第二种情况：借助时光机器回到过去。恐怕这种才是你更想要的时光机器吧？那到底有没有可能制造出回到过去的时间机器呢？你可能曾经听说，只要制造出超光速飞船，就能回到过去。这是可能实现的吗？

很遗憾，我想告诉你，超光速是不可能实现的。无论再怎么努力，我们也无法制造出超光速飞船。还记得本套书第 1 册第 2 章的内容吗？在那一章的结尾，我已经阐述了光速是宇宙中永恒不变的最快速度。其他任何物体的运动速度都不可能达到光速，更别说超过光速了。

你可能会想，第 1 册第 2 章中的那些科学家得出的这个结论就一定是正确的吗？会不会是他们搞错了呢？你能这么想很好，说明你具备了科学精神中很重要的怀疑精神。然而，我想告诉你，盲目地怀疑一切就会与科学精神背道而驰。比如说，我们是不是需要怀疑牛顿的理论呢？不需要。因为飞机能够在天上飞、火箭能够把卫星送上轨道，都已经证明了牛顿理论的正确性，你如果怀疑牛顿理论，就如同怀疑同样的飞机今天能飞，明天就不能飞了一样。在一定的适用范围内，牛顿的理论会一直正确下去。

同样，第 1 册第 2 章中的那些科学家得出的这个结论得到了严格的实验

超光速是不可能的

证明。将来，或许会出现更好的理论，就好像爱因斯坦的相对论是比牛顿的理论更好的理论一样。但是，这不代表旧理论就是错误的，只代表新理论的适用范围能够比旧理论更广。目前，所有科学家都认同光速是无法突破的。在你自己还没有成为科学家之前，请不要盲目怀疑我们已经取得的科学成果。

那么，是不是回到过去就完全没有可能了呢？也不是。刚才我只是否定了超光速的可能性，并没有否定回到过去的可能性。

科学家们在相对论的基础上，推测出了宇宙中有可能存在一种非常奇怪的洞，也就是我在本册第 1 章中讲过的虫洞。如果虫洞也像黑洞一样，是真实存在于宇宙中的天体，那么它就像是一条时空隧道。一部分科学家推测，飞船能够通过这条时空隧道抵达任何一个时间点，不仅仅能穿越到未来，也能回到过去。

但是，这种推测遭到了另外一部分科学家的强烈反对。他们认为，虽然广义相对论确实推测出了虫洞，但一定还存在我们尚未发现的宇宙规律，阻止飞船回到过去。

时间旅行可能产生的逻辑矛盾

为什么上一节结尾的那部分科学家不相信飞船能回到过去呢？这是因为这些科学家认为，如果飞船能回到过去，就会不可避免地产生逻辑矛盾。假设你坐上飞船穿越虫洞，回到了你出生那一天，并阻止了自己的出生，那么，一个逻辑矛盾就不可避免地产生了：既然你自己没有出生，又怎么会有未来的你回到过去阻止自己的出生呢？这显然是荒谬的。

所以，这部分科学家坚持认为，肯定还有我们未知的自然规律不允许飞船回到过去，或者不允许虫洞的出现，甚至宇宙中根本就不存在虫洞这种奇怪的天体。

然而，另外一些科学家则辩护说，他们坚信虫洞的存在，也相信回到过去是可能的，因为这个逻辑矛盾也并不是完全无法解决的。为此，他们提出了几种假说：

第一种是自由意识丧失说。这种假说认为你回到过去之后，就会完全被历史所控制，会像一个不受自己支配的演员，只能按照写好的剧本演戏。

第二种是时空交错说。这种假说认为你回到的那个时空和真实的历史时空是平行纠缠在一起的，但永远不可能相交，所以你可以看见历史，但不能影响历史。

第三种是平行宇宙说。这种假说认为一旦你做了任何改变历史的事情，宇宙就会分裂成两个平行宇宙，比如你在我这个宇宙中一直默默无闻，但可能在你自己那个宇宙中成了全世界的偶像。

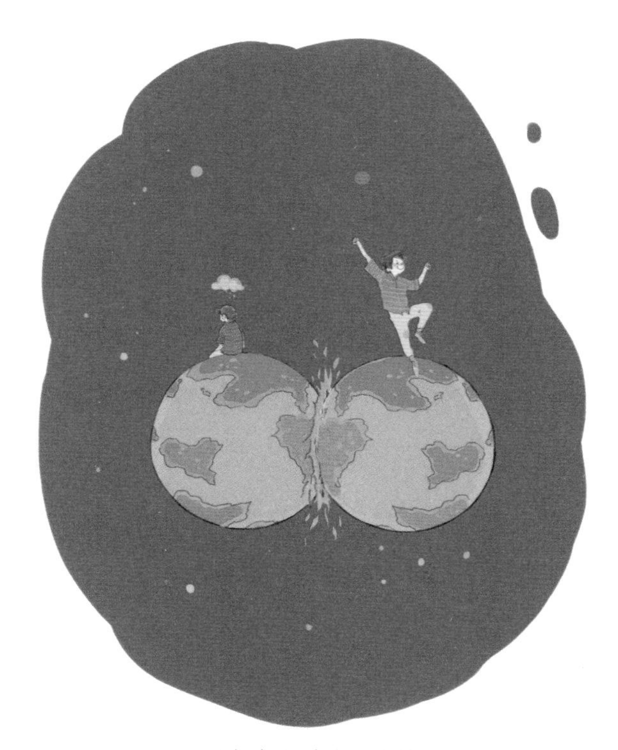

平行宇宙说的可能性

看来，想要进行时间旅行，唯一在理论上还有那么一丁点可能性的就是制造虫洞。虫洞从本质上说就是时空的极度弯曲，要扭曲时空就必须有巨大的引力，产生引力就要有巨大的质量，而质量和能量又是可以互相转换的，所以归根结底，制造虫洞需要有巨大的能量。美籍日裔物理学家加来道雄（公元 1947—）曾经做过一个简单的计算：如果我们能把太阳一天放出的能量全部收集起来的话，可以打开一个只有几纳米大小的虫洞，这个虫洞最多只能允许无数原子通过后在另外一头重新组装在一起。而太阳一天放出的能量够

“在时间旅行者大会”的会场门口，一个衣衫不整的人称自己是来自远古时代的“时间旅行者”，却没法提供作为证据的信物

地球使用 10 万亿年。

不过，你可能也会跟我一样想到这样一个问题：我们现在是没有能力制造时间机器，但是未来呢？如果在遥远的未来有人造出了时间机器，那么这个人是不是就有可能乘坐时间机器，回到现在我们这个时代或者比现在更早的时代呢？可是，我们从来没有见到这样的未来人，历史上也从未记载有这样的未来人光临地球。假设在一个无限远的未来，时间机器确实可以被制造出来，那么即使概率再小，也应该有未来人回到现在我们这个时代。

2005 年，为了庆祝国际物理年和狭义相对论诞生 100 周年，美国麻省理工学院举办了一场“时间旅行者大会”，邀请未来的时间旅行者光临会场。大会开了一天，确实来了很多“旅行者”，可惜他们中没有一个能被认可为“时间旅行者”。比如一个衣衫不整的人辩称自己来自远古时代，却没法提供作为证据的信物。这个例子真实展现了那些支持人们可以回到过去的人会遇到的大麻烦。为此，有些科学家就猜想，或许所谓的“回到过去”最多只能回到时间机器制造出来的那一天，时间机器就相当于一个路标，没有路标的时代是回不去的。

如今，人们是否能回到过去依然是一个科学谜题。我期待着，在我的有生之年，你能用科学的方法破解它。其实，在科学领域，像这样的谜题还有很多。你知道当今科学界的两个最大的谜题是什么吗？我们在下一章揭晓答案。

思考题
假如真能回到过去，你还能想出与本章提到的情况类似的会产生逻辑矛盾的其他例子吗？

第 5 章

暗物质和暗能量

黑暗双侠

在人类的基因中，有一种叫作好奇心的生物编码。这个编码每个人都有，只是强弱不同而已。

在历史上，正是那些充满好奇心的科学家，不断提升人类对宇宙规律的认识水平。科幻小说《三体》的作者刘慈欣在另一部科幻小说《朝闻道》中塑造了很多科学家，他们的好奇心已经强到可以为揭开科学谜题而献出生命。如果刘慈欣小说中的场景真的出现在了地球上，我可以保证有很多科学家会为了两个科学谜题而甘愿献出生命，它们就是：暗物质是什么？暗能量是什么？

在人类的基因中，有一种叫作好奇心的生物编码

这是困扰当今科学界的两

暗物质和暗能量是困扰当今科学界的两个最大的谜题，它们被称为“黑暗双侠”

个最大的谜题，它们被称为“黑暗双侠”。谁要是能破解其中任何一个谜题，都足以获得诺贝尔奖，取得与牛顿、爱因斯坦比肩的成就。这到底是两个什么样的谜题呢？

暗物质之谜

为什么太阳系中所有天体都会围绕着太阳旋转呢？因为太阳的质量比太阳系中其他所有天体的质量都要大得多。万有引力的大小与质量有关，两个物体的质量越大，离得越近，那么它们之间的万有引力就越大，反之则越小。地球之所以能绕着太阳一圈圈地转而不飞离太阳，就是因为太阳对地球的引力牢牢地吸住了地球，就好像链球运动员甩动链球时牢牢抓住了链子。

我们身处的银河系就像一个巨大的陀螺，所有的恒星都围绕着银河系的中心旋转。如果没有万有引力，银河系就会分崩离析。这就好像我们用沙子捏一个陀螺后把这个沙陀螺旋转起来，转速一快，沙陀螺就会散架，因为沙子之间的结合力不足以提供足够的强度。要让沙陀螺不散架，就得用胶水，把它固定在沙子里。在我们的银河系中，万有引力就是这个胶水，这个胶水的强度决定了陀螺的最高转速。

二十世纪六七十年代，美国女天文学家薇拉·鲁宾（公元 1928—2016）用了 10 多年的时间，仔细测量了银河系的转动速度。结果，她惊讶地发现，我们的银河系似乎转得太快了，如果把银河系中所有可以看见的物质全部算上，它们所产生的万有引力也远远不够维持银河系转动所需要的结合力。这就好比有一个小孩不可思议地甩起了一辆卡车。唯一合理的解释就是，银河

我们身处的银河系就像一个巨大的陀螺，所有的恒星都围绕着银河系的中心旋转

系中一定还存在着大量不发光的物质，而这些物质的质量总和要远远多于发光的物质。

科学家们把鲁宾发现的这些看不见但有质量的物质叫暗物质。暗物质到底是什么东西呢？这个问题吸引了越来越多的科学家去研究、探索、观测。一开始，科学家们认为，这些物质应该就是黑洞，因为黑洞就是不发光但是有质量的天体。

问题是，这个假设很快就遇到了麻烦，因为银河系缺少的质量实在太多了，如果这么多的质量都属于黑洞，那么银河系中就应该有非常多的黑洞。可是，天文学家们观测了几十年，也仅仅在银河系中找到了十几个可能是黑洞的天体。看来，暗物质不是黑洞。

后来，又有一些科学家怀疑，暗物质是飘浮在宇宙中的微小粒子，每一颗粒子都比针尖小几亿倍，但是它们的数量庞大，充满了宇宙中的每一个角

如果把银河系中所有可以看见的物质全部算上，它们所产生的万有引力也远远不够维持银河系转动所需要的结合力。这就好比有一个小孩不可思议地甩起了一辆卡车

落。如果真是这样，那么我们每一个人都是在暗物质构成的海洋中潜水。可是，暗物质不会发出任何光线，也几乎不与任何我们已知的物质发生作用。

为了找到这种微小的暗物质粒子，科学家们的探索方向分成了两个：一个方向是上天，一个方向是入地。

上天，就是发射暗物质粒子探测卫星，到宇宙中寻找暗物质。全世界有很多国家都发射了暗物质探测卫星，我国也不甘落后，于 2015 年 12 月 17 日在酒泉卫星发射中心成功发射了“悟空号”暗物质粒子探测卫星。如今，这颗 1 米见方的小小卫星依然遨游在距离地面 500 千米左右的太阳同步轨道上，每天绕地飞行大约 15 圈。2021 年 9 月 7 日，它向全球公开首批伽马光子科学数据，其中包括伽马光子科学数据（共计 99864 个事例）以及与其相关的卫星状态文件（共计 1096 条记录）。

入地就是到深深的地洞中寻找。为什么要下到地下呢？因为厚厚的岩层挡住了人类已知的绝大多数微小粒子，我们深入地下后就能获得一个相对纯净的空间，更容易发现暗物质的蛛丝马迹。2012 年，我国在四川凉山州的锦屏山建成了世界上岩石覆盖最深的暗物质实验室。2023 年 12 月，实验室二期工程完工后，一个多学科交融的深地科学研究中心初步成形。

就这样，几十年来，无数科学家想尽了一切办法去寻找暗物质，就好像一次全世界科学家合作的“犯罪现场”调查，每一队科学家都领取了一片搜索范围，然后一寸寸地寻找“罪犯”留下的踪迹。

虽然我们现在还没有确定暗物质到底是什么，但是，相信在不远的将来，科学家们一定能让它显出真容。

我国在四川的锦屏山建成了世界上岩石覆盖最深的暗物质实验室

暗能量之谜

我已经讲过，宇宙正在膨胀，那么，宇宙是会一直膨胀下去，还是会慢慢停下来？20世纪的科学家一致认为宇宙膨胀的速度会越来越慢，最终会停下来。为什么？因为万有引力的存在，所有天体都是互相吸引的，当然会把膨胀的速度一点点地拖慢。这就好比你向上抛起一个球，这个球肯定是越飞越慢的，因为球被地球的引力拉着。

于是，当时的科学家们就想测量一下宇宙从诞生到今天膨胀的速度到底减慢了多少。当然，这是一个非常艰巨的任务。20世纪90年代中期，有两个各自独立的团队几乎同时向这个课题发起了冲击，其中一个团队由美国劳伦斯伯克利国家实验室的萨尔·波尔马特（公元1959—）领衔，成员来自7个国家，总共31人，阵容强大；另一个团队则由哈佛大学的布莱恩·施密特（公元1967—）领衔，也是一个由20多位来自世界各地的天文学家组成的豪华团队。这两个团队暗中较劲，他们的目标一致，所采用的测量方法也几乎完全一样。

波尔马特带领的团队的计划叫作“超新星宇宙学计划”，而施密特带领的团队的计划叫作“高红移超新星搜索队”。之所以两个计划名称中都含有“超新星”一词，是因为他们都是通过观测超新星来测量宇宙膨胀的速率变化。

两个研究团队并没有任何交流，以保持各自数据的客观独立性。

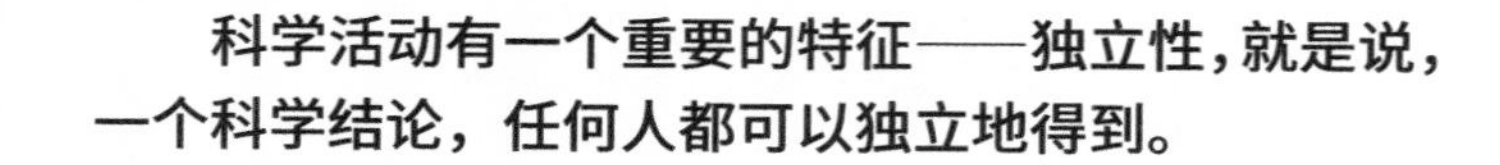

科学活动有一个重要的特征——独立性，就是说，一个科学结论，任何人都可以独立地得到。

随着两个独立研究团队的工作向前推进，这两个团队的成员都变得越来越惊讶。还记得吗？他们研究的初衷是为了测量宇宙从诞生到今天膨胀的速度减少了多少。可是，观测数据积累得越多，他们的嘴巴张得就越大，因为宇宙的膨胀模式似乎与他们预想的完全背道而驰。

经过多年慎重的观测、复查、再次复查后，两个团队于几乎同时公布了他们的研究结果：我们的宇宙正在加速膨胀！

2011 年，高红移超新星搜索队的领导人布莱恩 · 施密特与该团队的另一位科学家亚当 · 里斯（1969—）以及超新星宇宙学计划的领导人萨尔 · 波尔马特共同荣获诺贝尔物理学奖。

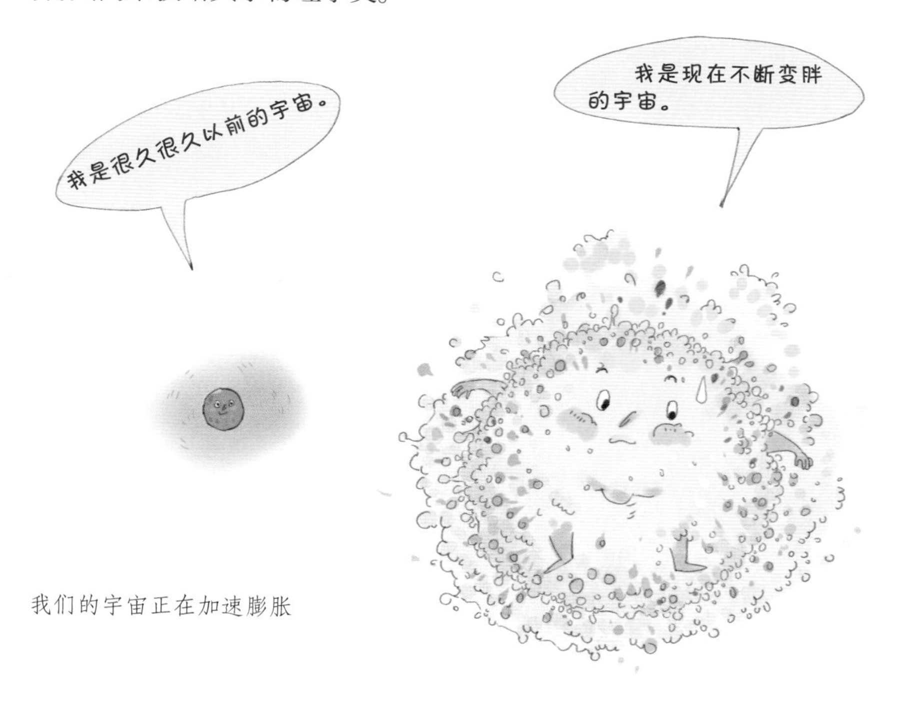

我们的宇宙正在加速膨胀

宇宙加速膨胀的这个观点足以震惊全世界，因此，尽管两个团队公布了所有的观测数据和他们的研究方法，但仍不能让全世界的科学家接受。此后，世界各地的天文学家们又进行了大量的独立观测、验证。今天，宇宙加速膨胀已经成为了一个经受住严苛检验的事实，被全世界的科学家们所接受。

既然宇宙在加速膨胀，就好比如果你向上抛起一个球，这个球不是越飞越慢，而是越飞越快，那么一定有什么东西在推动它飞离地球，逃脱地心引力。而这个推动宇宙加速膨胀的力量就被科学家们叫作暗能量。

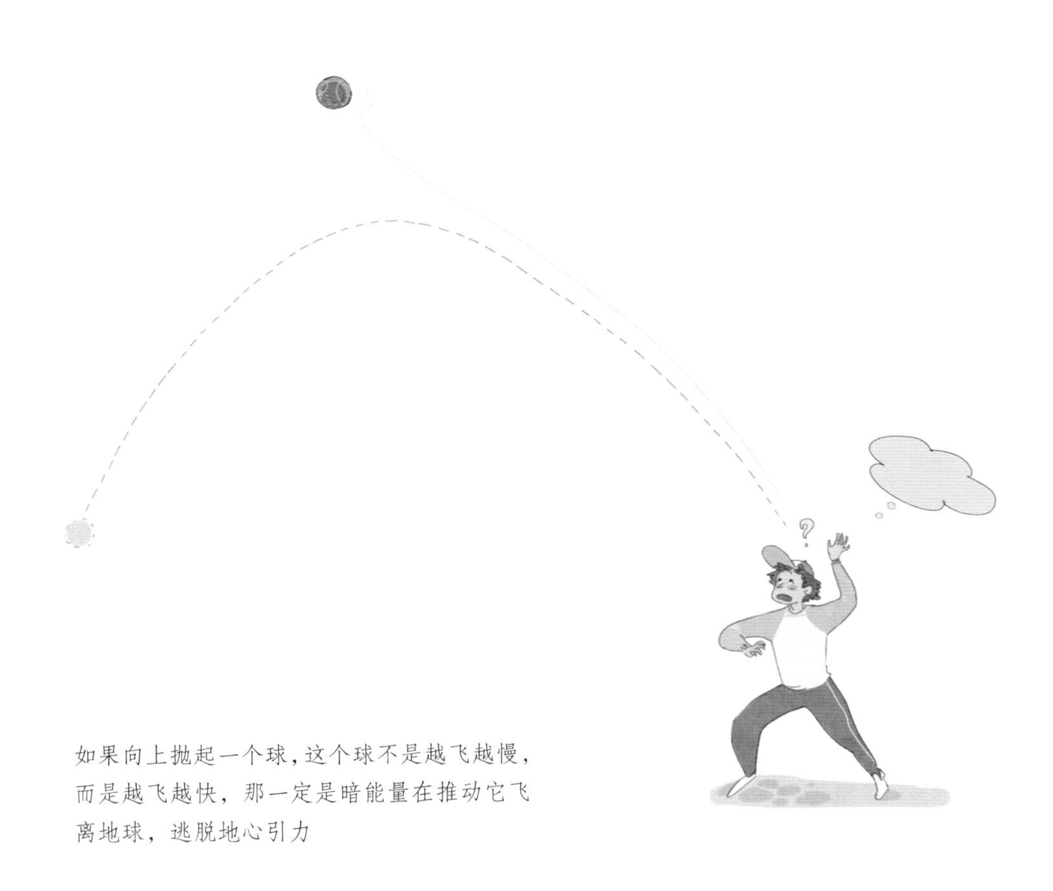

如果向上抛起一个球，这个球不是越飞越慢，而是越飞越快，那一定是暗能量在推动它飞离地球，逃脱地心引力

暗能量到底是怎么产生的呢？与暗物质一样，这个问题吸引了无数科学家的目光。有些科学家认为暗能量是相对论中的数学需要，就好像光速不变一样，是宇宙的一个基本公理。既然是公理，就无须问为什么，也不需要证明。但这种解释让另一部分科学家很不满意，因为人类有一种打破砂锅问到底的本能，凡事都希望能找到一个原因。

于是，关于暗能量，科学家们给出了五花八门的解释，但是所有这些解释都无法得到实验或者观测的检验。这是因为，虽然从宇宙的尺度来看，暗能量强大无比，但是站在人类所掌握的实验器材和观测技术的角度来看，暗能量又太微弱了。

暗能量的发现产生了一个让我们很焦虑的问题：如果宇宙一直这么膨胀下去，永远停不下来，那么，很有可能几百亿年之后，所有的星星都远得连

如果宇宙一直这么膨胀下去，很有可能几百亿年之后，所有的星星都远得连看都看不见了，我们的夜空将会是漆黑一片

看都看不见了，我们的夜空将会是一片漆黑，再也不会有光明。

你可能会想问：发生在那么遥远的未来的事情有什么值得研究的？我想说，好奇心驱动着人类文明的发展，这种纯粹出于好奇心的研究，让我为人类这种伟大的智慧物种而自豪：在宇宙中，我们这种生活在银河系边缘的一颗毫不起眼的蓝色行星上的两足动物，虽然渺小如尘埃，但目光投向了整个宇宙。

本册书就要结束了，最后一章，我将带你认识一个真正令人惊叹的宇宙！不论将来你成为什么样的人，我想你都不会忘记本次科学之旅带给你的灵魂深处的震撼。

暗能量让宇宙不断膨胀，而且膨胀的速度还在加快。想一想，很久很久以后，假如宇宙中还有智慧文明存在的话，他们观察到的宇宙和我们今天观察到的宇宙有什么不同？

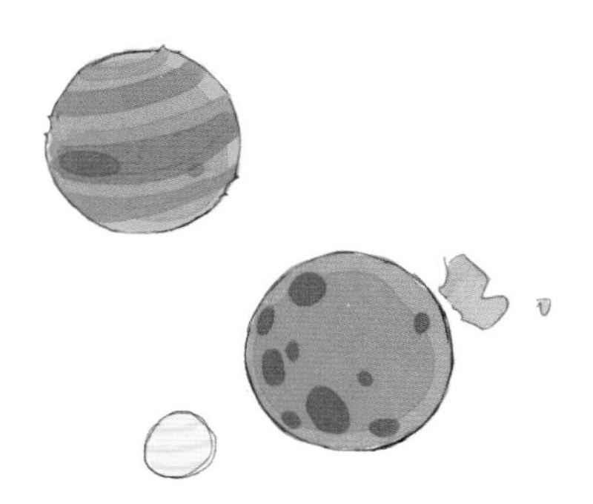

第 *6* 章

令人惊叹的宇宙

太阳系有多大？

这一章，我要带你感受宇宙之大。

不知道你是否乘坐过动车组列车？复兴号的时速最高可达 400 千米 / 小时，这是我们能在陆地上感受到的最快速度；而民航客机的时速大约是 800 千米 / 小时，比高铁的速度快了一倍。但是，你如果有乘坐民航客机的经历，或许会觉得坐在飞机上并没有觉得它的速度很快。这是因为我们感受到的速度需要有参照物，而天上的参照物往往离我们很远。假如能让飞机贴着地面飞行，那我们马上就能感受到飞机的风驰电掣了。

如果我们乘坐民航客机飞向月球，你会感到自己完全是静止的，因为我们大约要飞 20 天才能抵达月球。美国人在 1977 年发射的“旅行者 1 号”探测器的速度是民航客机的 70 多倍，每小时可以飞 6 万多千米。我们如果乘上它，6 小时左右就可以从地球抵达月球了。

但是，“旅行者 1 号”的速度放在宇宙中就显得微不足道了。例如，地球绕太阳公转的速度能达到大约 108000 千米 / 小时，假如月亮固定在原地不动的话，地球以公转的速度带着我们飞，不到 4 小时就可以飞到月球。不过，这与宇宙中最快的光速无法相比。如果我们以光速飞向月球，只需要 1 秒钟多一点。

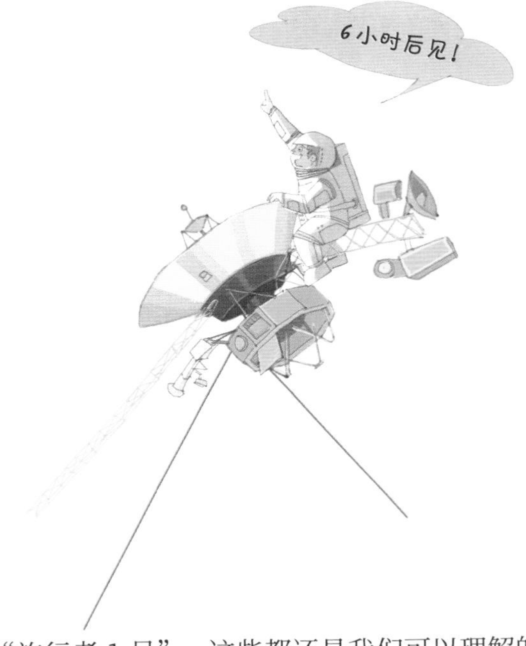

我们如果乘上“旅行者1号”，6小时左右就可以从地球抵达月球了

从动车到飞机，再到“旅行者 1 号”，这些都还是我们可以理解的速度。然而，光速之快已经超出了我们的想象。可是，我想告诉你，真正超出我们想象的，其实是宇宙之大。

1977 年 9 月 5 日，“旅行者 1 号”探测器从美国的卡纳维拉尔角发射升空。它的第一站是木星，它孤独地飞行了 18 个月才到达木星。之后，它成功地考察了土星和它的卫星泰坦星。之后，它利用引力弹弓效应，成功地借助土星再次加速，刚好超过了第三宇宙速度一点点。于是，它摆脱了太阳的引力，飞出太阳系。然而，这趟旅程远比你想象的还要漫长。就在你阅读本书的时候，它正孤独地飞行在柯伊伯带中，那里连太阳风都吹不到了，寒冷和黑暗是那里永恒的主题。如果我们从它的位置回望太阳，太阳与其他恒星已经几乎无法区分。

“旅行者1号”已经飞行了40多年，还要飞2000多年才能飞出柯伊伯带。虽然它飞了这么久，但其实连太阳系的家门都还没有迈出去。如果把太阳系缩小到一个标准足球场那么大，那么，“旅行者1号”目前只不过飞了差不多成人一只胳膊的长度。

如果把太阳系缩小到一个标准足球场那么大，那么，“旅行者1号”虽然已经飞行了40多年，但只不过飞了相当于差不多成人一只胳膊的长度

“旅行者 1 号”再飞 500 多年，就会进入奥尔特云。奥尔特云是由难以计数的微小天体构成的。这些天体的数量或许能达到上万亿，看上去就像包裹着太阳的云团。可能你会以为组成“奥尔特云”的那些微小天体很密，担心有一天“旅行者 1 号”会和其中一个微小天体相撞。其实，“奥尔特云”内部的空间很大，你这种担心发生的概率极低，就好比全世界仅有的两只蚊子会相撞。“旅行者 1 号”要在奥尔特云中飞 2 万多年，才能飞出太阳引力的控制范围，来到真正的恒星际空间。那时，它就像风筝断了线，从此一头扎向浩瀚的银河系，再也不见踪影。

7 万多年后，“旅行者 1 号”才能经过离太阳系最近的一个恒星系——半人马座比邻星。那里就是科幻小说《三体》中的外星文明所在地。

银河系有多大？

人类从抬头仰望星空的第一天起，就注意到了头顶的银河。它看上去是一条横贯天际的光带，如果没有望远镜，我们永远不可能知道关于银河的真相。

1609 年，伟大的伽利略发明了第一台天文望远镜。千万不要小看了这根小小的圆筒，它彻底改变了人类的宇宙观。当伽利略将望远镜对准了银河，令他无比震惊的一幕出现了：他从原本以为是云气的光带中分辨出了一颗颗恒星。

伟大的伽利略发明了第一台天文望远镜

今天，我们已经可以借助巨大的天文望远镜看清银河的真相。2012 年 10 月，欧洲南方天文台发布了一张迄今为止最清晰的银河照片，它拍摄的是位于银河中心位置的一小块区域，包含了超过 8000 万颗恒星。假如乘坐“旅行者 1 号”从银河系中的任何一颗恒星飞向另一颗，都要飞几万年。

在宇宙中，由于空间巨大，天文学家一般用光年来表示距离。一光年就是光在一年中走过的距离。这段距离，“旅行者 1 号”需要飞将近 2 万年。假如我们现在以光速从银河系的中心出发，需要七八万年才能飞出银河系。

今天，我们已经能充分证明银河系是一个棒旋星系，中心厚，两边薄，直径约为 15 万光年，中心区域的厚度约为 1.2 万光年。银河系包含了 2000 亿到 4000 亿颗恒星，而太阳系位于银河系边缘的猎户旋臂上，也就是说，我们住在银河系这座城市的郊区。

银河系中的星星实在是太多了。我们随手抓一把沙子，大约可以抓起几亿粒。2000 亿粒沙子大约可以装满一个大号的洗衣机。你把每一粒沙子都想象成一个太阳，我们的银河系至少有这么多太阳。

在伽利略之后的 300 多年中，人类一直认为银河系就是整个宇宙。直到 90 多年前，我们才发现了河外星系。20 多年前，我们才基本看清了可观宇宙的全貌。

宇宙有多大？

大约200多年前，一些天文学家发现了星空中有很多星云。当时，人们认为这些是银河系中的发光气体云。直到20世纪30年代，美国的天文学家哈勃才终于用强有力的证据证明了仙女座大星云距离地球至少几十万光年，远远超出了银河系的直径，而且它根本不是气体云，而是与银河系一样，也是由无数的恒星组成的一个星系。

直到此时，天文学家们才第一次知道银河系只不过是茫茫宇宙大海中的一个岛屿，而我们只不过生活在这个岛屿中的一个普通恒星系中。在宇宙中，像银河系一样的岛屿还有很多。至于其数量到底是多少，天文学家们仍在争论不休。

1990年4月24日，另一个“哈勃”（哈勃望远镜）被“发现号”航天飞机送上了距离地球559千米的近地轨道空间中。它将揭示宇宙到底有多少个星系，也将永久地改变人类的宇宙观。1995年12月18日，哈勃望远镜的镜头聚焦到了位于大熊座的一个黑区上，这片观测区域的大小相当于满月的1/10，也就是你在100米开外看一个网球时所能看到的大小，这仅仅是全天空2400万分之一的区域。在宇宙中穿行了100多亿年的光子一颗颗落在了哈勃望远镜那极为灵敏的感光元件上，11天后，历经342次曝光最终合成的图

银河系在宇宙中，就像茫茫大海中的一个岛屿，而我们只不过生活在这个岛屿上的一个普通恒星系中

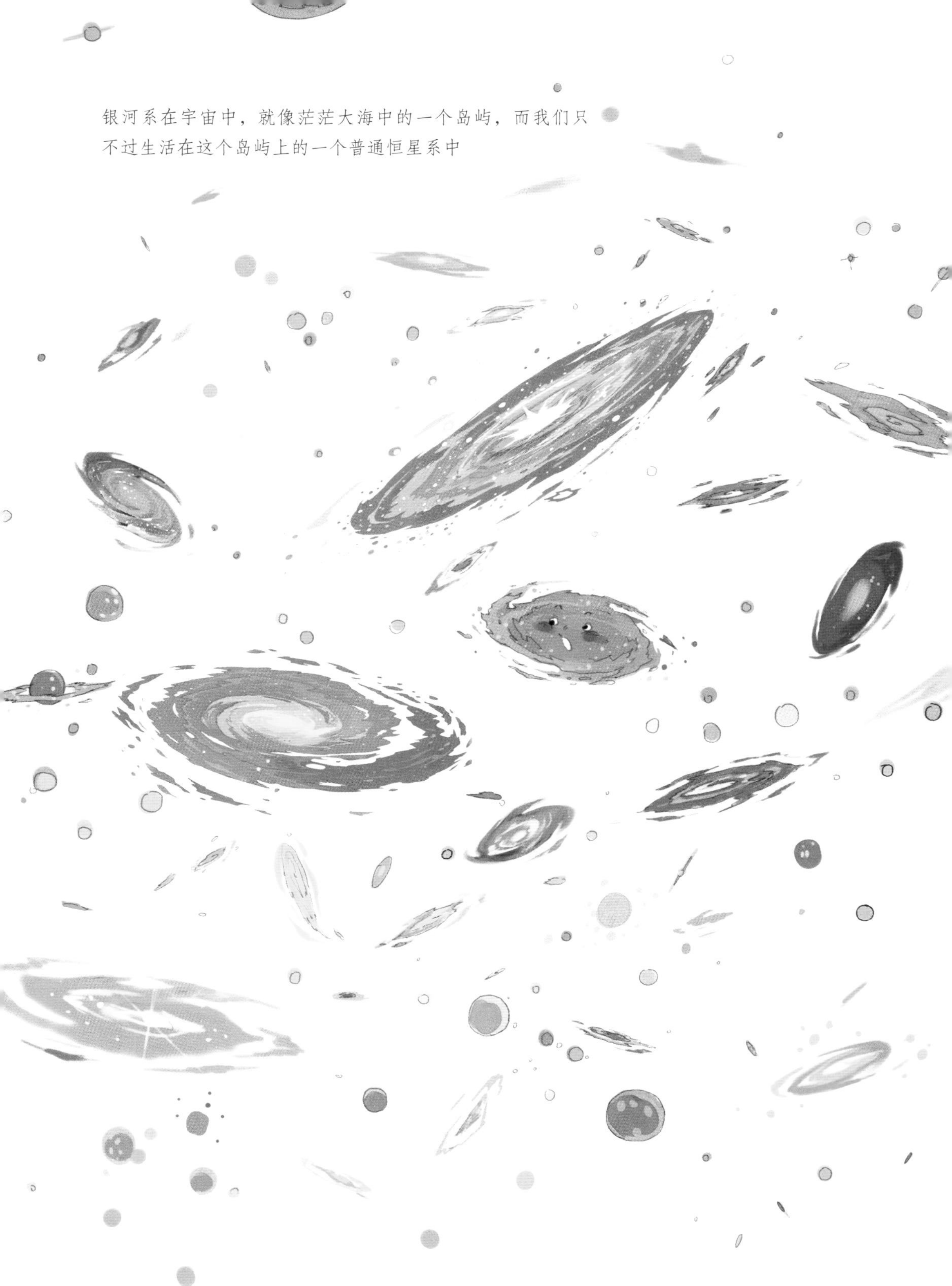

像给人类的宇宙观带来了一次革命性的洗礼。

这张被称为“哈勃深空场”的照片一共包含了 3000 多个星系。2003—2004 年，哈勃望远镜拍摄了“哈勃超深空场”，观测到了超过 1 万个星系，而且这些星系的分布是非常均匀的。

我已经讲过，宇宙像一个正在膨胀的气球。我们根据测得的宇宙的膨胀速度，可以反推出宇宙的年龄。按照欧州航天局普朗克卫星 2015 年公布的数据，科学家们计算出宇宙的年龄大约是 138 亿岁。

所以我们所能看到的最古老的光子不会超过 138 亿岁，计算它们走过的

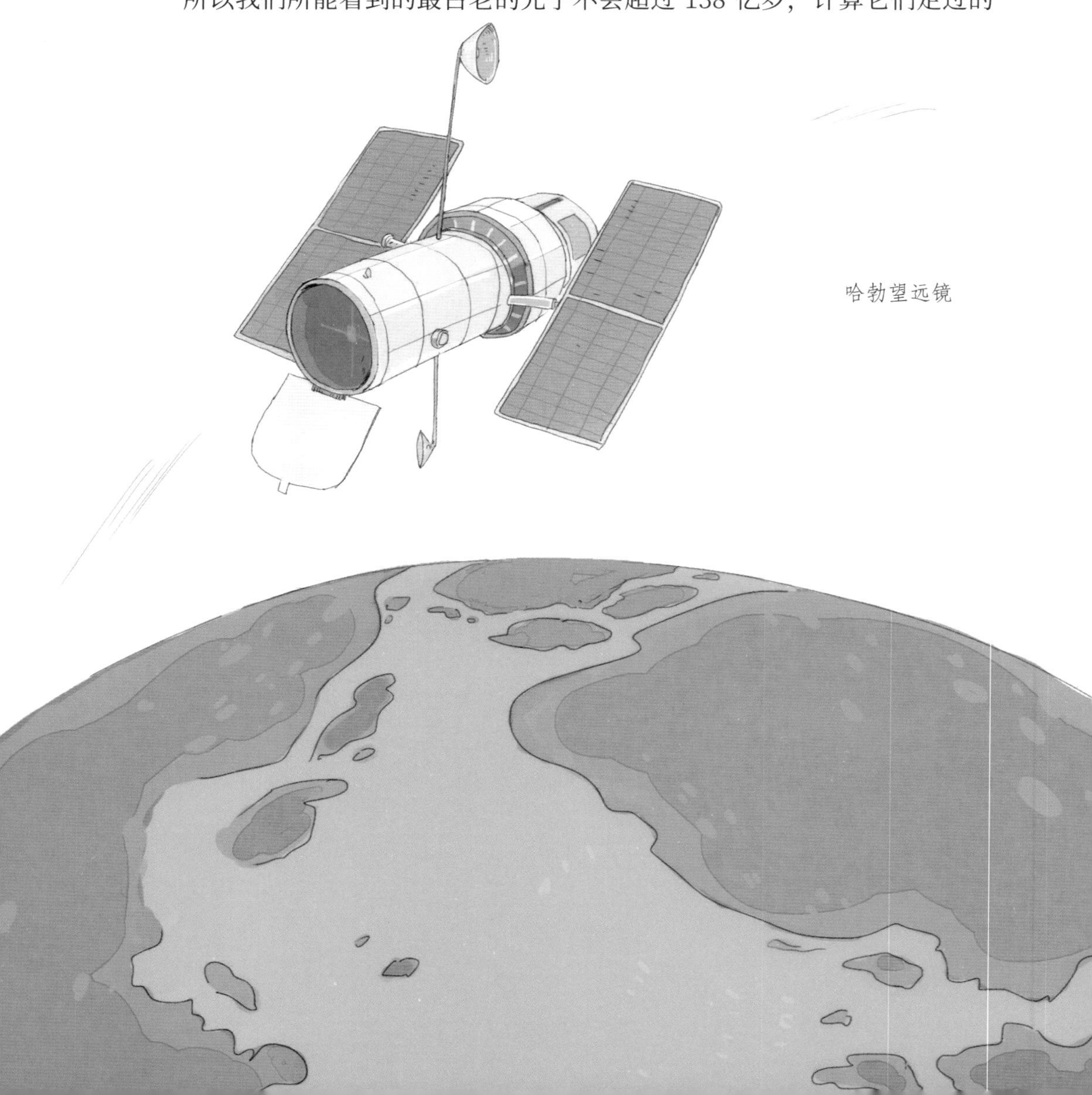

哈勃望远镜

宇宙的年龄大约是 138 亿岁

距离时要同时计算光速和宇宙膨胀的速度，就好像我们在机场的自动人行步道上走路，计算走过的距离时要同时计算走路的速度和自动步道的速度。

根据这个原理，科学家们计算出，我们在地球上能够观察到的宇宙的最大半径是 465 亿光年（这个是理论上的数值，我们的技术目前能允许我们观测到的范围是 460 亿光年）。这就是我在上一节结尾提到的“可观宇宙”。在这个范围之外的宇宙超出了我们的观测范围，我们永远也无法观测到。

是重要的是科学精神

本次科学之旅即将结束，我一路上讲了很多科学故事与科学知识。可是，我想告诉你，比科学故事与科学知识更重要的是科学精神。或许，过不了多久，你就会忘记在本册书乃至本套书中看到的那些科学故事与科学知识，但是我希望你能通过阅读掌握科学精神。

如果用一个简短的句子来说明什么是科学精神，我可以这样说：

科学精神就是一种不找到真相不罢休的精神。

一切科学活动的最终目的都是发现自然运行的规律，而自然规律也可以被看成这个世界背后的真相。真相往往并不容易被发现，我们很容易被自己的眼睛欺骗。要发现这些真相，靠的就是科学精神。

在我们这个世界中，还有许多科学暂时解答不了的问题。但是这并不意味着科学永远也解答不了这些问题。更重要的是，我们要坚持用证据还原真相，用科学理解世界。除了科学，没有其他学说能给出更好的回答。

到了本套书的第 3、4 册，我将带你从宏观世界进入更加令人不可思议的微观世界。你会看到，肉眼不可见的微观世界与我们能直接观察的宏观世界

要发现宇宙万物的真相，靠的就是科学精神

如此不同，我们日常生活中的一切经验到了微观世界都不再适用。在那两本书中，我依然会告诉你很多科学暂时无法解释的现象，但是你会看到科学正带领着人类一点点地接近真相。

亲爱的读者，我们稍事休息，整装再出发！

请仔细想一想你从小到大学过的科学知识，然后写下最让你感到好奇的5个问题，发送到我的电子邮箱kexueshengyin@163.com。

青少年科学基石32课

◎汪诘 著　庞坤 绘

从“微波”战争到量子论

南方出版社·海口

图书在版编目（CIP）数据

青少年科学基石 32 课 . 3, 从“微波”战争到量子论 / 汪诘著 ; 庞坤绘 .—海口 : 南方出版社 , 2024. 11.

ISBN 978-7-5501-9186-0

Ⅰ . N49；O413.1-49

中国国家版本馆 CIP 数据核字第 2024U0Z111 号

QINGSHAONIAN KEXUE JISHI 32 KE：CONG “WEIBO ”ZHANZHENG DAO LIANGZILUN

青少年科学基石 32 课：从“微波”战争到量子论

汪诘 著　庞坤 绘

责任编辑：师建华
特约编辑：林楠
排版设计：刘洪香
出版发行：南方出版社
地　　址：海南省海口市和平大道 70 号
电　　话：（0898）66160822
经　　销：全国新华书店
印　　刷：天津丰富彩艺印刷有限公司
开　　本：710mm×1000mm　1/16
字　　数：418 千字
印　　张：34
版　　次：2024 年 11 月第 1 版　2024 年 11 月第 1 次印刷
书　　号：ISBN 978-7-5501-9186-0
定　　价：168.00 元（全六册）

目录

第1章 “微波”战争的由来

牛顿的微粒说 /002

惠更斯的波动说 /006

“微波”战争的焦点——折射 /010

将牛顿拉下马的双缝实验 /013

证明波动说的泊松亮斑 /016

波动派“完胜” /018

科学研究需要证据 /020

第2章 “微波”战争硝烟再起

波动说的危机 /022

各穿一半的两套衣服 /027

普朗克和黑体辐射公式 /030

密立根油滴实验 /032

量子化幽灵 /034

光的波粒二象性 /036

科学研究需要广阔视角 /038

量子论的提出

奇妙的焰色反应 /040

卢瑟福与原子行星模型 /042

玻尔模型的成功与烦恼 /046

物质也是波 /051

薛定谔的波动方程 /053

玻尔不买账 /055

科学排斥求同存异 /057

量子力学第一原理

海森堡和矩阵力学 /060

测不准原理 /063

宏观世界中的测不准现象 /067

玻尔的修正 /068

测量是一切科学研究的基础 /072

爱因斯坦与玻尔的两次交锋

再次登场的双缝干涉实验 /076

如果光子是小球 /079

爱因斯坦与玻尔的第一次交锋 /082

玻尔的暂时性胜利 /086

爱因斯坦与玻尔的第二次交锋 /088

大胆假设，小心求证 /091

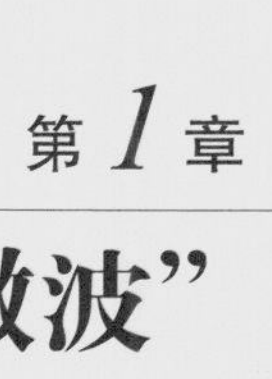

第1章

“微波”战争的由来

牛顿的微粒说

现代物理学就像一座宏伟的大厦。这座大厦有三个基石，其中一个是相对论，第二个就是本册和接下来一册介绍的量子力学，最后一个是最后两册要讲到的天文物理学。

前两册介绍的相对论，特别是广义相对论彻底改变了我们对宇宙的看法，而量子力学则彻底改变了我们的生活。比如有了量子力学，才会有半导体；有了半导体，才会有互联网和手机。

2024 年是量子力学诞生 100 周年。有趣的是，打开相对论和量子力学这两个基石的大门的都是同一样东西，那就是光。

光，是我们这个世界最常见也是最神秘的现象之一。自从人类文明诞生以来，我们就一直在寻找一个问题的答案。这个问题就是光到底是什么？

为了找到这个问题的答案，我们先从我们的老熟人、大名鼎鼎的牛顿说起。1665 年，牛顿从剑桥大学毕业，留在大学研究室。这年 6 月，剑桥大学为预防英国首都伦敦爆发的大瘟疫扩散而关闭。于是，牛顿只得回到了他的出生地——伍尔索普庄园，开始研究太阳光。当时的人们围绕太阳光的颜色和彩虹的成因而争论不休。1666 年的一天，牛顿找来了一块三棱镜，并且布置了一个房间作为暗室，只在窗户上开了一个圆形小孔，让太阳光通过小孔射入。

当他用三棱镜挡住一束太阳光时，立刻就在对面的墙上看到了一条像彩虹一样鲜艳的七彩色带。牛顿开始琢磨为什么会出现彩虹。他认为无非有两种可能:一种是光的颜色会被三棱镜改变，另一种是白光本身就是由七种颜色的光混合而成的。到底哪一个是对的呢?

太阳光经过三棱镜后，会在墙上形成一条彩虹一样鲜艳的七彩色带

通过进一步的实验，他发现，如果让这七种颜色的光再穿过一块三棱镜后，光的颜色并没有发生变化，这说明三棱镜并不能改变光的颜色。但是，当牛顿设法把这七种颜色的光再次混合时，它们又变成了白光。这就证明太阳光虽然看起来是白的，但其实它是由七种颜色的光混合而成的。

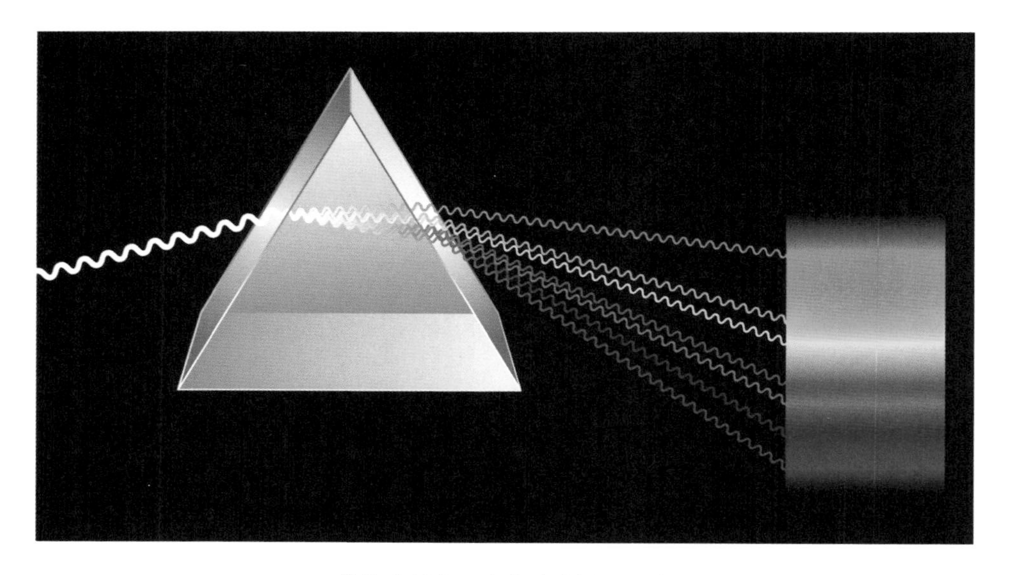

三棱镜分解太阳光实验的原理示意图

三棱镜分解太阳光实验的成功为牛顿后来的光学研究奠定了基础。他认为，光就是一连串的微粒，就像机关枪打出的一串串子弹。所有的发光物体，不管是太阳还是蜡烛，都在不断发射出无数的微粒。这些微粒如果射到了我们的眼睛中，就成了我们感受到的光。这就是微粒说。它可以解释光为什么是沿着直线传播的，也可以解释光的反射现象。

发光物体发射的微粒射到我们的眼睛里，就是我们感受到的光

但是，人们很快就发现了一些无法用微粒说来解释的现象。比如，你在手电筒上罩上一层带花纹的塑料纸，然后用手电筒去照一面墙。这时，你会看到墙上出现了花纹的光影。你再打开一个手电筒，用它照向前面那个手电筒，最后也会得到一束光。按照牛顿的说法，光是一种微粒。如果真是这样，那么这两束交叉的光就是两个微粒，它们所产生的粒子流肯定会发生碰撞，从而使墙上的花纹的光影变得模糊不清。可实际上这种情况根本不会发生，因为无论你怎么照射，这两束光看起来最终都是相互穿过的，就是说墙上的花纹的光影不会发生变化。所以，牛顿的微粒说无法解释这个现象。

惠更斯的波动说

与牛顿同时代的荷兰物理学家克里斯蒂安·惠更斯 (公元 1629—1695) 不同意牛顿的看法。惠更斯也是历史上一位著名的科学家，比牛顿年长 14 岁，家庭条件比较富裕。他是少年天才的代表，很善于把科学理论和实践结合在一起，是不折不扣的“实验党”。而且，他和牛顿一样，数学能力很强。这一点也不奇怪，因为科学的语言就是数学。

1669 年，丹麦物理学家巴托林（公元 1625—1698）发现有一种来自冰岛的透明石头会有奇妙的双折射现象。就是说，如果用这块石头压住纸上画出的一条线，那么，我们透过石头看过去，会发现一条线变成了两条线。这种石头就是冰洲石。其实大部分晶体都能展示双折射现象，但像冰洲石双折射这么明显的还是很罕见的。

惠更斯也研究过这种石头，接着遇到了一个立体几何方面的问题。（你看，又绕回到了数学上）经过一番测量和思考，惠更斯通过引入椭圆光球，终于能够用具体数值解释双折射现象了。这还真是一块石头引发的科学奇案。就这样，惠更斯对光产生了浓厚的兴趣，他的探索也越来越深入。

1678 年，49 岁的惠更斯正式发表了一篇关于他对光的见解的文章。不过，直到他 61 岁时，才以法文形式出版了一本叫《光论》的书，这本书第一次完

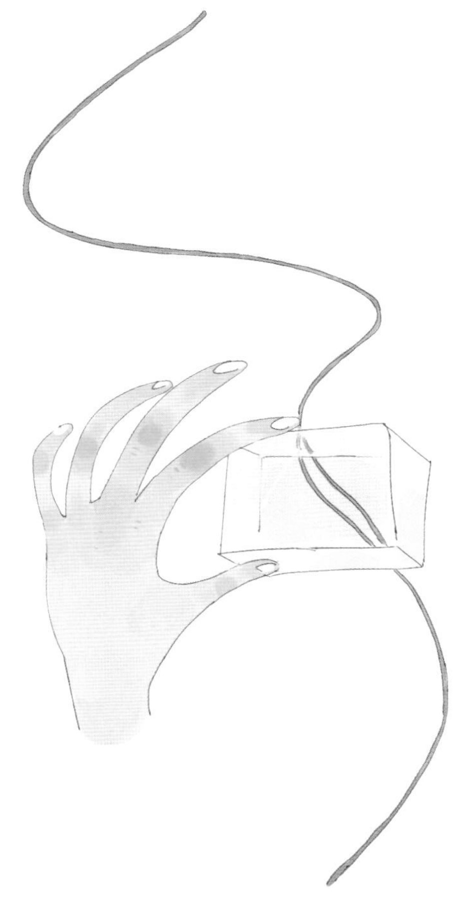

冰洲石的双折射现象

整地提出了光的波动理论。具体来说，惠更斯认为，光根本不是微粒的聚合，而是一种波。什么是波呢？比如，你把一颗石头扔进水中，就会产生涟漪，那就是水波——水分子上下振动后产生的视觉效果。再比如，当你拿起一根长绳子的一端，用手抖动一下，也会产生一个绳波，这是绳子上下振动后产生的视觉效果。所以波的身上有一种很神奇的现象：当两个波面对面相遇，它们会毫无阻碍地互相穿过对方，就好像对方不存在一样。不信你可以和小伙伴抓住绳子的两端，各自抖一个绳波出来，然后观察它们相遇的情况。

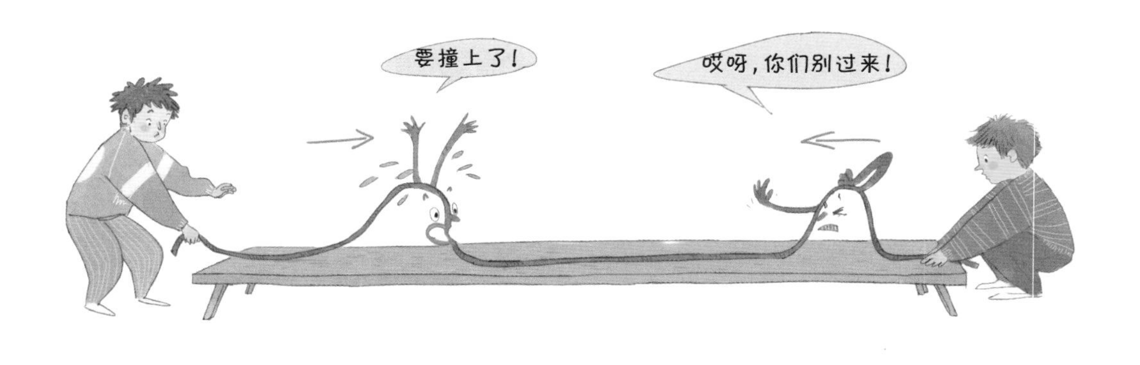

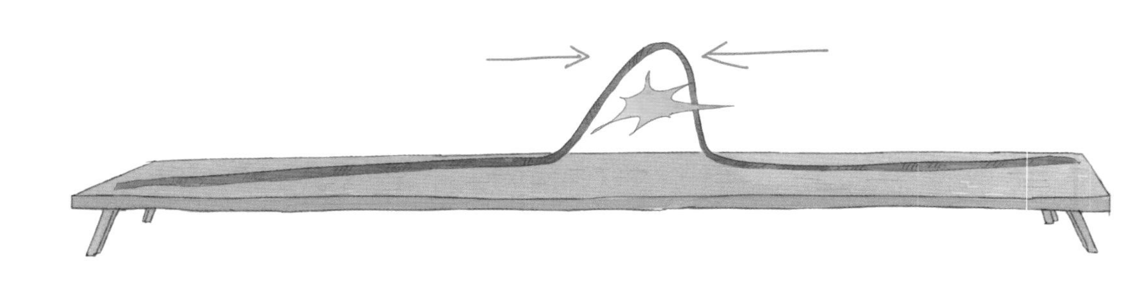

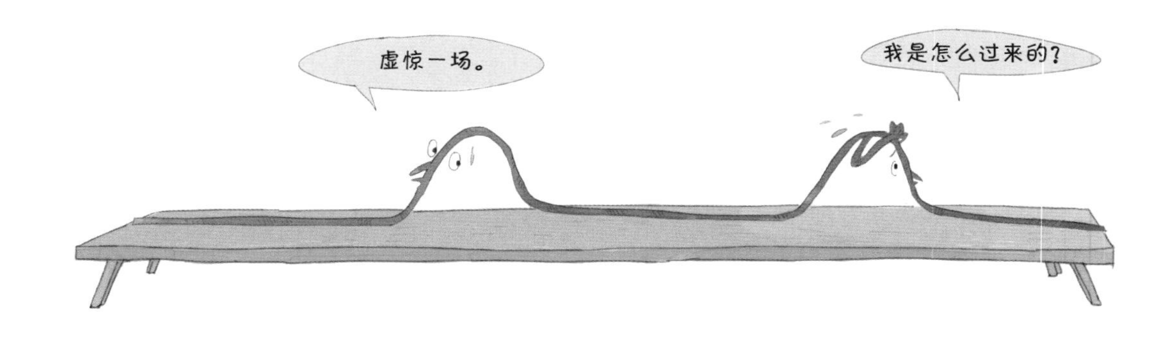

你可以和小伙伴抓住绳子的两端，各自抖一个绳波出来，然后观察它们相遇的情况

你看，如果光是一种波，就能很好地解释上一节提到的墙上的花纹的光影为什么没有发生变化。

很明显，惠更斯和牛顿的理论是针锋相对的。按照牛顿的说法，光是由一个个会向前运动的微粒组成的，而波只是一种视觉假象。不论是水波、声波还是绳波，介质本身并没有向前运动，它们只是在做着周期性的振动而已。那么一个问题来了：如果光是一种波，那么产生光波的振动的介质是什么呢？比如遥远的星光在照射到地球上时，穿过的可是空无一物的太空啊！

然而，想要证明光是一种波同样是困难重重。那时候的科学家们认为，太空并不是真空，而是由一种被称为“以太”的看不见、摸不着的物质填满，光就是以太振动的视觉效果。但问题是无论物理学家们怎么努力，也检测不到以太的存在。

于是，在很长一段时间里，坚持牛顿的微粒说的微粒派科学家和坚持惠更斯的波动说的波动派科学家都争论得不可开交，史称“微波”战争。

“微波”战争

“微波”战争的焦点——折射

微粒派科学家和波动派科学家争论的一个焦点就是对光的折射现象的解释。一束光线射入水中后会发生偏折。比如，当你把一根筷子插进水中，就会看到筷子好像折断了一样。这就是折射引发的一个现象。这个现象该如何解释呢？牛顿认为，微粒在射入水中后会被某种作用力侧向拉拽，因而使路径发生了改变。因为受到了力，所以光的速度在水中比在空气中更快。而惠更斯则认为，这是因为光波进入水中后速度变慢，所以才发生了路径的改变。

读到这里，勤于思考的你可能已经开始感到疑惑了。按照波动说，光在水里的速度变慢。但是，光速变慢是怎么与光的折射路径拐弯联系在一起的呢？难道不是越慢越应该走直线吗？

其实，折射现象的背后存在着更深层次的原理，那就是“最小作用量原理”。最小作用量原理是法国著名的数学家费马（公元 1601—1665）发现的，所以也叫“费马原理”。

在小学低年级的数学课上，你已经知道两点之间的线段最短。所以，如果一束光从 A 点传播到 B 点，它的运动轨迹一定是一条直线，这似乎是天经地义的事情。但是，如果你去观察一些道路，就会发现很多道路都是弯弯曲曲的。这是因为，在有些时候，走直线的代价是很大的，而我们追求的从来

惠更斯和牛顿的结论相反

都不是路线最短，而是抵达目标的时间最短。

这是一个相当简单的道理，不仅我们人类懂，就连蚂蚁都懂。下面这张图展示的是科学家用火蚁做的一个实验。科学家用蜜糖做诱饵，引诱蚂蚁们按自己设计的路线走。一开始，蚂蚁是乱走的。后来，蚂蚁们渐渐走出了一条折线。根据计算，蚂蚁们获取食物的路线也符合消耗时间最短的原则。

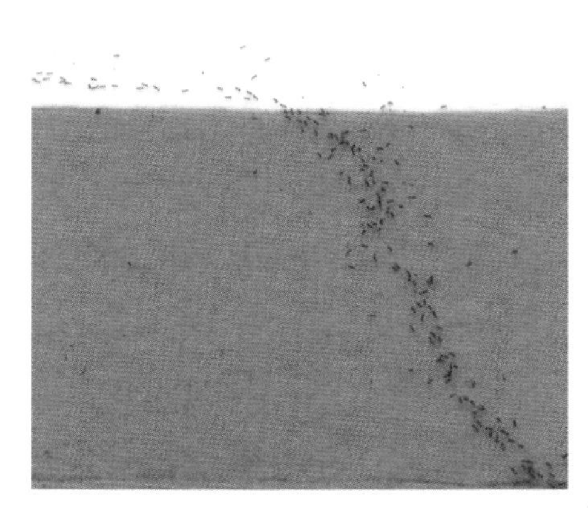

蚂蚁们获取食物的路线符合消耗时间最短原则

回到我们最初的话题，如果我们用最小作用量原理来解释光的折射现象，就可以把光解释成波而不是微粒。但遗憾的是，人们在牛顿和惠更斯的时代还没有办法测量出光在水中传播的速度。所以当时的人们尽管有了判断的方法，也就是最小作用量原理，却没有判断的技术。因为当时牛顿的名气实在太大，而且牛顿的其他理论都十分成功，所以大家都认为牛顿的光学理论也一定是对的，微粒学派暂时占了上风。

将牛顿拉下马的双缝实验

到了 1801 年，有一个人趴在小黑屋里就把牛顿给拉下了马，他就是英国物理学家托马斯・杨（公元 1773—1829）。他本来是学医的，我们姑且叫他杨大夫。

杨大夫是英国人，家里经商，自幼就被称为神童，动手能力和思考能力都很出众，9 岁掌握车工工艺，14 岁就掌握了当时最难的数学技巧，也就是今天微积分的前身。在他的那个年代，光的微粒说是最主流的学说，因为这是大神牛顿支持的学说嘛。

牛顿去世 70 多年后的 1800 年，杨大夫公开叫板牛顿，他在论文中写道：“尽管我仰慕牛顿，但是我并不认为他永远是对的。我遗憾地看到牛顿也会犯错，而他的权威有时甚至可能会阻碍科学的进步。”这篇论文是在英国皇家学会发表的。后来，他先后提交了两篇论文，更加明确地提出光就是一种波而不是粒子。

其实杨大夫的思考过程并不复杂，再伟大的理论往往也都是从浅显易懂的思考中得来的。你观察任何一个波，比如我们用绳子抖一个绳波出去，你就会观察到绳子上的某一个点在上升和下降，这个点上升到最高处的时候就被称作“波峰”，下降到最低处的时候就被称作“波谷”。任何一束波，波峰和波谷总是在做着周期性的变化。所以，杨大夫猜想，我们在水面上看到的那些波纹，实际上就是波峰的移动。当波峰和波峰相遇的时候，光线就会更亮；而如果是波峰和波谷相遇，两种波就会互相干扰、相互抵消，光线就会变暗；而如果是两个波谷相遇的话，光线自然就更暗了。

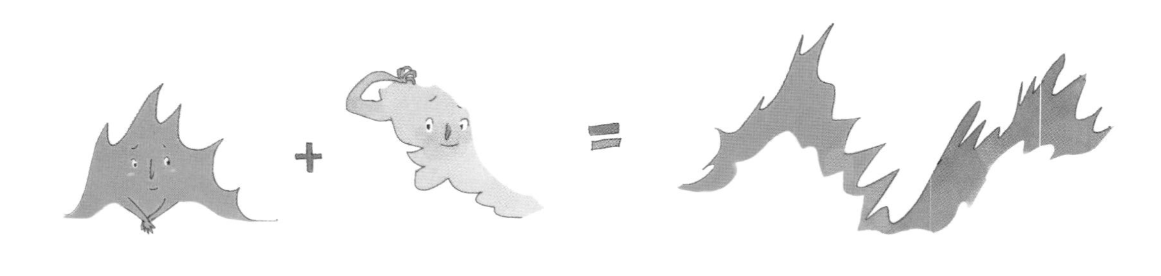

杨大夫关于波峰和波峰以及波峰和波谷相遇后光的亮度变化的猜想

不过，以上内容还只是杨大夫的思考，他需要用实验来证明。于是，他就趴在小黑屋里鼓捣起来了。

1801年，他做了一个实验，就是物理学史上非常著名的“双缝干涉实验”。如果用最简短的文字来描述这个实验，它就是在一块板上开两条距离很近的平行的狭缝，然后让一束光穿过这个板。如下图所示，当光穿过了两道狭缝后，就会在狭缝后面的屏幕上出现许多明暗相间的条纹。这种条纹用微粒说根本无法解释，但是用波动学说去解释的话就顺理成章了。所以杨大夫认为牛顿的微粒说错了。

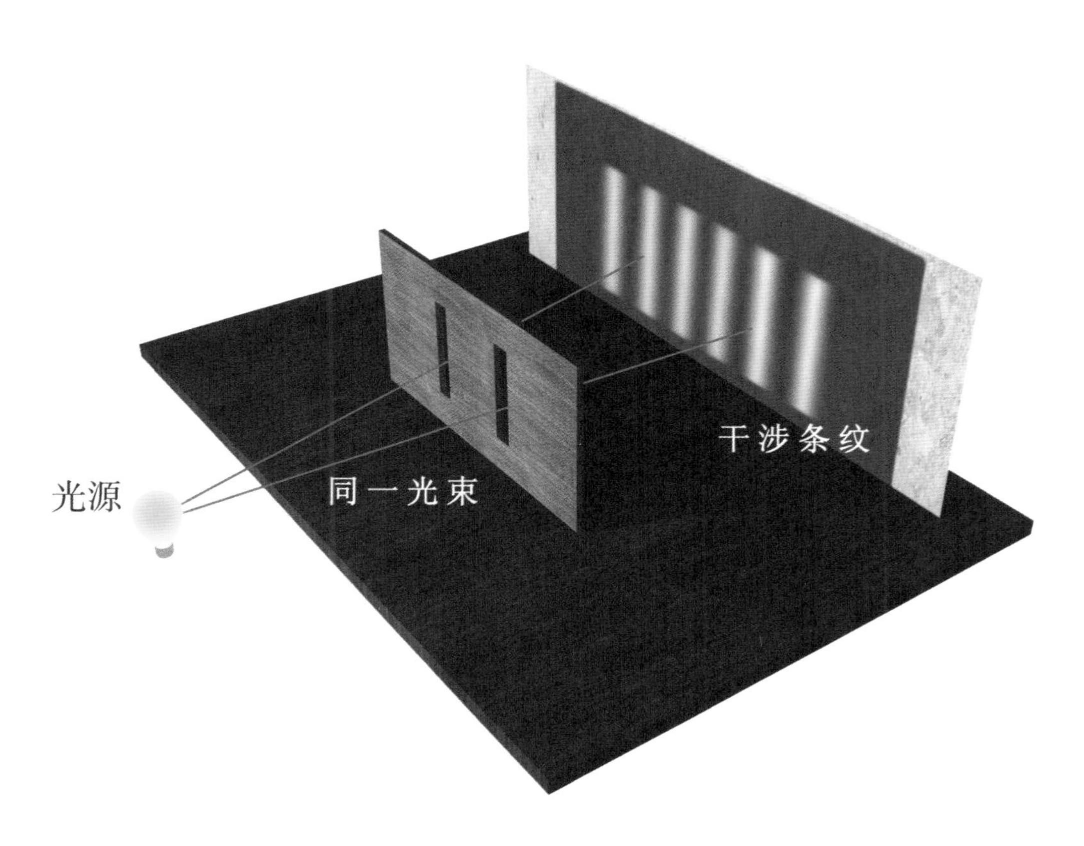

双缝干涉实验

证明波动说的泊松亮斑

由于杨大夫成功做出了双缝干涉实验，波动派科学家占据了上风，但是仍然有一批科学家坚信微粒说，比如法国数学家兼物理学家泊松（公元1781—1840）。

1818 年，法国科学院决定举办一个竞赛，鼓励年轻的科学家积极参与，从而加紧研究光的本质。当时已经很有威望的泊松，受邀担任评委。

年轻的物理学家菲涅尔（公元 1788—1827）写了一篇论文来参赛。在这篇论文中，年轻的菲涅尔假设光是一种波，然后他用数学的方法精确地描述了一束光通过一个小孔或者圆盘后会发生什么情况。泊松仔细阅读了这篇论文，还拿起笔来按照论文中的方法进行了计算。最后，泊松笑着向大家宣布："如果菲涅尔先生的论文是正确的，那么，我用他的理论就可以推导出一个结论，那就是假如用一个光源照射一个圆盘的话，那么在圆盘的阴影中心会出现一个亮斑。哈哈，你们觉得这是不是很荒谬啊？你们有谁见过在阴影的中心会出现一个亮斑呢？这说明，波动说本身就是荒谬的！"

然而，评委会主席阿拉戈（公元 1786—1853）决定做实验来验证一下。结果，泊松大吃一惊，因为实验结果表明只要光源和圆盘的距离恰当，后者的阴影中心的确会出现一个亮斑。所以，泊松的假设再次证明了波动说的正确性。当时的人们把这个亮斑命名为“泊松亮斑”，也不知道是为了感谢泊松还是讽刺他。

令人惊讶的泊松亮斑

波动派“完胜”

人们发现“泊松亮斑”后没多久，波动派又迎来了一个重大利好消息：光在水中传播的速度被测量出来了，而且它确实如波动派预言的，比在空气中的传播速度慢一些。至此，光的波动说已经打得微粒说没有还手之力了。

但波动派真正认为己方取得了最终胜利，是在 19 世纪末。当时的德国科学家赫兹（公元 1857—1894）发现了电磁波。两部手机之间之所以不需要电线也能通话，就是因为电磁波的存在。电磁波是电场和磁场之间产生交替感应与周期变化后形成的。当时的科学家们认为，电磁波是一种标准的波。令人感到惊奇的是，科学家们在实验室中测出的电磁波的速度与光速极为接近。并且，一系列的实验表明，电磁波的各种特性都与光非常相似。因此，人们终于认识到，光就是一种电磁波。

到这里，似乎光的秘密已经大白于天下，“微波”战争似乎应该以波动说的彻底胜利而结束。但是，有一朵乌云始终悬在波动派科学家的头上，那就是以太问题。这是波动说的根基。当时的科学家们坚信波就是物质在进行此起彼伏的振动时产生的，也就是说如果要产生波，就必须有振动的介质。但问题是以太始终测量不出来。

光披着电磁波的外衣

科学研究需要证据

好了，回顾一下本章的故事，你会发现：评判一个科学观点的正确与否，并不是看提出这个观点的科学家的名气有多大，科学研究始终以证据为王。

在本章一开始，当波动派科学家与微粒派科学家所做的实验的结果都差不多时，牛顿的声望可以让他的微粒说得到更多支持。但是，当水中的光速被测出后，科学家们就转而去支持惠更斯的波动说了。

实际上，始终找不到以太存在的证据让波动派科学家很闹心。可是，他们万万没有想到庆功宴还没来得及结束，就有一个人搅黄了宴席。更加讽刺的是，这个人恰恰就是上一节提到的赫兹。他做了一个实验，这个实验让“微波”战争硝烟再起，进而让波动说陷入深渊，而微粒说则凭借着这个实验起死回生，来了一场完美的逆袭。如果当时牛顿还活着，一定会为这个结果而开心地大笑。

那么，让“微波”战争硝烟再起、差点摧毁整个波动说的实验到底是怎么回事呢？我们下一章揭晓答案。

请你想一下，在你的生活中，有没有什么观点是大人总在说但似乎没有证据的呢？

第 2 章

“微波”战争硝烟再起

波动说的危机

上一章我们说到，就在波动派科学家庆祝胜利的时候，德国物理学家赫兹做了一个实验，其结果对于波动派来说是一个巨大的打击。这个实验就是大名鼎鼎的光电效应实验。

要理解什么是光电效应，我们要先来了解一下什么是电。科学家们发现，物质都是由一种叫原子的微粒构成的。原子有很多种，比如铁就是由铁原子构成的，金就是由金原子构成的。原子又是由原子核与电子构成的。铁原子和金原子的区别在于电子数量的不同：金原子的电子数量比铁原子更多。一般情况下，电子都围绕着原子核运动，但有些时候，电子会离开原子核，自由运动。当很多电子集体朝某个方向运动时，就会产生电流。当我们说这根电线通电了，其实就是这根电线中的电子正在集体朝某个方向运动。

但是，电子实在是太小了。即便是今天，我们也依然无法在显微镜中看到电子到底长什么样子，只能通过观察电子留下的各种痕迹来得知它的存在。例如，如果电子打到了荧光屏上，就会留下一个亮点。

赫兹的光电效应实验验证了电磁波的存在。这个实验是这么做的：他用一个有缺口的圆环作为接收器，假如圆环接收到了电磁波，那么缺口上就会冒出电火花。为了看清楚这个微小的电火花，赫兹不得不用黑布遮挡外界的

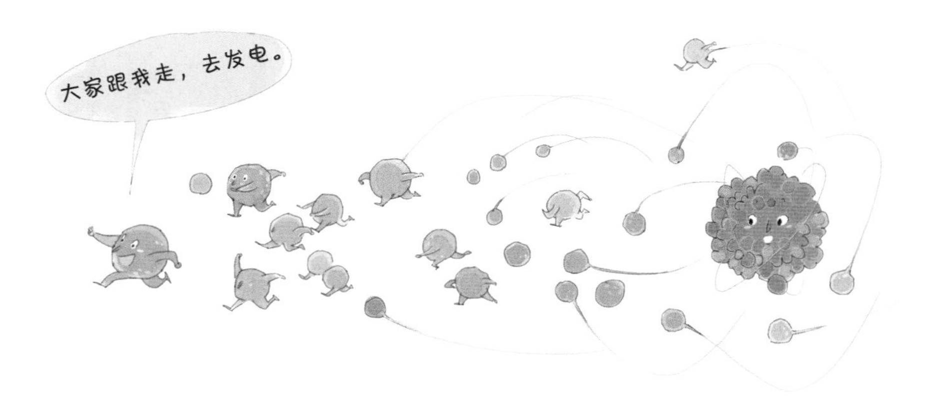

很多电子一起朝某个方向运动，就会产生电流

光线。他发现：一旦把光线挡住，火花就没了，而当有光线照到铜环缺口上时，就能感应出电火花。他不知道这究竟是怎么回事，为此很郁闷。

后来，他把黑布换成玻璃，尽管玻璃是透明的，但结果一样。直到他把黑布换成了石英玻璃，电火花才重新出现。玻璃和石英玻璃的差别是什么呢？紫外线可以穿透石英玻璃，但不能穿透普通玻璃，难道这说明起作用的是紫外线吗？

赫兹并不知道这是怎么一回事，但是他把自己的实验结果写进了论文里并公开发表。全世界的物理学家们都对这个实验结果感兴趣：光为什么能控制电火花呢？光与电之间到底有什么内在的相互作用呢？

许多科学家对此进行了研究，最终发现：当金属一被光照射到的时候，就会有电子跑出来。但奇怪的是，并不是什么光都行。比如，紫色光能照出电子，蓝色光就不行。光的颜色是由光波的频率决定的，光波振动得越快，表示频率越高。进一步的实验发现，对于某种特定的金属来说，只有当频率超过了某个数值，才能照出电子来；否则，哪怕照射的时间再长，也不能照出电子来。更有意思的是，只要光的颜色也就是频率正确，光一照射到金属上，电子立

赫兹在做光电效应实验时搞不懂电火花和光有什么关系

即就会跑出去，完全没有时间差。

这个现象立即就让波动派的物理学家们感到震惊，他们感到波动学说的理论根基被动摇了。为什么呢？因为波的能量传递是连续不断的。过去，他们认为，如果光是一种波，也就意味着光的能量连续不断地被金属吸收，那么电子在吸够了能量后就应该跑出来了，光的频率应该只能决定照射的时间长短。如果打个比方，电子就像水杯中的塑料小球，光照射金属板的过程就像给水杯注水的过程，当水装满水杯时，小球自然就会掉出来，不同频率的光只不过意味着水流大小的不同，倒满水杯只是时间问题。

光照射金属板的过程就像给水杯中注水，当水装满水杯时，小球自然就会掉出来

现在，他们却发现了奇怪的光电效应。它就好比是现在有一个搬运工，要把货物搬到二楼，需要给他 100 元，而且，他有个怪脾气——只认单张 100 元的钞票。无论你是给他 10 张 10 元还是两张 50 元的钞票，他都不认。只要你给他一张 100 元的钞票，他立马就搬东西上楼，一刻都不延迟。

现在有一个搬运工，如果你想让他把货物搬到二楼，
只能给他单张 100 元的钞票。这就是奇怪的光电效应

这个实验成了很多物理学家的梦魇，他们死活也想不通为什么会这样。直到 1905 年一位大师的出现，才解决了这个难题。这位大师就是相对论的提出者——爱因斯坦。

爱因斯坦到底是如何解决这个难题的呢？爱因斯坦不是靠灵光乍现来解决这个难题的，而是受到了另外一位著名物理学家的启发，这个物理学家就是量子力学的奠基人——德国物理学家普朗克（公元 1858—1947）。为了让你理解爱因斯坦的解决方案，我们必须先来讲讲普朗克的故事。

各穿一半的两套衣服

在 19 世纪中后期，西方国家已经进入了工业化时代，各国都在大规模炼制钢铁。在生产、加工、处理钢铁的过程中，钢水的温度对产品质量起着至关重要的作用。但普通的温度计碰到钢水会直接被融化。你知道当时的人们是怎么测量钢水温度的吗？答案可能会令你吃惊：他们就只能用眼睛看。钢铁在被加热的过程中，先是微微发红，然后变得通红，再变成黄色。假如温度再高一些，钢铁就会变成青白色。这就是我们常常说的“白热化”。有经验的炼钢工人通过观察钢水的颜色，就能估算出温度。

上面这种方法的精确性很难得到保证，最好有一个非常精确的数学公式，它能通过测量钢水的颜色，精确计算出钢水的温度。

科学家们发现，不仅仅是钢铁，其他任何物质被加热后都会发光，而且光的颜色都会呈现出与温度相关的规律性变化。于是，科学家们假想存在一种理想化的纯黑的物体并用一个抽象的物理概念“黑体”来命名它，再假想它在慢慢被加热后发光。光能辐射出能量，所以，科学家所希望的这个公式，不仅能精确计算出钢水的温度，而且可以描述物体的温度与发出的光的颜色之间的普适规律。光的颜色是由什么决定的呢？根据波动论，光的颜色是由光的频率决定的。所以，这个公式本质上可以被用来描述物体的温度与光的

科学家们希望能有一个公式，让他们通过测钢水的颜色就能算出钢水的温度

频率之间的关系。

没过多久，科学家们就找到了两个数学公式。你可能会感到奇怪，为什么是两个数学公式呢？一个公式不够吗？理论上确实应该只需要一个数学公式，但问题是科学家们发现他们无论如何也无法用一个数学公式来描述黑体的温度与光的频率之间的关系。他们找到第一个公式的时候，发现用这个公式来计算时，光的频率越高，计算值与实验结果就越相符；而光的频率越低，实验结果就越偏离计算值。于是，有些科学家又找到了第二个公式。这个公式和第一个公式的特点刚好相反：光的频率越低，计算值与实验结果就越相符；光的频率越高，计算结果与实验结果偏离得越大，以至于会趋向于无穷大。科学界把这种明显不正确的结果称为“紫外灾变”。此时，科学界面

临的情况就好比做了两套衣服，一套衣服的裤子很合身，上衣却硕大无比；另一套衣服的上衣很合身，裤子却小得不得了，根本没法穿。所以，在实际的工作中，他们只好把这两套衣服各扔掉一半，凑合着穿，结果弄得不伦不类。

两个公式就好比两套衣服，都无法恰当描述光的频率与黑体温度的关系

普朗克和黑体辐射公式

第一节提到的普朗克对这套各取一半的衣服相当不满，他发誓要重做一套衣服，也就是用一个统一的数学公式来描述黑体的温度与光的频率之间的关系。普朗克不仅是一个著名的物理学家，也是一个非常厉害的数学家。他仔细研究了原来的两个公式，然后完全靠着高超的数学技巧，得出了一个数学公式。这个数学公式刚好能弥补之前的科学家的两个公式的不足，保证了光的频率不论怎么变化，这个公式的计算结果都与实验结果相符合。这个公式就是“黑体辐射公式”，其所描述的黑体的温度与光的频率之间的关系如下图所示：

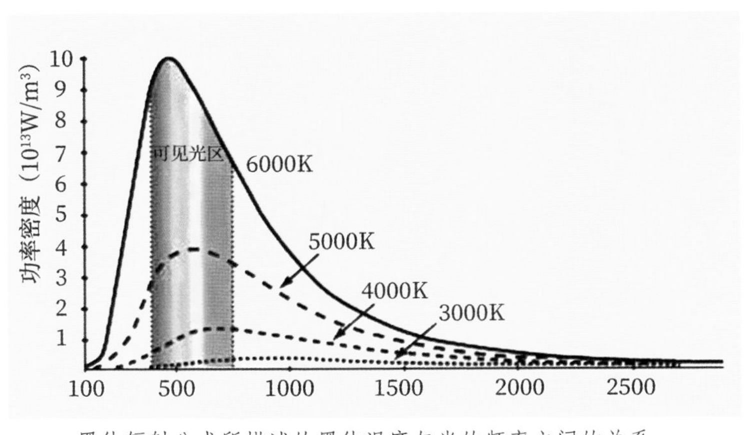

黑体辐射公式所描述的黑体温度与光的频率之间的关系

按理说，普朗克应该为自己取得的成就感到高兴才对。可是，他一点也不高兴，因为这个公式中有一个连他自己都觉得很怪异的假设。这个假设就是：能量有一个最小单位，而高温的物体发射出的某种频率的光是一点点发射出来的，并不是连续的。这就好比发射炮弹，不管炮弹多大，都要一颗颗发射，根本不可能只发射半颗炮弹，因为一颗炮弹就是一个不可细分的最小单位。

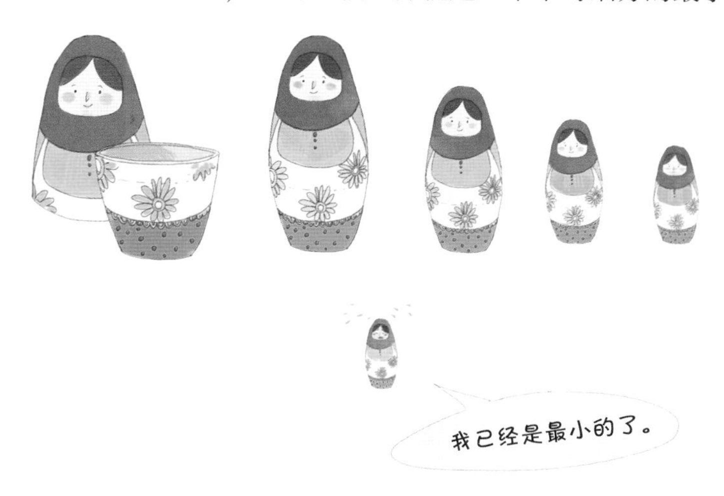

能量有一个最小单位，这个最小单位不可再细分

我相信你已经看出来这些像炮弹一样一份份发射出去的能量就是我们已经非常熟悉的概念——光子。既然光的接收和发射都是一份份的，那么光电效应引起的电流是不是也应该是一份份的？这是一种非常符合常理的猜测。当时的很多科学家都认为，原子是由带正电和负电的微粒构成的，而原子中带负电的微粒会受到外部电场的影响而产生运动，然后就会产生电流。

按照这种理论，电荷似乎就是一种粒子，它们与光子一样，也是一份份的。于是大家把它叫作“电子”。这样，电荷也就有了一个最小的单位，那就是一个电子能够携带的电荷量。任何电荷都只能是这个最小单位的整数倍，也就是可以核算为具体数量的电子数。那么，能不能设计一个实验来证明电荷有最小单位这个猜想呢？

密立根油滴实验

在 1909 年，美国的物理学家罗伯特·密立根（公元 1868—1953）设计了一个巧妙的实验证明了电荷有最小单位这个猜想，这就是著名的密立根油滴实验。这个实验如下图所示：先把油变成雾，然后利用喷雾器，将它喷进两块带电的金属板之间（带正电的金属板在上面，带负电的金属板在下面）。在重力的作用下，油滴会下落。在空气的阻力和浮力的作用下，油滴下落一段时间后，你可以通过显微镜发现油滴会从加速下落转变成匀速下落。油滴从喷口喷出的时候都是带电的，所以我们可以通过调整两块金属板之间的电场，控制带电油滴的上升或下降。此外，通过控制外部电场的强度，我们还可以让油滴悬停或者匀速上升。

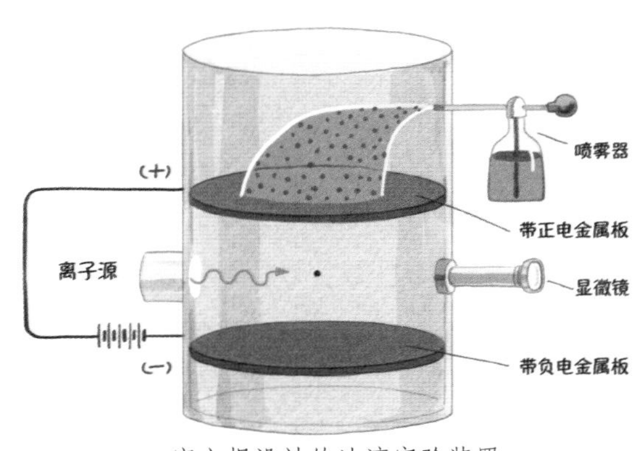

密立根设计的油滴实验装置

有了上面这个实验装置，就可以通过测量不加外部电场和加了外部电场后的油滴的运动速度，计算出一个油滴所携带的电荷。（具体怎么计算会涉及复杂的物理和电学知识，这里不详细展开）

密立根利用他设计的实验装置，对大量的油滴进行了测量。他将测量数据标注在一张坐标图上，这些数据点不出他所料：连成了一条条横线。这意味着所有油滴的电量都是某个基本电荷的整数倍，只要从所有油滴的电量中算出一个最大公约数，就能计算出基本电荷的大小也就是一个电子的带电量。

这个实验的原理说起来十分简单，但在真实环境中，进行如此精密的测量是极为困难的。密立根无数次地改进了自己的实验装置后，终于发表了论文。根据密立根的计算，一个电子的电荷是 1.59×10^{-19} 库伦。这个计算结果与现在的精确数值 $1.60217653 \times 10^{-19}$ 相差不到 1/100，在当时算是相当精确了。1923 年，密立根凭这项发现获得了诺贝尔物理学奖。

量子化幽灵

就在密立根忙着做油滴实验的1909年，普朗克却因为量子化这个成功的假设陷入了深深的忧虑之中。为什么呢？因为物理学中一个最基本的信念被他打破了。从此，科学家们正式打开了微观世界的大门。这个神奇的微观世界有很多的运行规律，都和我们的宏观世界有着大大的不同。

以伽利略、牛顿为代表的经典物理学家们都有一个最基本的信念，那就是一切都是连续的，都是可以被不断细分的，就像米可以被拆分成厘米，厘米又可以被拆分成毫米，只要你愿意，毫米还可以被拆分成微米、纳米，没有尽头。也就是说，假如你从A点走到B点，那么你必然要经过AB连线上的任意一点。水温从0度上升到100度的过程中，必然是经过了中间的每一个温度，不可能是跳跃着上升的。但是，普朗克为了推导出黑体辐射公式，不得不推翻了上面这个信念，只能假定能量是不能被无限细分的，有一个最小颗粒。这样的特征被称为“量子化”。

普朗克尽管发现了“量子化”现象，却徘徊不前，不敢沿着这个假设继续探索。既然他自己都难以接受这样的假设，更不要说别人了，所以在很长时间内，他的理论都没有什么人愿意接受。

普朗克在通往“量子化”的岔路口徘徊不前

然而，让普朗克做梦都没有想到的是，黑体辐射公式成了奏响量子力学这首壮丽交响曲的第一声大鼓。在这之后，物理学的半壁江山都将随之震动。

光的波粒二象性

正是普朗克的工作启发了爱因斯坦，他将光电效应与黑体辐射公式中的量子化假设联系在了一起。爱因斯坦认为，就像黑体辐射公式中所假设的，光的发射是一份份的，原子对光的吸收也是一份份的。他把每一份叫作一个“光量子”，后来又简称为“光子”。每个光子的能量和频率成正比。也就是说，频率越高，能量越大。只有单个光子的能量足够大，才能把电子从原子里砸出来。否则，任凭你怎么砸，都没有用。

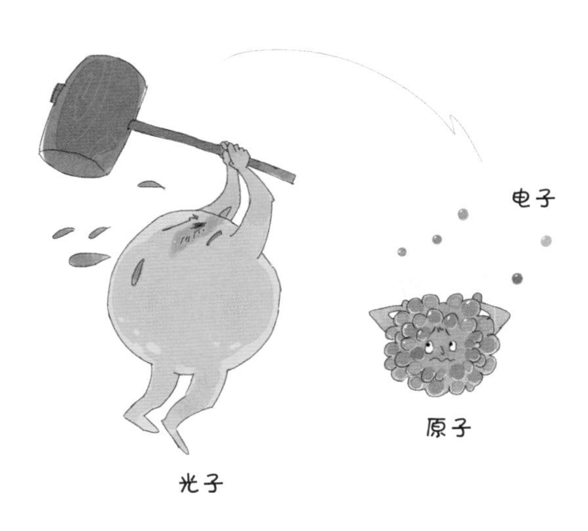

如果单个光子的能量不够大，任凭它怎么砸，都不能把电子从原子里砸出来

以上内容就是爱因斯坦对于光电效应的解释，他因此获得 1921 年诺贝尔物理学奖。你可别以为爱因斯坦只是做了一个语言上的解释，他还总结出了完整的数学公式，可以用来精确计算光与电的转换关系。

光电效应清晰地表明，光具有粒子的特性，一颗颗光子就像一颗颗炮弹。牛顿的微粒说来了一次完美逆袭。科学家们终于认识到，光既是一种波也是一颗颗粒子，到底是波还是粒子，关键看你如何测量。这就是光的波粒二象性。

光既是一种波也是一颗颗粒子，这就是光的波粒二象性

至此，持续百年的“微波”战争终于以微粒派科学家和波动派科学家的握手言和而告终。科学就是这么奇妙，两个原本看上去并不相容的理论实际上是不矛盾的。

科学研究需要广阔视角

好了，回顾今天的故事，我想告诉你的是：

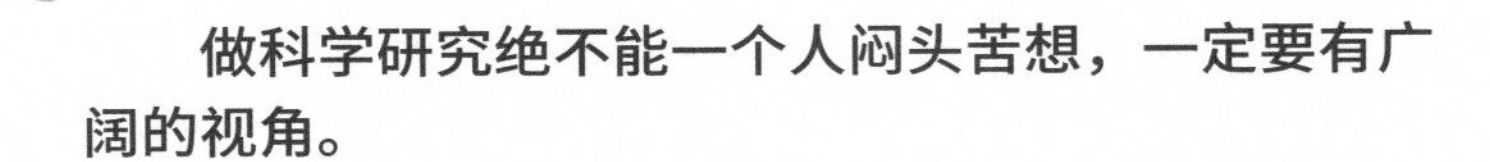

做科学研究绝不能一个人闷头苦想，一定要有广阔的视角。

很多问题的道理都是相通的。我希望你不要局限于课本上的知识，而是要有一颗好奇心，多看各种各样的课外书，丰富自己的知识结构。

波粒二象性开启了量子力学的大门。然而，人们没有料到沿着量子化的假设一路向前，物理学将从此变得令人无比困惑。下一章，我将带你走进量子力学所在的微观世界。

你在生活中有没有受到别人启发而得出的奇思妙想呢？你有没有看到过看上去互相矛盾最后却发现并不矛盾的两个现象呢？

第3章

量子论的提出

奇妙的焰色反应

上一章我们说到波粒二象性开启了量子力学的大门。与相对论不同，量子力学的研究对象是肉眼看不见的微观世界，打开这个世界的关键是弄清楚上一章开头讲过的原子的结构。为什么原子的结构是打开这个世界的关键呢？我来解释一下。

我们炒菜的时候，如果不小心把盐洒到了火焰上，就会看到一股黄色火焰

我们炒菜的时候，如果不小心把盐洒到了火焰上，就会看到一股黄色火焰。我们如果把其他物质扔进火里，就会看到各种各样不同颜色的火焰。这一现象叫作“焰色反应”。

一直到 19 世纪，科学家们才开始正式探究这一现象背后的原理。基尔霍夫（公元 1824—1887）和本生（公元 1811—1899）是两位对焰色反应特别感兴趣的德国科学家。

在研究焰色反应的那段时间里，基尔霍夫和本生把手边能找到的化合物和金属都放进火里烧了一遍。他们发现，只要物质中含有的元素不同，它们的火焰颜色就会不同，火焰的颜色似乎就是一种元素独特的识别标志。

当然，只靠眼睛来观察颜色是不准确的。在基尔霍夫的建议下，他们俩采用了三棱镜来分解光谱，这样就可以对颜色进行定量分析了。当看到焰色反应的光谱之后，两位科学家吓了一跳，因为金属和盐类在高温下释放出来的光并不是类似太阳光那样的连续光谱，而是一根根相互分离的光谱线。最神奇的是，这些光谱线就像指纹一样，与各种元素有着一一对应的关系。换句话说，只要在光谱中发现某种条纹，就可以断定火焰中含有某种元素。

在记录这些光谱线的时候，基尔霍夫和本生突然觉得它们有些似曾相识。他们很快就找到了觉得光谱线眼熟的原因。原来，氢元素的光谱线与太阳光谱中的一些暗线可以完美匹配，这些暗线就是氢元素把对应频率的光吸收掉后留下的吸收光谱。

基尔霍夫和本生因此从太阳光谱中发现了一种人们当时未曾见过的光谱线，它对应着一种人们当时未曾见过的元素，后来被命名为“氦”。所以氦元素最早是从太阳光谱里发现的。

那么，为什么化学元素在高温下会发出一根根独立的光谱线而不是黑体辐射那样连续不断的七彩色呢？光谱线和原子内部的辐射又有什么关系呢？为了揭开焰色反应之谜，科学家们必须先弄清原子内部的结构。

卢瑟福与原子行星模型

第一个在原子结构的研究上取得突破性进展的是英国著名物理学家、1908 年诺贝尔化学奖得主卢瑟福（公元 1871—1937）。1909 年，卢瑟福指导他的学生完成了一个非常著名的实验，那就是 α 粒子散射实验。α 是一个希腊字母，大家不要被它吓住了，它只是一个名称罢了，你可以把它想成西瓜粒子或者苹果粒子。

上面这个实验在历史上有着非常重要的地位。为了详细说明这个实验的原理，我来打个比方：假如我们和敌人隔着战壕对峙，在漆黑的夜里，我们什么也看不见，这时该怎么侦查敌情呢？很简单，你可以抬起机关枪对着对面乱打一气。假如对面一点反应都没有，大概一个敌人都没有；假如对面某

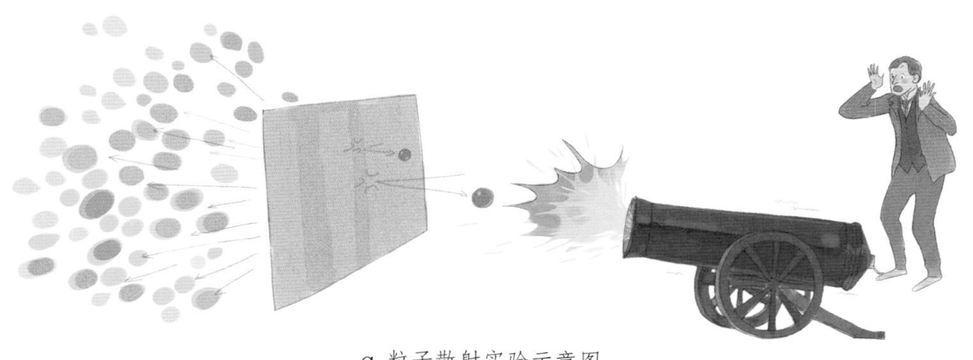

α 粒子散射实验示意图

处飞过来几颗子弹，大概那里会有很少的敌人。这种招数叫作“火力侦察”。

α 粒子散射实验的原理其实与“火力侦察”有异曲同工之妙：把许多 α 粒子当作炮弹，去轰击一张薄薄的金箔。结果发现，α 粒子大多数都有去无回，笔直地穿过了金箔。这说明金原子的内部其实是空空荡荡的，否则也不会轰了半天，什么都没碰到。

不过，让卢瑟福大吃一惊的是，居然有万分之一的炮弹被反弹回来。他自己后来回忆说：“这是我一生中碰到的最不可思议的事情，就好像你用一门 15 英寸的大炮去轰击一张纸而你竟被反弹回的炮弹击中一样。”

这说明了什么呢？这说明仅有万分之一的炮弹迎面撞到了一个非常硬、非常重的东西。说这个东西非常硬很好理解，它要是不硬，早就被炮弹打碎，到处乱飞了。为什么说这个东西非常重呢？只有被撞的东西比炮弹重，炮弹才有可能被反弹回来。

卢瑟福根据 α 粒子散射实验的数据作出了一个推断：金原子的内部其实是空荡荡的，只有一个体积非常小但是重量非常大而且非常结实的硬核。这个硬核被称为“原子核”。

如果把原子比喻成一个足球场，那么原子核就像一粒黄豆那么大

原子核的发现是原子结构研究的一次突破性进展。经过了很多科学家的反复验证，科学界最后对原子的结构达成了基本一致的观点。他们认为，首先，原子的内部绝大部分是空的，如果把原子比喻成一个足球场，那么原子核就像一粒黄豆那么大。

其次，他们认为，有一种像灰尘那么大的带电微粒（“电子”）分布在原子核的周围。那么，原子核与电子之间到底是怎样的关系呢？这对当时的

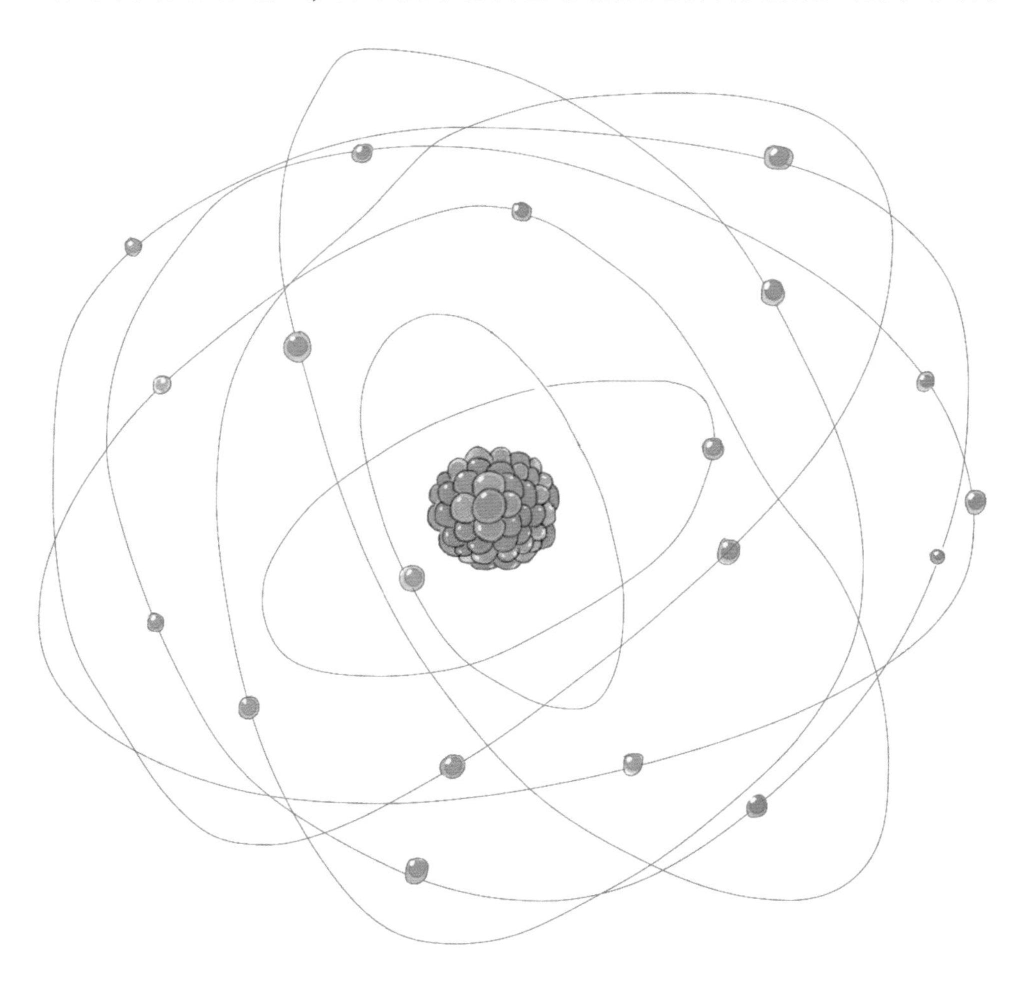

电子像行星一样围绕着原子核旋转

科学家们来说是一个谜题，因为原子核和电子实在都太小了，根本无法观察到。因此，卢瑟福就做出了一个猜测。他觉得原子就像一个微小的太阳系，原子核就像太阳，而电子就像行星一样围绕着原子核旋转，旋转轨道在一定范围内任意分布。

这是一个非常优美的模型，让宏观世界和微观世界达成了和谐统一。卢瑟福对自己想出的这个原子行星模型感到很满意。可是，他不知道自己的实验室中有一位年轻帅气的博士后对导师的这个模型很不以为然。

玻尔模型的成功与烦恼

上一节说的这个博士后来自丹麦，他就是 1922 年诺贝尔物理学奖得主、日后科学史上大名鼎鼎的尼尔斯·玻尔（公元 1885—1962）。

玻尔为什么会对卢瑟福的原子行星模型不满意呢？原来，根据当时科学界公认的经典电磁理论所做的电学实验表明：环形的电流一定会产生电磁波，而电磁波会带走能量。这就好像人造卫星在太空轨道上运行，因为气体分子会对卫星的运动造成阻力，所以卫星会逐渐损失能量，运行速度会变得越来越慢，然后就会一圈比一圈转得小，最后一定会掉进浓密的大气层烧毁。我国的“天宫一号”空间站就是这样坠毁在了南太平洋。

对于原子内部来说，道理也是一样的。按理说，电流就是电子的运动，所以，如果电子是绕着原子核在转圈，那么也一定会辐射出电磁波，而在电子的能量被电磁波带走后，电子的轨道也会越转越小，最后坠毁在原子核上。

可是，我们都知道这样的事情根本没有发生，原子历经了千万代，还是好端端的。所以，要么是原子的行星模型错了，要么就是经典电磁理论错了。

1913 年初，27 岁的玻尔从普朗克那里获得了灵感，提出了一个绝妙的模型。你还记得吗？我们在上一章说过普朗克提出能量是不连续的，有一个最小单位。玻尔想，既然能量可以不连续，那么电子的轨道的半径也可以是不

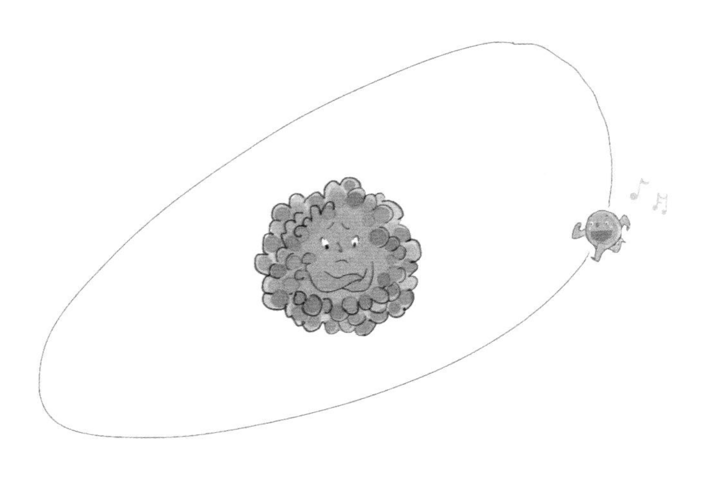

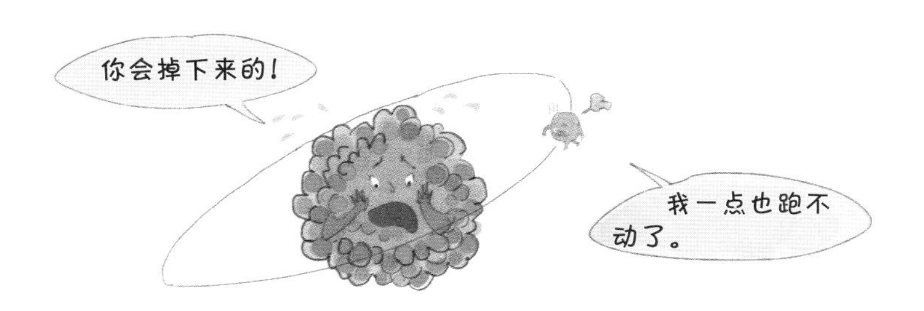

电子的能量被电磁波带走后，电子的轨道也会越转越小，最后坠毁在原子核上

电子的运行轨道是不连续的

连续的。

这个想法对于当时的物理学界来说，是一个非常怪异的想法。为什么说这个想法怪异呢？这就相当于原子周围的空间是北京市的五环，电子就是一辆车，它可以从二环瞬移到三环，或者从三环瞬移到二环，但是不可能在环线与环线之间运动。这就是说，电子的运行轨道是一环一环的，而且从这一环到另外一环是不需要经过任何空间的。

这听上去很有趣，可凭什么空无一物的空间会被分割成一个个环呢？电子又怎么可能做到瞬移呢？所以，对于当时的大多数物理学家来说，这个想法有点异想天开。

但是，玻尔沉醉在自己的模型中。他发现很多自然现象都可以用这个模型进行解释。比如，这个模型能解释为什么彩虹的颜色是一道一道、界线分明的。玻尔认为，电子只有从外圈跳进内圈的时候，才会射出能量（“光子”）。比如，电子从五环跳到四环就会发射出一个红色光子，而从四环跳到三环就会发射出一个绿色光子。因为电子只能在几个能级之间跳来跳去，所以发出的光也就只能是固定的颜色。

你不要以为玻尔的这个模型只是一种概念性的解释，其实玻尔在做了一些基础性假设后，就能够用数学方法成功地计算出很多实验结果，例如氢元素的光谱线。前面已经说过光谱线与元素有着一一对应的关系，就像元素的条形码。而玻尔的原子模型能通过计算把氢元素的光谱线给算出来（具体的计算过程在这里不详细展开）。这一点相当于给他的原子模型添加了一个实验证据。

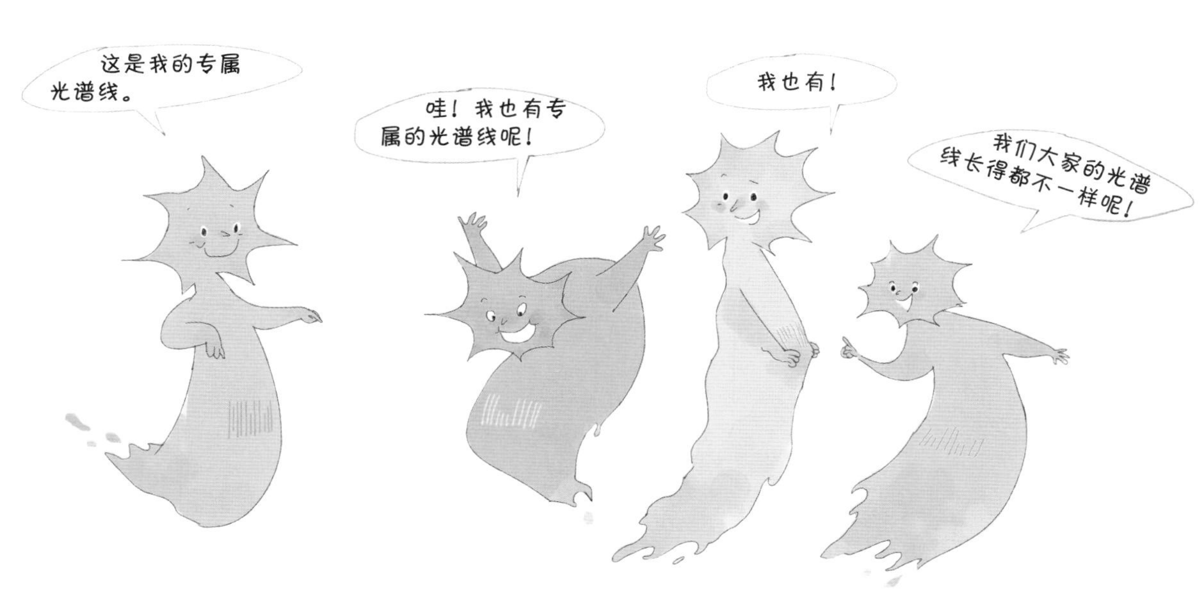

这是我的专属光谱线。
哇！我也有专属的光谱线呢！
我也有！
我们大家的光谱线长得都不一样呢！

不同的元素的光谱线的排列和位置各不相同

大家把玻尔的这个学说叫作“量子论”。这个成就在当时还是很轰动的，因为它就像一个经济学家根据一家上市公司的财务数据就准确预测了未来股价的曲线一般神奇。

不过，也有很多现象无法用玻尔的模型进行解释，比如当原子带的电子一多，他的模型就不灵了。事实上，对于玻尔的量子论，有人喜欢，有人不喜欢。喜欢的人会不停地为它打补丁，比如德国著名物理学家索末菲（公元1868—1951）假设电子的轨道并不是标准的圆，而是一个椭圆。

可是，不管怎么打补丁，玻尔的模型依然面临一个巨大的麻烦，那就是无法解决它和经典电磁理论的矛盾。比如，有科学家提出质疑：玻尔，你不是说电子如果绕着原子核转圈就会辐射出电磁波而电磁波会带走能量吗？那为什么你给电子规定了轨道后，它在转圈时就不会辐射出电磁波了呢？

科学家不管怎么打补丁，都无法解决玻尔的模型和经典电磁理论的矛盾

面对类似上面这样的质疑，玻尔无法解释。实在被逼得急了，他就只好说：微观世界的规律和宏观世界就是不同，所以电子就是不发射电磁波。

物质也是波

由上一节可知，虽然玻尔的模型能成功地解释氢原子的光谱线，但是这个量子化的轨道其实是玻尔的硬性规定，讲不出个所以然。当玻尔的模型失灵的时候，喜欢这个模型的科学家们就会在上面打补丁，这其实也是在增加模型的硬性规定。所以，当时对这个人为设定不满意的大有人在。

1924 年，一个具有文科背景的物理学研究生在自己的博士论文中提到了一种新的概念——物质波。他就是法国人德布罗意（公元 1892—1987）。当时，他恐怕不会想到自己会因为这篇博士论文而获得 1929 年的诺贝尔物理学奖。

那么，物质波到底是什么东西呢？简单地说，它是对本册第 2 章中讲到的爱因斯坦的光的波粒二象性理论的扩展。爱因斯坦的波粒二象性理论认为光既能表现出波的特性，呈现出干涉和衍射现象，也会表现出粒子的特性，也就是说它也是光子。德布罗意对这一理论进行了扩展。他提出，不仅仅光具有波粒二象性，其他所有物质也都具有波粒二象性。我们已经知道，每个光子都有能量，而且通过能量，可以折算成不同频率的电磁波。那么能不能把有能量的任意粒子都折算成波呢？答案是能。当然，这种波不是电磁波。于是，德布罗意姑且叫它“物质波”。

如果围绕着原子核旋转的电子如德布罗意所说，本身也是一种波，那么电子的特性必然是要符合某种波的特点，比如频率相同、传输方向相反的两种波（不一定是电波）沿传输线形成的一种分布状态——驻波。

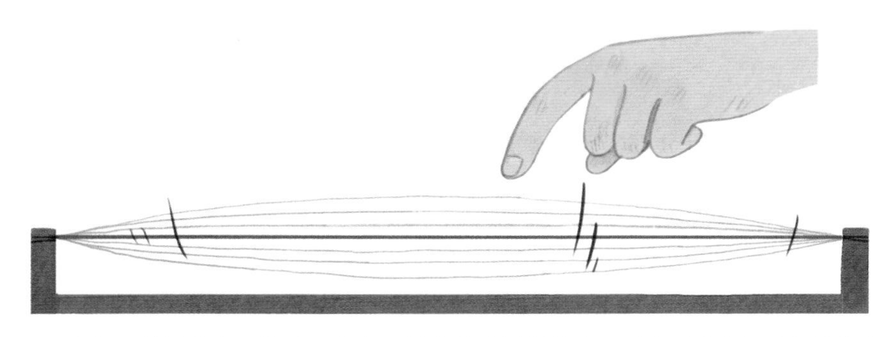

当琴弦被固定在两端时，它在中间的振动幅度最大，而在两端的振动幅度为零

我们常见且容易理解的一种驻波是琴弦产生的波。当琴弦被固定在两端时，它在中间的振动幅度最大，而在两端的振动幅度为零。琴弦不能在任意频率下振动，这也是一根特定的琴弦一定会发出特定音高的声音的原因。学过弦乐器的人都知道，只要一只手的手指虚按琴弦中心，另一只手拨弦，你就能弹出频率高一倍的声音。这其实是琴弦被强迫分成两段在振动。那么，琴弦被等分成三段时行不行呢？也行。那么，频率与琴弦长度对应的倍数关系不是整数倍的时候行不行呢？不行。

好了，看到这里，你会惊讶地发现一根琴弦发出的频率居然也是“量子化”的：一根琴弦就算被分成几段，也只能稳定地发出某几个特定的频率的声音。

当我们掌握了驻波的原理，就可以将其应用于微观世界中的电子行为，电子围绕原子核旋转时就如同一根圆环形的琴弦。那么，这根琴弦或者电子的轨道想要维持稳定，它的周长必须与电子的波长构成整数倍的关系。

德布罗意虽然提出了物质的波动理论，但并没有进一步落实为数学模型。帮他完成这件事的，是一位奥地利物理学家。

薛定谔的波动方程

此时，在奥地利，有一位比玻尔小两岁的物理学家对玻尔的模型很不屑，他就是 1933 年诺贝尔物理学奖得主埃尔温·薛定谔（公元 1887—1961）。他烦透了电子轨道量子化的想法：空间怎么可能是被分割成一环一环的呢？空间中的一切就应该是连续的，这才是最自然、最优美的。

不过，科学理论可不是随便拍拍脑袋就能想出来的。就在薛定谔为了得到真正的电子模型冥思苦想时，他想到了光子的波粒二象性。我们在上一章讲过，光既是粒子也是波，究竟是波还是粒子，关键要看我们用怎样的测量方式去测量。薛定谔想，既然光子有波粒二象性的特征，那电子会不会也有可能是波粒二象性的呢？如果把电子看成是一种波，那么很多现象就不需要人为地引入量子化的规定了。比如，当我们观察水中的涟漪时，会发现这些涟漪自然而然地呈现出一个个不连续的环形结构，每一个环其实都是一个水波的波峰，波峰和波谷随着时间的变化而变化。

在上面这个假设的基础上，结合德布罗意的物质的波动理论，薛定谔提出了一个方程式，它被称为“薛定谔的波动方程”（这个方程的内容有点复杂，这里就不详细展开了）。利用这个方程，完全不需要人为的量子化规定，自然而然就可以计算出光谱线。薛定谔凭借着这个波动方程一战成名，一时间，在科学界无人不知，无人不晓。至于他后来放出来的那只大名鼎鼎的猫，我们在下一册的结尾再详细展开。

薛定谔认为在观察水中的涟漪时，我们会发现这些涟漪自然而然地呈现出一个个不连续的环形结构

玻尔不买账

虽然薛定谔靠波动方程一战成名，可是，对于当时的很多物理学家来说，“电子是一个波”这个观念是完全难以接受的。为什么呢？既然大家都能接受光子的波粒二象性，怎么就不能接受电子的波粒二象性呢？关键的问题还是在于实验。要知道，物理学是一门基于实验的学科，没有实验的支持，一切理论就是空中楼阁，很难让人信以为真的。

物理学是一门基于实验的学科

以当时科学家们的实验条件，根本没有办法把光切割成一个个光子，不论在什么条件下，光看上去都是连续不断的，这才让物理学家们相信光是由粒子聚合成的波。科学家们觉得，这种粒子虽有粒子的特性，但实际上是不可能分离出来的。但电子就不同了。当时的物理学家们能在实验室中非常明确地发射出一颗颗电子，让它们在荧光屏上留下一个个亮点。看上去，电子就像是一颗颗小球，是非常明确的一个个粒子，不论怎么看，都不像是波。

对于薛定谔的波动方程，第一个不买账的人当然就是玻尔。他于 1926 年把薛定谔请到了自己的地盘——丹麦的首都哥本哈根。玻尔没完没了地和薛定谔讨论问题。当时他们争论的焦点是：薛定谔的数学公式的物理意义到底是什么呢？假如一切都是波，那什么又是粒子呢？难道粒子反而是假想出来的东西吗？最后，薛定谔只有招架之功，甚至大病了一场，只好回了家。

玻尔没完没了地和薛定谔讨论问题，薛定谔渐渐只有招架之功

科学排斥求同存异

好了，回顾一下本章的故事，你会发现：

科学是排斥求同存异的，这是科学与文学、艺术、哲学的一个最大不同。

面对同样的现象，不同的理论必须要经过激烈的竞争，最后胜出的只有其中一个理论或者是一个将这些理论合并后的理论。所以，在科学史上，你会经常看到科学家与科学家进行辩论、打赌。

玻尔虽然在辩论中赢了薛定谔，但是自己的麻烦并没有被真正解决，因为他并不能真正地以理服人。万幸的是，一位比玻尔小 6 岁的德国青年正在茁壮成长。此时的他正在如饥似渴地学习着普朗克、爱因斯坦、玻尔、薛定谔等前辈们的理论，并即将以一种怪异的方式完成对玻尔的量子论的救赎。那么，他是谁呢？我们下一章揭晓答案。

著名科学家霍金一生中曾经与人打过好几次赌。我想请你自己上网查一查都是哪些赌以及结局是怎样的。

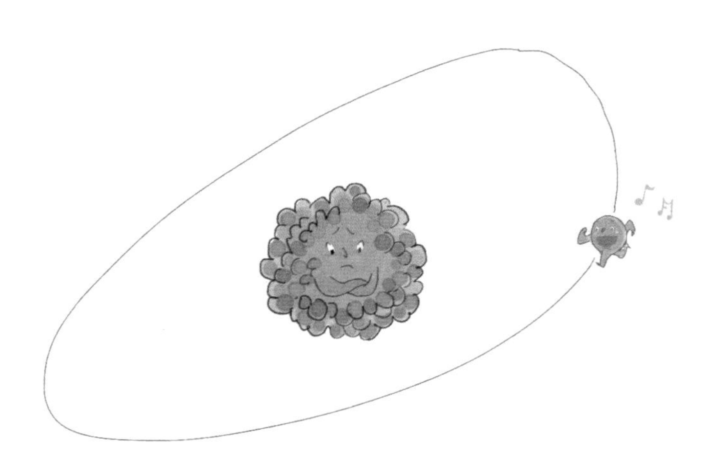

第4章
量子力学
第一原理

海森堡和矩阵力学

1924 年，玻尔在自己所主持的哥本哈根研究所迎来了一位风华正茂的年轻小伙子，他就是后来名震天下、一生充满争议的德国科学家、1932 年诺贝尔物理学奖得主海森堡（公元 1901—1976）。

在此后 3 年多的时间中，玻尔与海森堡之间亦师亦友，结下了深厚的友情。

玻尔与海森堡

海森堡从小就非常聪明，19 岁时考入德国著名的慕尼黑大学，他当时的老师就是上一章提到的为玻尔模型打补丁的那位德国物理学家索末菲。后来，他去了德国另一所著名的大学——哥廷根大学，投在了著名物理学家玻恩（公元 1882—1970）的门下学习。他的这两位老师在科学史上都是大名鼎鼎。

俗话说，名师出高徒。这句话放在海森堡身上可以说是恰如其分。更可贵的是，他有深刻的物理学洞见，敢于对权威发起挑战。

当时，玻尔假定原子中的电子是在绕着圆形轨道运行，而索末菲则假定

海森堡对玻尔和索末菲关于电子的运行轨道的说法产生了怀疑

原子中的电子是在绕着椭圆形轨道运行。海森堡并没有因为玻尔和索末菲的名气而对他们的想法全盘接受，而是产生了一个疑问：之前的科学家们只是在实验中观测到了电子在不同的能级之间跳来跳去，但是能级就一定等于轨道吗？

海森堡设想了一个不需要用到运行轨道的模型，这是他自己发明的一套数学模型。虽然这个模型在别人看来很奇怪，但可以用来描述电子的运行规律，因为它能够精确地计算出原子的光谱，而且计算结果一点都不比玻尔的计算结果逊色。这个模型的内容有点复杂，这里就不详细展开了，你只要记住它的作用和名字就行了。它有一个很酷的名字——矩阵力学。

矩阵力学是海森堡最为出名的成就之一，和薛定谔的波动方程共同结束了玻尔开创的旧量子论时代，量子力学自此进入新量子论时代。

测不准原理

在20世纪初，几乎所有的物理学家都在讨论着微观世界中各种奇奇怪怪的现象，这些现象与我们在日常生活中所见到的现象的差别实在太大。比如，上一节提到的海森堡的老师玻恩就提出了一个有趣的想法。他说，薛定谔的波动方程表明，电子的位置是随机出现的，我们可以测量出这一秒电子在哪里，可是我们永远无法精确预测下一秒电子会在哪里，所以我们只能知道电子出现在某处的概率，根本就没办法精确预测。

在发明了矩阵力学后，海森堡也碰到了类似的问题。当时，他尝试用矩阵力学来计算电子的运行轨迹，但是失败了。从丹麦回到德国后，海森堡有了一个极为深刻的想法。这个想法可不得了，一下子就把牛顿等老前辈们几百年来辛辛苦苦建立起来的经典信念给摧毁了。

这是怎么回事呢？原来，海森堡发现人类无论用什么样的方法，都不可能消除测量的误差。当时的科学家们总认为，只要我们的测量工具足够好，就能把目标对象测量得十分精确。比如，有一列火车从A点运动到B点，如果我们想要知道这列火车的运动速度，只需要测量A点和B点之间的距离并知道火车跑完全程的时间，两者相除就可以了。如果想要知道这列火车在某个时刻位于A点和B点之间的哪个位置，我们只要用火车的运行速度乘上时

即使是玻恩这样的大物理学家，也无法精确预测电子会出现在哪里

长就可以推算出来。当时的科学家乐观地认为，虽然当时的测量工具还不够好，总会产生一些误差，但不代表未来人类的测量工具也一定有误差，只要人们能制造出足够精确的测距仪器和计时仪器，火车的运动速度和位置都是能够被精确测量和计算出来的。

上面的这种观念在海森堡之前没有人反对，大家都觉得这是天经地义的，毕竟未来充满了无限可能。但是，海森堡无情地告诉人们，如果那列火车是一个电子的话，那么我们永远也不可能同时把电子的运动速度和准确位置给测量出来。因为不管我们有多么精确的测量工具，都会顾得了这头而顾不了那头：测准了速度就别想测准位置或者测准了位置就别想再测准速度了。

这是什么道理呢？因为我们的测量行为本身一定会干扰电子的运动。换句话说，在微观世界中，如果我们想要测量一个电子，但又不想打搅它，是根本无法做到的。为什么呢？因为我们的任何测量行为本质上都是观察从物体上反射回来的光。比如我们用眼睛看任何物体，真正看到的实际上是物体反射回来的光而已，就是说，所有物体一定要被光照到才能被我们观察和测量。当然，这里的光不仅仅是可见光，也包括像 X 射线这样的不可见光。

于是，海森堡提出了一个极为深刻的想法：既然光是由一颗颗光子组成的，那么这些光子就像一颗颗子弹，用它们去照射电子，就好像用一颗子弹去攻击另一颗子弹，在被光子击中的一刹那，电子的运动状态就被改变了。

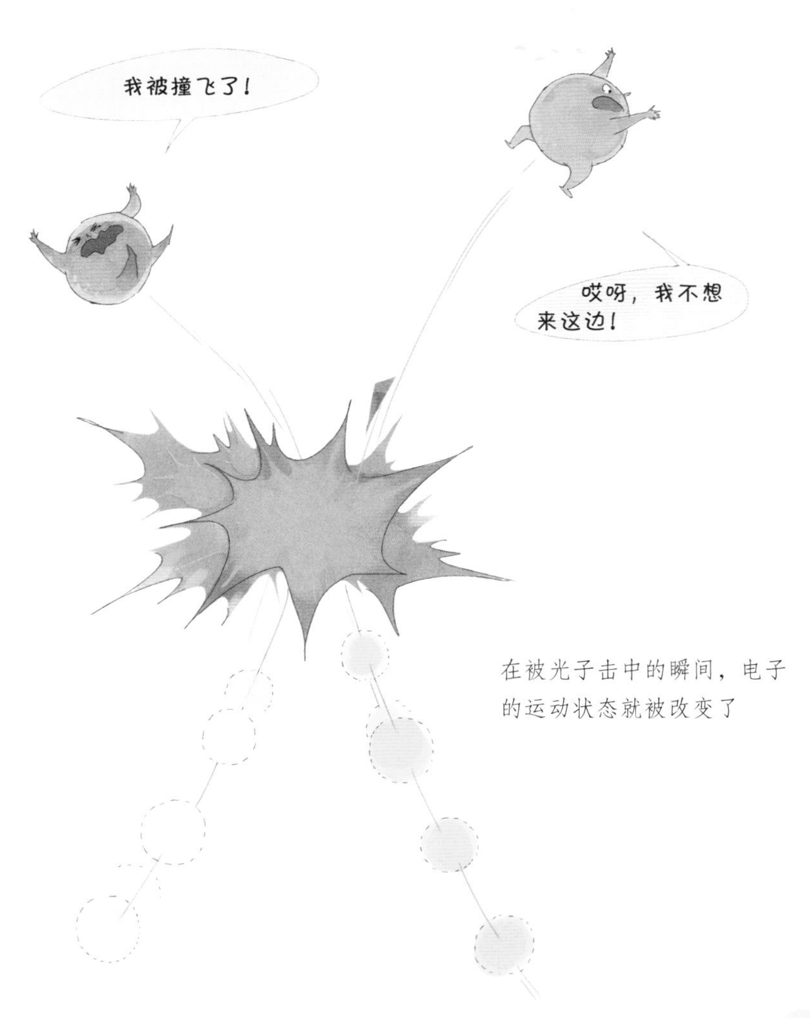

在被光子击中的瞬间，电子的运动状态就被改变了

上面这段话的意思是说，如果我们想要测量一个电子的速度，必然要测量这个电子在运动路线上的两个点的位置，而只要你测量了任何一个点的位置，电子的运动状态就被破坏了，电子到达另一个点的时间也就与之前不同了。所以，想要同时测准电子的位置和速度，从理论上来说，是没有任何可能性的。

我们永远也不可能同时准确地把电子的运动速度和位置测量出来

海森堡把他的这个深刻的想法称为“测不准原理”，并在1927年发表了一篇阐述这个原理的论文。论文一经发表，就在学术界引起了很大反响，因为海森堡的发现摧毁了之前的科学家们的那个信念——连测都测不准，就更谈不上什么计算了。

宏观世界中的测不准现象

其实，在宏观世界里也一样会发生测不准的现象。比如，我们能不能只拍一张照片，就同时测量出一颗炮弹的位置和速度呢？

假设现在我们得到了一张清晰的炮弹照片，借此我们可以明确地知道炮弹的位置。那么，我们能不能靠这张照片测量炮弹的速度呢？答案是不能。我们如果要测量炮弹的速度，就得把相机的快门放慢。这时，拍出来的照片糊成了一条线，我们根据线的长度和时间，就能估算出炮弹的速度。但是，这样一来，想测量炮弹的位置可就难了，因为拍出来的照片太糊了。所以，我们只拍一张照片根本无法同时测出炮弹的位置和速度。

你会发现，这个例子存在的问题，其实就是微观世界中我们无法同时测量电子的运动速度和位置这个问题的放大版。从物理学现象角度来讲，宏观世界和微观世界中的测不准现象背后的原因不同。但是，从数学原理角度来讲，它们其实有着相同的原因，都是由波的数学特性决定的。

玻尔的修正

远在丹麦的玻尔也看到了海森堡的论文，他细细一琢磨，觉得海森堡实在了不起，让他把一个困扰了他多年的问题想通了。他一拍大腿，惊叫道：“海森堡老弟，你错了！你不是错在挑战了经典观念，而是错在你的解释上。”后来，玻尔对测不准原理进行了修正，提出了一个更加大胆的想法。

玻尔提出的这个想法是：电子的速度和位置确实无法同时测准，但原因

电子根本就不是在轨道上绕着原子核转，而是以波的形式弥漫在整个轨道上

不是测量行为干扰了电子的运动，而是电子根本就不存在准确的速度和位置。现在看来，薛定谔说的是对的，但也只对了一半：电子确实像光子一样，既是粒子又是波——当你测量电子的时候，它就表现为一个粒子；而当你不测量它时，它就是波。至此，玻尔终于想通了为什么电子在轨道上绕着原子核转却不发出电磁波，那是因为电子根本就不是绕着轨道转，而是以波的形式弥漫在整个轨道上。

怎么理解玻尔的这个观点呢？我们来打个比方。假如我们把电子的轨道比喻成城市的环城高速路，那么电子不是一辆在高速路上行驶的汽车，而是无所不在但又无迹可寻。

如果你觉得这个比喻很抽象，我换一个你熟悉的比喻来讲一遍。你可以把电子想象成打地鼠游戏中那个不断冒头的地鼠，它在这条高速路上的任何一个地点都有可能突然冒头。每次我们测量电子，就像用锤子打到了冒头的地鼠。我们可以在A点和B点都打到地鼠，但是地鼠不是从A点运动到B点的，而是从A点消失后直接在B点出现的。

测量电子的过程，就像在玩打地鼠游戏

这个比喻虽然很形象，但依然不够准确，因为在这个比喻中，当我们不测量电子的时候，仍然把它想象成一颗微小的粒子。实际上，玻尔的意思是说，在我们不测量电子的时候，电子没有实体的形状，它是一种波，就好像涂在面包上的黄油。它弥漫在整条路上，有些地方厚一些，有些地方薄一些；厚的地方表示被测量到的概率大一些，薄的地方表示被测量到的概率小一些。黄油的厚和薄不是固定不变的，而是随着时间的演化呈现出周期性的变化，毕竟波的本质不就是一种周期性的变化吗？

如果用打地鼠游戏来比喻，真实的情况是：我们的每次测量行为，锤子并不一定刚好打到了冒头的地鼠，而是有时候什么也打不到；有时候会瞬间让弥漫在整条路上的电子波收缩为一个点，看上去就好像打到了地鼠，可实际上地鼠本身就是因为锤子而形成的。在这里，原因和结果是纠缠在一起的，你说不清到底是电子被锤子打到了还是锤子让电子波聚拢成一个点。决定锤子是否能打到地鼠的是命中概率，谁也无法确保一锤子下去必定能打到地鼠。假如命中概率是10%，就意味着，如果你的锤子击打100次，会砸中10次地鼠，但你永远也无法预测到底是哪一次能砸中。

我说了这么多，只是想让你知道，玻尔的核心思想就是，只要我们不去测量电子，它的状态就永远处在不确定中，没有确定的位置，也没有确定的速度。任何测量行为，只能让我们知其一，不可能两个都知道。所以，虽然海森堡把他的洞见叫作“测不准”，但测不准并不是测量者造成的，而是微观世界的内在特性。

上面这段话就是玻尔对测不准原理的修正，而被修正后的测不准原理就变成了量子力学第一原理——不确定性原理。后面你要看到的所有令人难以置信的现象背后都有它的身影。

量子力学第一原理——不确定性原理

测量是一切科学研究的基础

好，回顾本章的故事，我想告诉你的是：科学研究离不开测量。

没有测量就没有科学，任何不能被测量的对象都不是科学研究的对象。

海森堡和玻尔都是在努力思考怎么测量电子的位置和速度时，才有了本章中提到的伟大的科学发现（史称“哥本哈根诠释”）。不过，他们的发现激怒了玻尔的好朋友、科学巨星爱因斯坦。在爱因斯坦的观念中，一切都是确定的：我们只要知道了一个粒子的位置和速度，就能够计算出这个粒子在下一个时刻会出现在何处。现在海森堡和玻尔居然说这两者不可兼得，测准了一个，另一个必定是测不准的。那么，我们根本就没办法判定这个粒子的未来状态。而且按照玻尔的说法，电子根本就不是在绕着原子核转圈，而我们不知道电子运动的路径，只能知道电子在某处出现的概率。甚至当我们不测量的时候，电子就是无处不在的波，只有在我们测量的那一刻，它才表现得像粒子。

说实话，当爱因斯坦第一次听到这些说法的时候，内心是崩溃的。在他看来，这岂止是离经叛道，简直就是大逆不道，因为它们彻底违背了当时大多数科学家对自然规律的基本信念。所以，爱因斯坦怒斥道：“玻尔老弟，上帝①不是扔骰子的赌徒！”玻尔则怼了回去：“爱因斯坦先生，你别指挥上帝干什么，好吗？”

玻尔与爱因斯坦针锋相对

这次争论引发了1927年第五次索尔维会议期间爱因斯坦与玻尔的交锋。这是怎么回事呢？

我们都知道，任何物理理论都需要实验或者观测的证据。没有证据，一切都是空谈。那么不确定性原理到底有没有实验依据呢？科学家们发现确实有一个古老的实验能证明，只是做这个实验的人万万没有想到它会在100多年后的

物理学界掀起轩然大波，搅得整个物理学界在此后的将近 100 年都不得安宁，吵架吵到了 21 世纪都没有停歇。这究竟是哪个实验呢？玻尔和爱因斯坦围绕着这个实验又进行了怎样的精彩交锋呢？我们下一章揭晓答案。

思考题
在我们的日常生活中，有没有什么经常能听到却无法被测量的东西呢？

第 5 章

爱因斯坦与玻尔的两次交锋

再次登场的双缝干涉实验

在第 2 章，我们已经知道，光具有波粒二象性，也就是说，光既是粒子也是波。但是，还是有一些物理学家觉得“光既是粒子又是波”这件事情十分荒谬，他们的感觉与你听到“阿黄既是猫又是狗”时的感觉是一样的。

一些物理学家觉得“光既是粒子又是波”很荒谬

在很多物理学家的眼里，波就是波，粒子就是粒子，两者截然不同。比如说水波中水分子的上下振动使水面上出现波纹，我们在水面上看到的涟漪只不过是一种视觉现象，看上去好像有东西在向前传递，但其实水波并没有传递什么真实的物体，传递的仅仅是无形的能量；再比如声波只不过是空气分子振动后形成的，除了原地振动的空气分子和传递的能量，再也没有其他东西了。水波和声波都不可能是一个个实实在在飞来飞去的小球。但是光电效应实验让物理学家们不得不接受光有粒子的特性。

不过，有一些物理学家对“光既是粒子又是波”这件事左思右想，总觉得哪里不对劲，但似乎又很难明确说出到底哪里不对劲。

就在这时，突然有人想到了很多年前的一个实验。

你们还记得第 1 章的那个双缝干涉实验吗？ 1801 年，托马斯·杨做了这个著名的双缝干涉实验。万万没有想到，100 多年后，这个实验在物理学江湖掀起了轩然大波，由它引发的激烈辩论一直持续到今天。著名物理学家费曼（公元 1918—1988）认为，双缝干涉实验中包含了量子力学的所有秘密。这到底是怎么回事呢？

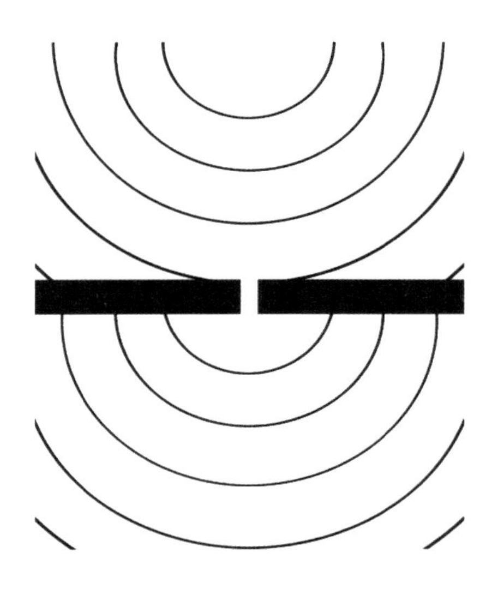

波的“衍射”现象

首先，让我们来了解一下波的“衍射”和“干涉”现象。

当水波通过小孔后，会形成新的水波，就好像那个小孔变成了一个新的波源一样。这种现象就是波的“衍射”现象，所有的波都存在这种现象。

波还有另外一种现象，叫作“干涉”。这是两个波相遇时会发生的现象：波峰与波峰相遇的那个瞬间，波峰会变得更高；波峰与波谷相遇的瞬间，就会互相抵消。

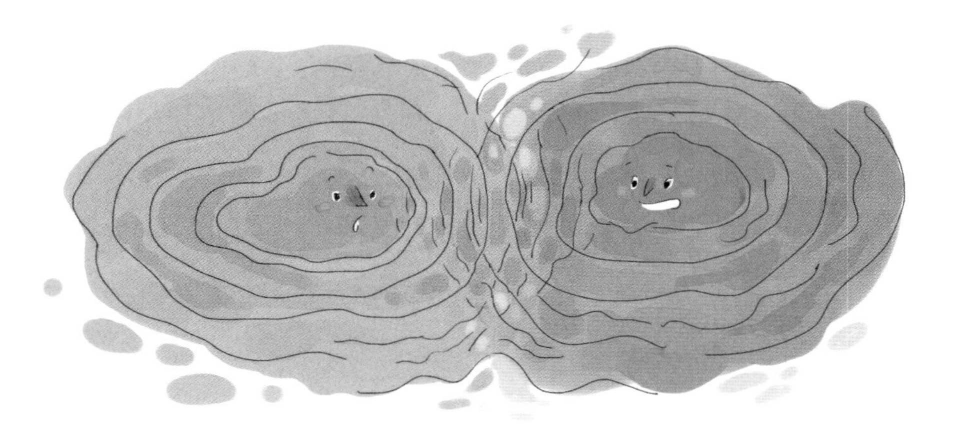

波的“干涉”现象

如果光子是小球

理解了波的“衍射”和“干涉”现象后，我们再来重新看看双缝干涉实验。当我们把光看成波的时候，这个实验毫不奇怪，因为这是所有波都会有的一种自我干涉现象。但是，如果我们把光看成是由一颗颗的粒子组成的，那么，问题就来了：在双缝干涉实验中，单个光子到底是通过了左缝还是右缝呢？

这个问题可不得了，很快让所有的物理学家陷入了苦苦的思索中，从此物理学陷入了迷惘、混乱、猜疑甚至神秘之中，这种情况一直持续到今天。

这个看上去普普通通、简简单单的问题为什么会引发上面说的这种情况呢？让我一步步为你详细解说。

我们先从单缝实验开始讲起。假如我们只在挡板上开一条缝，让一束光通过这条缝后照在后面的屏幕上，会形成一片光亮区域，离狭缝越近的区域越亮，离狭缝越远的区域越暗。光子根据概率，分布在屏幕上，离中心越近的光子分布得越密集。这就是光的“衍射”现象，这个现象不难理解。

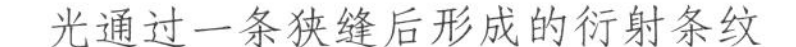

光通过一条狭缝后形成的衍射条纹

现在，我需要你发挥想象力，把一束光看成是由无数个小球组成的，那么，这些小球通过一条狭缝后，就排列成了下面这样：

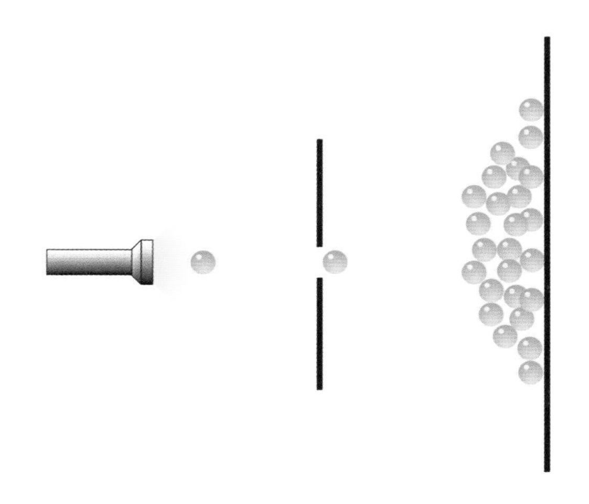

小球们通过一条狭缝后的排列情况

这些小球呈现的分布规律就是中间多，两边少。这似乎还在我们的常识范围内，还不至于让我们觉得有什么奇怪的。

但是，一旦我们在那条狭缝的边上再开一条狭缝，情况马上会变得很神奇。这时，我们会看到光子就像一支训练有素的军队，排成了整整齐齐的队形。

打开双缝后，光子就像一支训练有素的军队，队形立刻变整齐了

如果还是把光子想象成一个个小球，那么这些小球通过两条狭缝后，就排列成了下面这样：

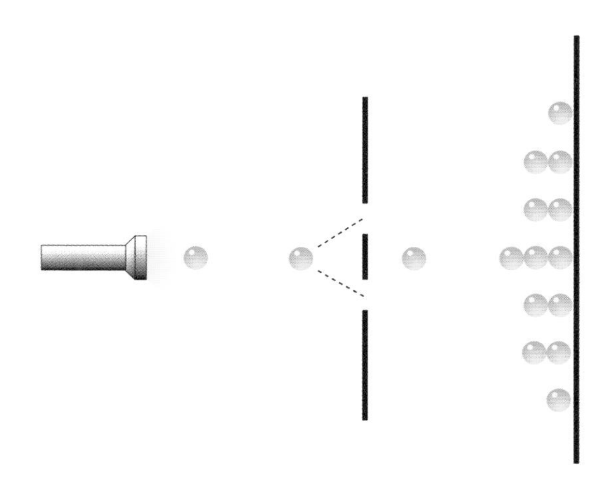

小球们通过两条狭缝后的排列情况

在上面这张图上，小球多的区域，就表示落在上面的光子比较多，这些区域看上去就会比较亮；小球少或者没有小球的区域，就表示落在上面的光子比较少或者没有光子落到，这些区域看上去就会比较暗。你有没有觉得这很神奇呢？

爱因斯坦与玻尔的第一次交锋

读了上一节的内容，你是不是想问：单个光子是怎么知道前面是一条缝还是两条缝的呢？要知道，相对于光子的尺寸来说，双缝之间的距离就好像从地球遥望月球一样远。把这个问题问得更简洁一点，就是：单个光子到底是通过了左缝还是右缝呢？

正是这个问题，在当时的物理学界掀起了轩然大波，无数物理学家被这个问题折磨得死去活来，怎么也想不明白。这时候，我们的老朋友玻尔站出来了。

玻尔向大家解释道："我认为，这个问题本身不成立，因为光子既不是通过左缝，也不是通过右缝，而是同时通过了左缝和右缝！"

注意，玻尔在这里不是说光子会分身术，能让两个分身分别通过左缝和右缝。他的意思很明确，指的就是同一个光子同时通过了左缝和右缝。

请相信我，现在不只你对玻尔的说法感到莫名其妙，我也感到无法理解。如果玻尔说他自己同时通过了法国巴黎的凯旋门和埃菲尔铁塔，我一定会认为他脑子坏掉了。

很快，全世界的许多物理学家都对玻尔群起而攻，爱因斯坦更是连连摇头、叹息，说玻尔丢掉了最基本的理性思想。

爱因斯坦完全不认同玻尔的解释

难道没有办法用实验来检测光子的运动路径吗？非常困难。光子可不是一个足球，天下还没有那么强大的摄影机能把光子的运动路径记录下来，我们也不可能在光子身上绑一个微型跟踪器，然后全天候跟踪。

再说得深一点，你想想我们为什么能观测到一样东西，或者照相机、摄像机为什么能把物体的影像拍下来？一个苹果只有发射或者反射出无数光子并让这些光子在我们的视网膜或者底片上成像后，它才会被我们观测到或被照相机、摄像机拍到。

我们能够观测到苹果的原理

如果我们要观测的对象是光子，那麻烦可就大了。这个光子如果射到了我们的眼睛里，那么它就自然不会跑到左缝或者右缝那里去，而是跑到我们的眼睛里。那有没有可能让光子反射别的光子？很抱歉，也不能，因为它没有能力反射别的光子而自己的运动路径又不改变。这就好比你用一颗子弹去打另一颗大小一样的子弹，是不可能让前面的那颗子弹不动而让后面的这颗被反弹回来的。总之，我们没有办法去“测量”光子到底是通过左缝还是右缝。

玻尔的暂时性胜利

就在科学家们争论不休之时，传来了一个好消息：物理学家发现一束电子流跟光一样，也具备波粒二象性。这下好了，记录和测量电子要比测量光子容易得多，因为电子不但有质量，而且带电，也比光子大得多。因此，我们可以在双缝中各安装一个仪器，测量电子有没有通过这道狭缝。

很多物理学家不辞辛劳地改良实验设备，一次次地提高其精度，并没日没夜地在实验室里挥汗如雨。他们这么做，只是为了证明电子能确定无疑地通过某条缝隙，从而证明玻尔的解释有多荒谬。

然而，实验结果让物理学家们大跌眼镜：一旦在狭缝上装了记录仪，他们确实可以测量到电子通过了某条狭缝，但是，一旦电子被测量到了，双缝干涉条纹就会消失，而如果不去测量，双缝干涉条纹又会神奇地出现。

这实在太怪异了，物理学家们怎么也想不通电子的行为怎么和测量有关。

不过，这个结果让一个人很开心。他就是玻尔，因为这正好证明了玻尔关于电子运动路径的那个怪异想法是正确的。我在上一章说过，玻尔认为电子根本就没有一个确定的运动轨迹，而是弥漫在整条运动路径上。只有当我们去测量它的时候，它才会聚拢为一个点，否则它就是一束波。这就是玻尔在海森堡测不准原理上发展出来的量子力学第一原理——不确定性原理。可以说，整个量子力学的理论大厦都是建立在这个原理之上的，所以我要不厌其烦地反复提到。

至此，玻尔的理论在第一次交锋中获胜，取得了暂时性胜利。

物理学家们怎么也想不通电子的行为怎么和测量有关

爱因斯坦与玻尔的第二次交锋

1930 年，第 6 次索尔维会议召开。在上一次交锋中败北的爱因斯坦瞄准不确定性原理开了重炮：“不确定性原理不是说时间和能量无法同时测准吗？我设计了一个能够测准这对物理量的装置。”说完，他就在黑板上画了一个实验装置的图。

爱因斯坦设计的光子箱

如上图所示，这个实验装置是一个方形的光子箱，一侧有个小闸门，闸门由一个机械钟进行控制。只要设定好时间，闸门就能自动打开。在光子箱的内部装有有辐射的物质，会释放出光子。爱因斯坦认为这个光子箱里的时间是已知的。当光子从箱子中飞出后，箱子的质量就一定会变轻。这个箱子轻了多少，我们当然有办法测量出来。也就是说，时间和能量都可以被测准。爱因斯坦当场表示：“如果你们挑不出我这个实验装置的毛病，那测不准原理就是错的。”

爱因斯坦的这个装置当场难住了以玻尔为首的哥本哈根学派。看到哑口无言、搔头抓耳的玻尔，爱因斯坦心中暗暗得意。

第二天，思考了一夜的玻尔胸有成竹地应战了。他也上台画了一个与昨天爱因斯坦画的差不多的图。他画的也是一个方盒子，边上开个闸门，由一个机械钟控制。但是，与爱因斯坦的设计不一样的是，玻尔的这个改进版的光子箱是挂在一个弹簧下的。

玻尔改进后的光子箱

玻尔说："爱因斯坦先生，你不是说可以测量光子箱质量的变化来计算飞出去的那个光子的质量吗？现在我帮你加上一个弹簧秤当作测量工具。"

玻尔的做法非常合理而且非常符合玻尔的做事方法，因为在微观世界里，测量方式确实是至关重要的。那么，增加了弹簧秤的光子箱和之前的光子箱相比，有什么不同呢？改进版的光子箱中，钟同样控制了闸门的开合。闸门一开，光子就会飞出来，箱子也会瞬间变轻。光子箱质量的减轻立即影响到了弹簧的收缩，使得光子箱在弹簧的拉力的作用下向上运动。根据爱因斯坦的相对论，箱子在地球引力场里面移动时会使时间变慢，进而使光子箱上的那个表的读数变慢。这就导致测量的误差加大。所以，我们能够准确地测量能量，但这时我们"测不准"时间。

面对玻尔的理论，爱因斯坦当时目瞪口呆，不得不承认玻尔对量子力学的解释不存在逻辑上的缺陷。这次精彩的第二次交锋，也以玻尔的获胜而告终。

大胆假设，小心求证

好了，回顾本章的故事，你会发现：

科学家们总是在大胆假设，小心求证。科学上的很多重大发现都源于科学家们对常规思维的突破。

但是，我必须提醒你，创造性思维和妄想之间可能仅仅是一步之遥，没有逻辑和证据的大胆想法只能沦为妄想，而只会想却不会求证也不是科学精神。

爱因斯坦虽然在两次交锋中都被玻尔打败，但仍认为玻尔的解释太出格了，怎么听都不像严谨的物理学理论。为了反驳玻尔，爱因斯坦调动了全部的脑细胞，想了好多年。终于，在 1935 年，爱因斯坦向以玻尔为首的哥本哈根学派放出了一个大招。这个大招一出，震惊了全世界，使得不确定性原理遭遇了自诞生以来的最大的信任危机。围绕这个大招，爱因斯坦和玻尔展开了第三次也是最后一次交锋。这到底是怎么回事呢？我在下一册将揭晓答案。

思考题

现在，一杯凉水和一杯热水被同时放到冰箱的冷冻室中，两个杯子中的水同样多。哪一杯会先结成冰呢？请你运用大胆假设、小心求证的方式，自己找出这个问题的答案。

青少年科学基石32课

◎汪诘 著　庞坤 绘

从量子纠缠到量子计算

南方出版社·海口

图书在版编目（CIP）数据

青少年科学基石 32 课 . 4, 从量子纠缠到量子计算 / 汪诘著；庞坤绘 . —海口：南方出版社，2024. 11.

ISBN 978-7-5501-9186-0

Ⅰ . N49；O413.1-49

中国国家版本馆 CIP 数据核字第 2024XK0968 号

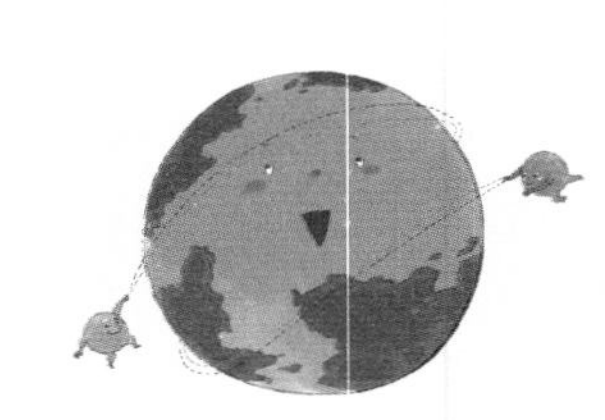

QINGSHAONIAN KEXUE JISHI 32 KE：CONG LIANGZI JIUCHAN DAO LIANGZI JISUAN

青少年科学基石 32 课：从量子纠缠到量子计算

汪诘 著　庞坤 绘

责任编辑：师建华
特约编辑：林楠
排版设计：刘洪香
出版发行：南方出版社
地　　址：海南省海口市和平大道 70 号
电　　话：（0898）66160822
经　　销：全国新华书店
印　　刷：天津丰富彩艺印刷有限公司
开　　本：710mm×1000mm　1/16
字　　数：418 千字
印　　张：34
版　　次：2024 年 11 月第 1 版　2024 年 11 月第 1 次印刷
书　　号：ISBN 978-7-5501-9186-0
定　　价：168.00 元（全六册）

目录

EPR 悖论

旋转的电子 /002

电子的角动量和自旋态 /006

电子飞向偏振器的怪异结果 /009

爱因斯坦的大招 /013

玻尔的反击 /015

科学离不开实验 /017

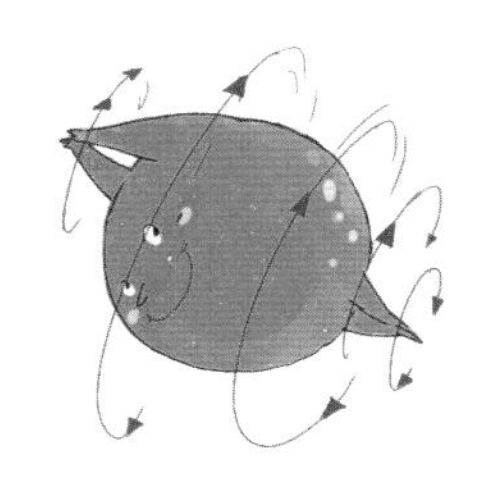

量子力学的确立

“贝尔不等式”的发现 /020

爱因斯坦与玻尔的分歧 /025

半个世纪交锋的尘埃落定 /028

量子纠缠现象被证实 /030

科学离不开数学 /033

应用广泛的量子计算

神奇的量子纠缠鞋 /036

传统计算机怎么配钥匙？ /039

量子计算机怎么配钥匙？ /042

量子计算机的解密原理 /044

量子计算不是万能的 /049

科学理论是科技发明的翅膀 /051

杜绝窃听的量子通信

量子通信解决的是什么问题？ /054

传统的通信方式为什么会被窃听？ /056

单光子通信方案 /059

量子不可克隆原理 /062

BB84 协议 /064

科学研究是对现象的还原 /066

量子力学不神秘

令人困惑的量子力学 /070

原子衰变 /072

薛定谔的猫 /074

电子是客观存在的 /077

并不神秘的量子力学 /081

第 1 章

EPR 悖论

旋转的电子

上一册的结尾我们说到，虽然在和玻尔的交锋中两次败北，爱因斯坦依然极其不喜欢不确定性原理。他为了反驳玻尔等人，冥思苦想了很多年，终于在1935年5月和另外两位科学家波多尔斯基(公元1896—1966)和纳森·罗森（公元1909—1995）一起，想出了一个能够驳倒玻尔的思想实验，这就是著名的“EPR实验”。这个实验以他们三人姓氏的首字母命名。

EPR实验在“指责”不确定性原理

如果说玻尔的假说掀起的是轩然大波，那么这个 EPR 实验在日后掀起的就是滔天巨浪了。

这到底是一个什么样的实验呢？很遗憾，如果我用爱因斯坦的原始论文来讲解的话，恐怕没有几个人能听明白。好在这个实验的原理经过这么多年的发展，已经有了一个更加通俗易懂的等价版本。那么，请集中精神，烧脑大餐现在开始上菜。

首先，我们先来复习一下上一册第 3 章提到的玻尔模型。这个模型在被索末菲等科学家加上“补丁”后，已经可以让我能用一个非常通俗的比喻来帮助你理解。现在，你可以把原子想象成一座有很多层的大楼，电子就像在不同楼层间跳跃的小朋友。当电子从一个楼层跳到另一个楼层时，可以从低跳到高，这时这个电子会吸收能量；它也可以从高跳到低，这时这个电子会释放能量。这就是电子跃迁。

科学家们把每一层楼的走廊称作“电子轨道”。虽然它叫轨道，但真实的电子并不像陀螺一样绕着一个轴旋转。电子像一团云雾，而云雾的浓度就是电子出现在某个位置的概率，云雾越浓，表示概率越大。电子轨道的数量会影响云雾的形状：只有一条电子轨道时，电子云雾是一个球形；有两条电子轨道时，电子云雾就像两个粘在一起的水滴或者一个哑铃；有三条电子轨道时，电子云雾就像一个四瓣的花朵。也就是说，电子轨道的条数越多，电子云雾的形状越复杂。

复习了这么多上一册的知识后，我们现在开始切入正题。只要电子们像上面这个例子中说的跳动起来，就会发出特定颜色的光，这些光就是我在上一册第 3 章中提及的光谱。

1896 年，荷兰物理学家彼得·塞曼（公元 1865—1943）把产生光谱的光源塞进了强磁场，结果发现一条原子光谱线居然分裂成了三条线。当时，塞曼对此感到很困惑：磁场和光谱线怎么会掺和到一起去呢？

真实的电子并不像陀螺一样绕着一个轴旋转

后来，科学家们才明白原来每个电子携带的磁性是不一样的。在强磁场下，这些电子的表现略有差异。当电子发生跃迁时，有的电子释放的能量高一点，有的低一点，有的不高不低。能量总要体现在光波的频率上，于是有的光波的频率高一点，有的低一点，有的不变。于是，光谱线就分裂成了 3 条，这就是“塞曼效应”。通过这种方式，科学家们观察了太阳的光谱线，发现在太阳黑子附近，光谱线分裂了，这就说明太阳黑子拥有很强的磁场。后来，塞曼的老师洛伦兹（公元 1853—1928）对塞曼的理论给出了科学上的解释，使其受到人们的重视。1902 年，两个人因为在研究磁场对光的效应（即“塞曼效应”）方面所作的特殊贡献，一起获得了诺贝尔物理学奖。

但是，人们很快又观察到理论与实验存在不一致的地方。在强磁场下，碱金属发出的光谱线未必就一定分成3条谱线，这种现象被叫作“反常塞曼效应”。科学研究不允许这种理论与实验结果不符的情况存在，一旦存在这种情况，必须修正理论。

但是，电子的所有运动方式已经全部被囊括到原子模型当中了，到底是什么因素没被考虑进去呢？为了解释“反常塞曼效应”，荷兰的两位年轻科学家高斯密特（公元1902—1978）和乌伦贝克（公元1900—1974）在1925年提出了一个堪称大胆的设想，那就是电子本身在自转。如果带电粒子存在自转，就必然会产生磁性。把这一点考虑进去，就可以解释为什么有的光谱分裂后不是3条线了。

但是，上面的这个设想存在一个漏洞，就是两位青年科学家并没有仔细思考一个粒子为什么会自转。从某种意义上讲，这个设想算是一个强行的人为设定，也可以算是一个补丁。这通常不是科学家们喜欢的东西。但是没办法，这个打了补丁的模型确实可以完美地解释“反常塞曼效应”，这恰恰又是科学家们喜欢的。

德高望重的洛伦兹老爷子在看到这篇论文后认真进行了计算，结论是：如果电子真的在自转，那么其表面速度就会超过光速。这明显与当时已经被广泛接受的相对论相违背。这两个科学家听到洛伦兹的结论后心都凉了，因为他们的论文已经寄出去发表了，而且没办法追回，这回恐怕要在同行面前丢脸了。

让两位年轻科学家没想到的是，他们的论文竟然获得了大量同行（比如上一册已经出场的玻尔、海森堡还有爱因斯坦等）的支持，他们认为电子的自转不违反相对论。后来，这个特性就被称为自旋。

电子的角动量和自旋态

很快，科学家们就发现，电子的自旋特征并不仅仅是一个补丁，而且是能够在实验中观察到的现象。在一次分子束磁共振实验中，科学家们直接测量出了原子在磁场中的角动量，这就等于证实了电子自旋的真实存在。

“角动量”这个概念是一个很抽象的物理概念，要把它的准确定义给你讲清楚的话，需要用到比较复杂的数学知识。我们现在只要能理解这个概念的核心内容就可以了。

让我们从生活中一些常见的现象开始说起。不知道你有没有看过花样滑冰比赛？我们经常会看到运动员做出原地旋转的动作，而且他们会越转越快。如果你细心观察，就会发现，如果运动员想要转得快，他们都会做一个同样的动作，那就是把自己的手臂从伸展的状态慢慢收拢。双臂收拢得越紧，他们转得就越快。这其中的科学原理叫作“角动量守恒”。通俗地来理解，角动量就是转动扫过的圆的面积和转速的乘积。这是一个固定的值，如果圆的面积变小，速度就必然增大。

花样滑冰运动员收拢双臂就可以转得更快，其隐含的科学原理就是角动量守恒

实验发现，电子也有角动量。因为角动量跟旋转有关，所以物理学家们就认为电子具有“自旋”的特性。那它到底怎么转？说实话，科学家们也不知道，因为他们找不到什么办法能够看清真实的电子，只是通过实验发现了电子具有角动量，然后取名为“自旋”，仅此而已。如果你在各种科普类的视频节目中看见有人把电子描绘成一个绕着自转轴旋转的小球，你一定要知道，那只是为了描述上的方便。他把电子类比成一个小球，把自旋描绘成我们大多数人能理解的那种旋转形式，并不代表真实的电子是一个小球，更不代表电子真实的自旋是绕着自转轴旋转。

为什么科学家们认定电子的自旋并不像一个小球那样旋转呢？这是有实验基础的。科学家们发现，电子的自旋有一种特别奇怪的特性。物理学家们把这种奇怪的特性称为只有两个自由度。

物理学中的“自由度”这个概念也比较抽象。为了方便你理解，我们还是用滑冰来打比方。假如把一个电子比喻成一个旋转的女性滑冰运动员，那么，不论我们在哪个方向测量，她不是头对着我们转，就是脚对着我们转，不可能有其他情况。

电子的自旋只有两个自由度

如果我们从电子的上方测量电子，我们会得到两种测量结果：电子要么是 A 自旋态，要么是 B 自旋态。但是，如果我们从侧面去测量电子，电子就不再是 A 自旋态或者 B 自旋态了，而是变成 C 自旋态或 D 自旋态。当然，我这里所说的 A、B、C、D 仅仅是代号，你不必去深究它们到底是什么样的状态。

你是不是觉得好像电子会根据我们的测量行为而改变一样：我们用 X 方法测量，得到的就是 X 对应的状态；用 Y 方法测量，得到的就是 Y 对应的状态。

这是不是很奇怪呢？但是，还有更加奇怪的事情正在前面等着科学家们。

电子飞向偏振器的怪异结果

为了便于我后面的讲解，我们现在不妨给电子的各种自旋态起一个比较容易记住的名字。因为在日常生活中，我们习惯了用上、下、左、右、前、后来描述空间的 6 个方向，所以我就把电子的自旋态分别称作“上自旋”“下自旋”“左自旋”“右自旋”“前自旋”“后自旋”。因为电子的自旋态在同一种测量方式上，只可能对应两个自由度，所以，上下、左右、前后总是结对的。

物理学家发明了一种装置，称之为偏振器，它可以对电子进行筛选，比如只允许上自旋或者左自旋的电子通过。在我国著名量子通信专家潘建伟教授的实验室里，有一些令人头晕目眩的复杂设备，它们基本上都是各种各样的偏振器。

为了方便讲解，我把偏振器抽象成下面这个样子：

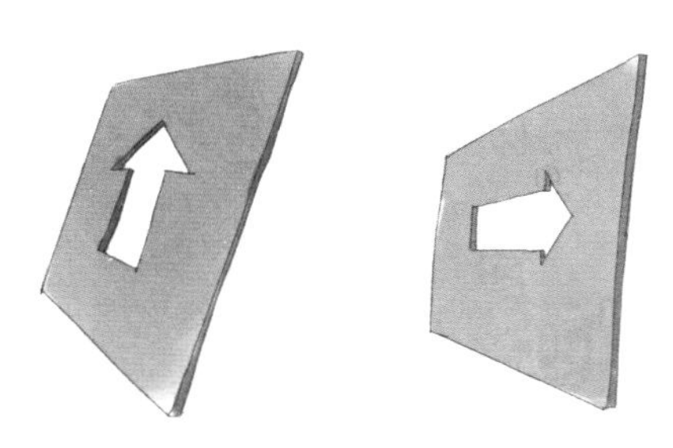

只允许上自旋或者右自旋的电子通过的偏振器示意图

箭头向上的偏振器，表示只允许向上自旋的电子通过；箭头向右的偏振器，表示只允许向右自旋的电子通过。这很好理解。但是，当科学家们利用偏振器对电子做实验时，出现了一个令人无比诧异的结果。

下面，我来分步骤讲解一下这个实验：

首先，我们让一个电子飞向下面这个偏振器，如果这个电子像下图这样能通过，说明它是上自旋的。

电子通过上自旋偏振器

然后，我们在这个偏振器后面再放一个同样的偏振器。接着，电子顺利通过了偏振器。而且，不论我们在后面放多少个同样的偏振器，电子都是能飞过去的。这完全符合人们的预期。

接下来，如果我们把后面的这个偏振器（我们把它命名为 2 号）换成一个向右的偏振器，让这个上自旋的电子继续朝 2 号偏振器飞，你觉得会出现什么情况呢？

如下页图所示，实验结果也非常符合你的预期：电子有 50% 的概率能通过 2 号偏振器。因为上自旋的电子有一半是左自旋的，有一半是右自旋的。就是说，做 100 次实验，大约飞过去 50 个。

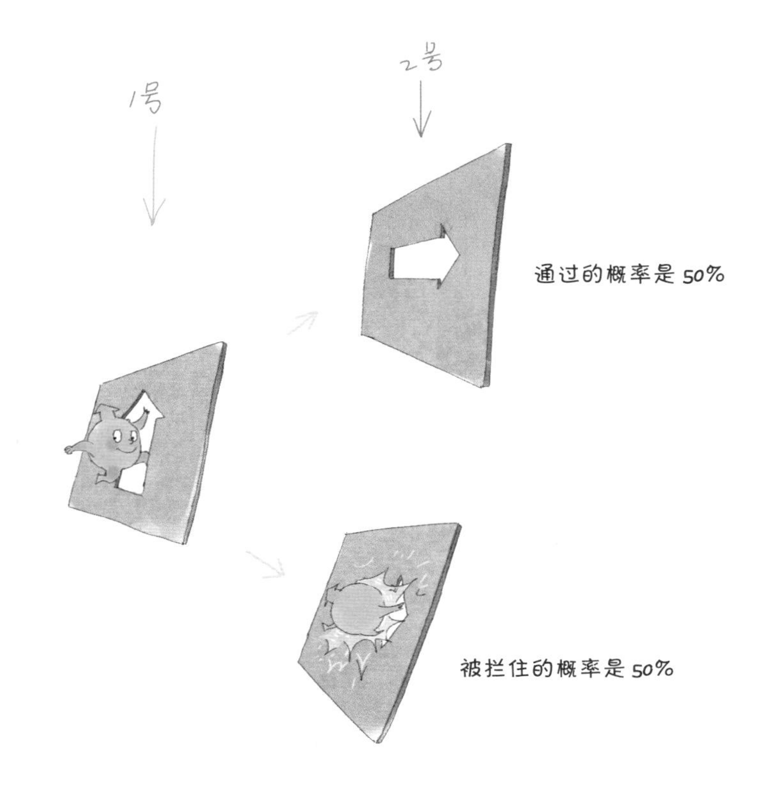

电子通过 2 号偏振器的概率是50%

下面，我们就要进行令人感到无比怪异的步骤了。现在，我们在 2 号偏振器后面再放一个向上的 3 号偏振器。

现在，大家觉得这个电子能不能通过 3 号偏振器呢？我们已经做过一次实验，发现如果没有 2 号偏振器，电子是 100% 能通过和 1 号偏振器一模一样的偏振器的。那么，按理来说，这个电子应该 100% 通过 3 号偏振器，对吧？

然而，让物理学家们大跌眼镜的是，实验的结果是尽管 3 号和 1 号都是上偏振器，这个电子仍然只有 50% 的概率通过 3 号偏振器，如下页图所示：

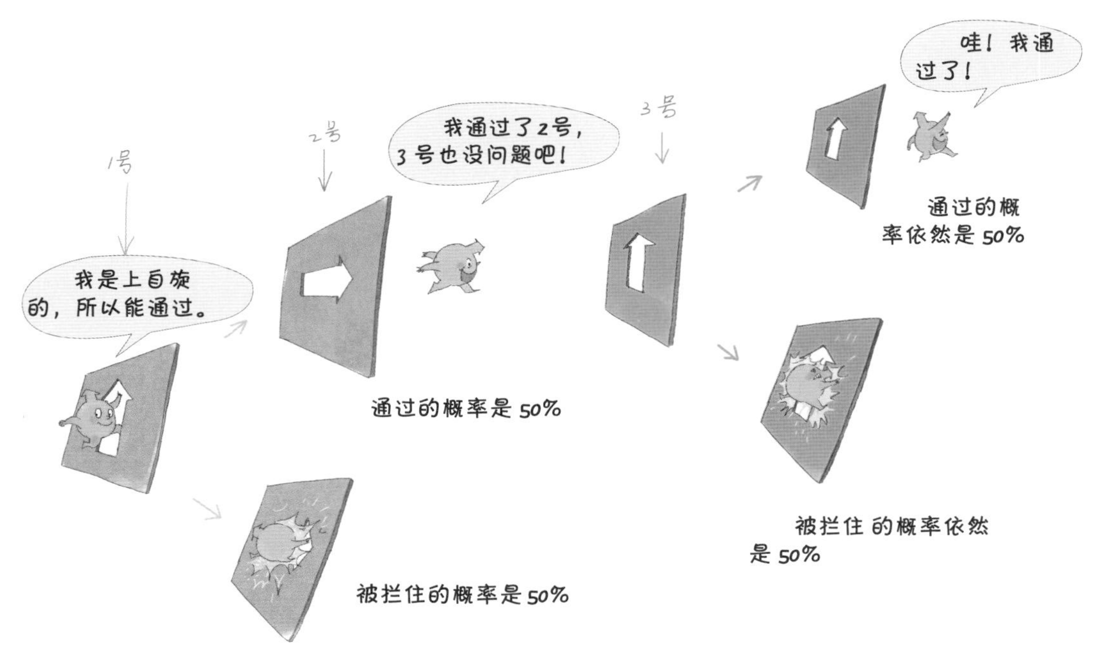

电子分别通过1—3号偏振器的概率

现在，我们想想，上图意味着什么？这意味着不可能在两个不同的方向同时测准电子的自旋态！

看到这样的实验结果，以玻尔为首的哥本哈根学派开心坏了。他们认为这就是电子不确定性原理的最佳证据：电子本身不存在确定的自旋态。在测量之前，电子处在所有自旋态的叠加状态。你想去追问到底是哪个态？这个问题没有意义！

但是，以爱因斯坦为首的另一派提出了另外一种解释：我们的测量行为本身影响了电子的自旋态。也就是说，当电子通过2号偏振器时，这个偏振器已经随机改变了电子在上下方向的自旋态。我相信这个解释可能更符合我们大多数人对世界的看法。

我现在想问你，如果回到当年，你会支持爱因斯坦还是玻尔呢？

爱因斯坦的大招

好了，有了前面这些背景知识，我就可以给你讲解爱因斯坦放出的大招“EPR 悖论”了。首先，我们把一个红电子和一个蓝电子绑在一起，让它们总的角动量为零。然后，我们用某种方法把这一对绑在一起的电子炸开。你可以想象成在它们中间放点火药，然后“砰”的一下炸开，这一对电子就分开了，蓝电子朝左边飞，红电子朝右边飞。我们可以让它们分离得足够远，比如说一个飞到上海，一个飞到北京。接着，我们在北京和上海各放一个偏振器，如下图所示：

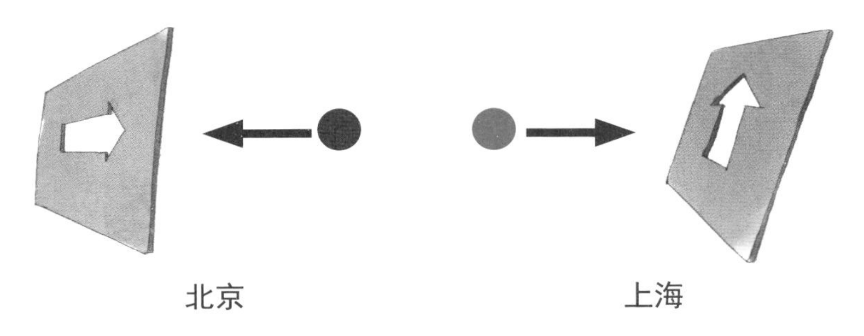

两个电子同时分别飞向两个偏振器

现在，假设两个电子都通过了偏振器，那么说明红电子是上自旋的。而根据角动量守恒定律，物体分开后的角动量之和必须和原先一样。因此，蓝电子就必然是下自旋的。而既然蓝电子通过了右偏振器，说明蓝电子是右自旋的。根据角动量守恒定律，红电子必然是左自旋的。

在爱因斯坦看来，现在我们不就能确定红、蓝电子在两个方向上的自旋态了吗？玻尔，你不是说不可能在两个不同的方向同时测准电子的自旋态吗？可见，不是电子有什么神奇的叠加态，而是因为测量行为干扰了电子的自旋态。只要我们不去测量，它们的自旋态还是确定的！

这个大招就是 EPR 悖论。这个大招太厉害了，有点无懈可击的感觉。1935 年，整个物理学界都在关注 EPR 悖论，想看看玻尔等哥本哈根学派的代表人物怎么应对爱因斯坦的大招。

玻尔一看到 EPR 悖论的论文，头都大了。

玻尔目瞪口呆

他立即放下所有的工作全力迎战，思考了 2 个月，终于写下了一篇论文进行反击。

玻尔的反击

玻尔是如何反击 EPR 悖论的呢？玻尔是这样反击的：

EPR 悖论中有一个关键性的假设是错误的，那就是测量红电子的行为不会影响蓝电子，测量蓝电子不会影响红电子。红电子和蓝电子处于一种神奇的量子纠缠态中，不论它们离得有多远，哪怕一个在宇宙的这头，一个在宇宙的那头，只要对其中一个进行测量，立即就会干扰另外一个。

你要知道，根据爱因斯坦的相对论，宇宙中任何能量和信息的传递速度都不能超过光速，所以这种瞬时的心灵感应是不可能存在的。所以爱因斯坦一听这话，被气乐了："玻尔老弟，你的意思是不是说红、蓝电子有心灵感应，一个被打了，另外一个也马上就感到了痛？这哪里像一个科学家说出的话嘛！"

玻尔说："对不起，爱因斯坦前辈，我没有说您的相对论不对，我也没有说红电子和蓝电子有心灵感应，我只是说它们俩是一个整体，它们的自旋态在没有测量前不是一个客观实在。就是说，电子的自旋态不像我们的身高和体重，不管我们测量不测量，都是客观实在。而电子的自旋态则不一样，只有在我们测量了之后，这个物理量才会突然出现。"

爱因斯坦听完玻尔的这番解释，差点被气晕过去。事实上，爱因斯坦和玻尔虽然在生活中是好朋友，但直到爱因斯坦于 1955 年去世，谁也没有说服对方。所以两个人的第三次交锋在他们有生之年没能分出胜负。

爱因斯坦和玻尔互不相让

科学离不开实验

好了，回顾本章的故事，你会发现科学离不开实验。科学家们之间的争论总是依托于具体的实验结果，这个实验可以是真实的实验，也可以是思想实验。

科学与实验

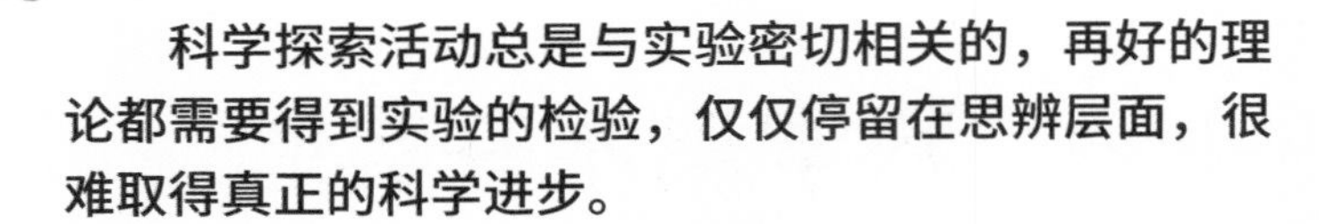

科学探索活动总是与实验密切相关的，再好的理论都需要得到实验的检验，仅仅停留在思辨层面，很难取得真正的科学进步。

所以，如果你未来想成为一名科学家，动手做实验与动脑筋思考同样重要。

电子的自旋态到底是不是一个客观实在的物理量呢？那到底什么是客观实在呢？有没有可能通过实验来判定呢？

上面这些问题似乎已经到了哲学的范畴。但是，我敢保证，如果人类只有哲学思辨，那么永远也吵不出一个结果。好在，我们还有数学和科学。在爱因斯坦和玻尔的争论中，到底谁对谁错呢？我们下一章揭晓答案。

思考题

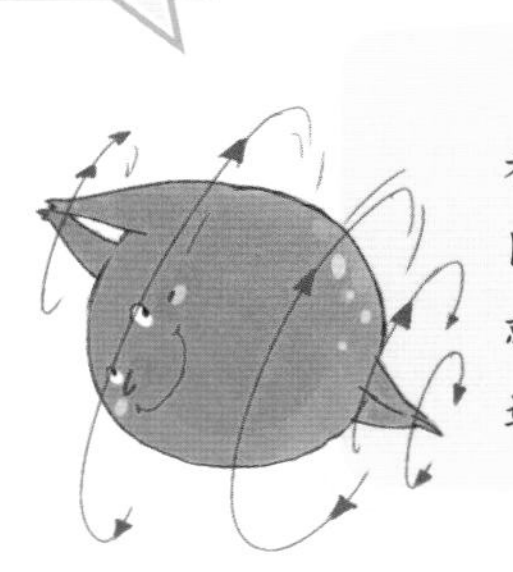

我们每个人跑步的时候，自然而然地都会在迈左脚的同时伸右手，在迈右脚的同时伸左手，你知道这是为什么吗？答案就是我们本章讲到的一个知识点。你能通过自己查找资料去搞清楚原因吗？

第 2 章

量子力学的确立

“贝尔不等式”的发现

上一章我们讲到，玻尔提出了一个把爱因斯坦差点气晕过去的观点：电子的自旋态在被测量之前根本就不是一个客观实在。也就是说，在测量之前，自旋到底是在哪个方向是绝对不可能被确定的。

为了检验电子自旋态是否具备客观实在性，很多实验物理学家绞尽脑汁，想要找到解决方案，但是苦苦寻觅了几十年，都没有找到。

1964 年，一个来自爱尔兰的数学奇才出现了，他就是约翰 · 贝尔（公元 1928—1990）。他是爱因斯坦的超级粉丝，坚定地认为爱因斯坦肯定是对的。为了替自己心中的大神击败玻尔，贝尔努力思索着到底怎么样才能证明电子的自旋态具有客观实在性。

皇天不负苦心人，后来他终于发现了一个数学上的公式，这个公式被科学界称为“贝尔不等式”，有些书盛赞它为“科学中最深刻的发现”。它的厉害之处就在于可以用数学的方法说清楚到底什么是客观实在性。

你可能会问：上一章我们就提到了客观实在性，什么是客观实在性呢？让我来举一个例子。比如，我们每个人都有性别这个属性，就是说你要么是一个男孩，要么是一个女孩。这个属性就是一个客观实在的属性。同样，每一个人还有年龄这个属性，就是说一个人要么是成年人，要么是未成年人。

除了性别和年龄，我们还可以把人们分为戴眼镜的和不戴眼镜的。没错，这也是一个客观实在的属性。

性别、年龄、是否戴眼镜等属性是客观实在的

贝尔总结出了这样一个规律：只要是类似我们刚才所说的性别、年龄、是否戴眼镜等客观实在的属性，那么，就必然可以得到一个不等式。

假设你现在在一个有人的地方（比如一个餐馆中），你先把这个餐馆中所有小男孩的数量数出来，然后把这个餐馆中所有戴眼镜的成年人的数量数出来。你会发现，这两个数字加起来的总和一定是大于或者等于这个餐馆中的所有戴眼镜的男人的数量。注意，“男人”一般是指成年人，但这里的“男人”包括所有成年的和未成年的。

如果用一个不等式来描述上面这段话，就是：

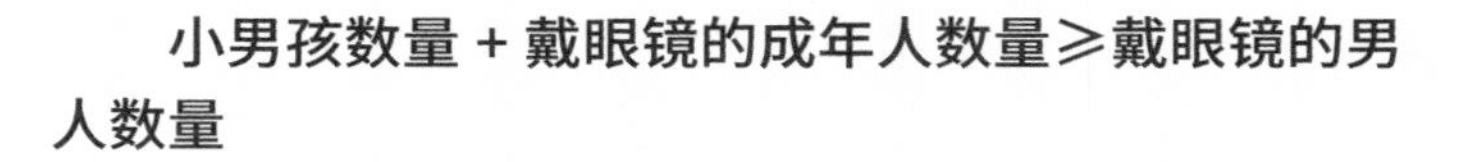

小男孩数量 + 戴眼镜的成年人数量≥戴眼镜的男人数量

在任何一个人数固定的场所都必然符合这个规律，全世界所有人也符合这个规律。你在电影院看电影的时候，不妨数一下，然后验证一下，看看贝尔总结出的这个规律是不是正确。

当然，我们只是用性别、年龄和眼镜举例子，数学公式是一种抽象概念，它可以应用在各种具备类似客观实在属性的系统中。

据说，贝尔在 1990 年获得诺贝尔物理学奖提名。遗憾的是，他在当年突然病逝，年仅 52 岁。由于诺贝尔奖在大多数情况下都只颁发给生者，所以他没能获得诺贝尔奖。尽管如此，贝尔不等式会被永久地刻在人类文明的历史中。

数一数餐厅里吃饭的人的数量，然后把小男孩和戴眼镜的成年人的数量加起来，看看是不是大于或等于戴眼镜的男人数量

因为诺贝尔奖在大多数情况下都只颁发给生者，所以诺贝尔奖的获奖者名单上没有贝尔

贝尔不等式对于物理学家们来说实在太重要了，因为它有巨大的魔力，可以使 EPR 实验从思维走向实验室。只是很遗憾的是，贝尔不等式被提出的时候，爱因斯坦和玻尔都过世了。他们过去耗费了无数个不眠之夜来研究分析但一直悬而未决的世纪大争论，很快就要有一个终极判决了。

你可能已经迫不及待地想知道贝尔不等式和 EPR 实验之间有什么关系，到底如何用贝尔不等式来判定爱因斯坦和玻尔之间谁对谁错呢？别急，请专心往下看。

爱因斯坦与玻尔的分歧

请回想一下上一章我们讲过的内容：科学家们在实验室中已经发现，每当我们用偏振器测量电子的自旋态时，我们就会发现它在某一个方向上只有两种可能。也就是说，一个电子，要么能通过上偏振器，要么能通过下偏振器。这个实验已经做过了千百次，结论是板上钉钉的，爱因斯坦和玻尔对此都没有异议。

爱因斯坦与玻尔的分歧在于爱因斯坦认为电子的自旋态就好像一个人的性别，是一个确定的、客观实在的属性。也就是说，电子的上自旋、下自旋就好像一个人不是男人就是女人，无论是哪个性别都是确定无疑的。电子的自旋态即使有可能发生改变，但在一个固定的时刻，它也总是确定无疑的。

但是，玻尔认为，电子的自旋态与人的性别大不一样，它不是一种客观实在的属性。也就是说，一个电子在被测量之前，它可以同时处在上自旋和下自旋的叠加态中，只要不去测量，我们就永远不能说清楚电子的自旋态到底是上还是下。只有在通过偏振器的那个瞬间，它的自旋态才是确定的。

现在，就要轮到贝尔不等式来充当法官了。我们现在假设爱因斯坦是对的，电子的自旋态就好像是人的性别，是一种客观实在的属性，那么，我们不妨把处于上自旋状态的电子看成男性，把处于下自旋状态的电子看成女性，把左自旋的电子看成成年人，把右自旋的电子看成儿童，把前自旋的电子看成戴眼镜的，把后自旋的电子看成不戴眼镜的。

爱因斯坦和玻尔等待贝尔不等式法官的裁决

接下来，我们就可以来数数了。我在上一章中提到爱因斯坦想出来的那个 EPR 实验可以不断地产生很多电子，然后我们来数一数有多少个小男孩电子，有多少个戴眼镜的成年人电子，有多少个戴眼镜的男性电子。

假如数出来的数量符合贝尔不等式，那么就证明了电子的自旋态确实就像人的性别一样，是一种客观实在的属性。如果不符合贝尔不等式，那就说明爱因斯坦错了，玻尔是对的，即电子的自旋态不是客观实在的属性，叠加态这种很奇特的现象确实存在。

这里我要特别说明的是，贝尔不等式是用严格的数学方法推导出来的，数学是凌驾于物理学之上的规律。这个贝尔不等式在 EPR 实验中的含义是说如果两个电子是在分开的那一瞬间就已经决定了自旋的方向的话，那么我们后面的测量结果必须符合贝尔不等式。也就是说，两个分离后的电子是不敢违反贝尔不等式的。其实，这根本不是敢不敢的问题，而是这两个电子在逻辑上根本不具备这样的可能性。

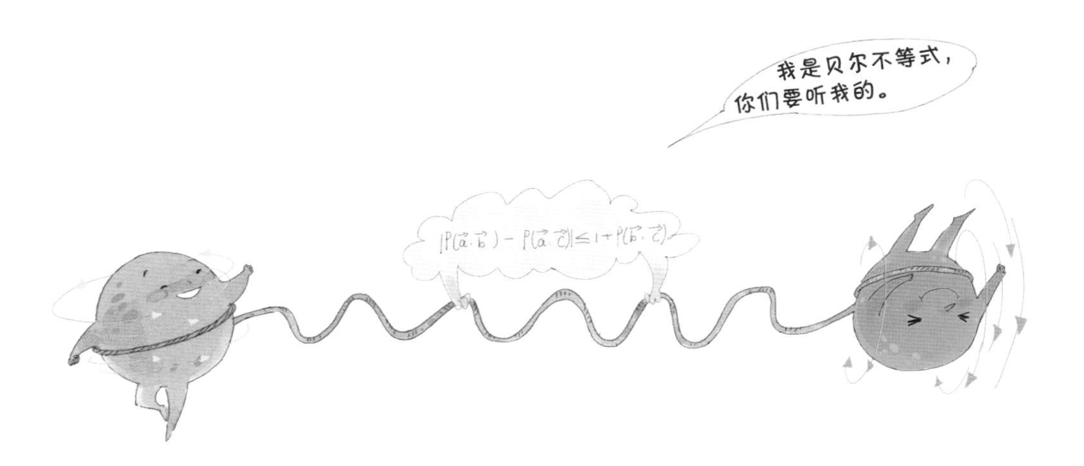

两个分离后的电子是不敢违反贝尔不等式的

半个世纪交锋的尘埃落定

爱因斯坦与玻尔的第三次交锋的最终命运取决于 EPR 实验中量子在各个方向上自旋状态的测量结果。如果贝尔不等式成立，那么爱因斯坦就会长吁一口气，因为这个宇宙终于回到了温暖的、经典的轨道上。

前面我说过，贝尔是爱因斯坦的忠实拥护者。当他发现了贝尔不等式后，兴奋不已，踌躇满志，信心满满地认为只要安排一个 EPR 实验来验证贝尔不等式，物理学就可以恢复荣光，恢复到那个值得我们为之感到骄傲的物理学。

然而，贝尔不是实验物理学家，他自己没有能力完成这个实验，他只能等，这一等就是将近 20 年。

1982 年，在法国首都巴黎的奥赛光学研究所，人类第一次对 EPR 实验进行了严格的实验检测。这次实验被称为“阿斯佩实验”，因为领导这次实验的科学家是法国物理学家阿兰・阿斯佩（公元 1947—）。这次实验得到了贝尔本人的大力帮助，改进了此前的美国物理学家约翰・克劳泽（公元 1942—）所做的相关实验，成功地堵塞了部分主要漏洞。这次实验总共进行了 3 个多小时，两个分裂的光子的分离的距离达到了 13 米，积累了海量的数据。实验的最终结果和量子论的预言完全符合，也证明了贝尔不等式不成立。这意味着，在第三次也是最后一次的终极交锋中，爱因斯坦输了，玻尔赢了。

真不知道当时的贝尔是什么心情。不过，科学家们都有一个特点，就是认证据而不认权威，只要证据确定无疑地出现了，那么科学家们会立即纠正错误，转变想法。

“阿斯佩实验”的结果出来后，假设贝尔和爱因斯坦见面

2022 年，阿斯佩、克劳泽以及后来同样用实验证明贝尔不等式不成立的奥地利物理学家安东·蔡林格（公元 1945—）共同获得了诺贝尔物理学奖。这是对量子纠缠研究的肯定。

量子纠缠现象被证实

从阿斯佩开始，全世界各地的量子物理实验室展开了一直持续到今天的EPR实验竞赛，实验的精度越来越高，实验的原型越来越接近爱因斯坦最初的想法：两个量子分离的距离越来越远，量子的数量甚至增加到了6个。目前，这一实验的世界纪录保持者是中国的科研团队，我们甚至实现了地面上的光子和人造卫星中的光子纠缠。

EPR实验的成功，用实打实的证据说明了以下两点：

1. 量子的很多属性（例如电子的自旋态、光子的偏振态等）都不是一种客观实在的属性。

2. 在一些特定的条件下，若干个量子无论分离得有多远，测量其中一个量子的某些属性，都会立即让另外的量子的这种属性也确定下来并让其状态从叠加态变为确定态。

本册第1章中讲到，玻尔提出了量子纠缠现象。它已得到了实验的证实，这使全世界的物理学家都感到相当震惊。原来支持爱因斯坦的这一派就不用说了，即便是支持玻尔一派的科学家和大众，当真正看到量子纠缠现象得到实验证实的时候，也对这种神奇的现象惊叹不已。微观世界的奇特规律，再次打破了我们的常规思维。

量子纠缠现象让人们惊叹不已

现在，我们已经知道量子的叠加态是存在的，量子的纠缠态也是存在的。两个纠缠中的量子，当我们不去测量它们时，它们没有确定的状态或者说它们处在所有状态的叠加态中。量子纠缠虽然很神奇，但并不神秘。它是量子叠加态的必然推论，是可以被我们所理解的。它并不是一种超自然现象，而是一种确定存在的自然现象，符合确定的自然规律，不违背任何已知的物理定律。这个世界上不存在超自然现象，一切现象都是自然现象，区别仅仅在于我们是否能用现有的科学理论来解释。暂时无法解释的现象，也不代表未来不能解释。

科学离不开数学

回顾本章的故事，你会看到：

数学是科学研究中最可靠的工具，自然科学的研究离不开数学，所以无论我怎样强调数学的重要性都不为过。

科学离不开数学

数学本身并不属于自然科学。我们把数学这类完全靠符号建立起来的系统称为“形式逻辑系统”。它是人类智慧的最高体现形式。数学家不需要做实验，也不需要去观察大自然，仅仅需要一支笔、一张纸或者一台计算机，就可以在数学王国中翻江倒海。数学是一种最高级的抽象思维，它是我们这个宇宙中最确定、最普适的规律。假如有一天我们发现了外星文明，那么我们一定能通过数学与他们建立交流，因为数学就是一种宇宙语。

如果你想成为一个科学家，就必须从现在开始努力学习数学。只有具备了扎实的数学功底，你才能在未来的科学探索中如虎添翼。

量子纠缠现象是物理学中的一项极为重大的发现，它为人类的未来科学打开了神奇的新大门。那么我们到底能如何应用量子纠缠呢？我们下一章揭晓答案。

假如你现在通过无线电波发现了外星人，你只能给外星人传送两种不同的信号：一种是长脉冲，一种是短脉冲（你可以把它们想象成只能给外星人发送 0 和 1 这两个不同的数字）。那么，请你想一想，如果你要告诉外星人的信息是一个圆形，你该给他发送什么样的信息呢？

第 3 章

应用广泛的量子计算

神奇的量子纠缠鞋

上一章我给你介绍了量子纠缠的基本原理，并且我们已经在实验室中确定无疑地证实了这种只能发生在微观世界中的神奇现象。这是科学家们刚刚发现的一片新大陆，我们只不过刚刚登上海岸。但是，仅仅站在岸边的礁石上，我们就已经隐约看到了这片大陆的广袤。

我们仅仅站在岸边的礁石上，就已经隐约看到了量子纠缠这片新大陆的广袤

量子纠缠有着非常广阔的应用前景，其中最重要的一个应用就是利用量子纠缠效应发明量子计算机。为了让你理解量子计算机的工作原理，我需要帮你加深一下对量子纠缠的理解。

现在，请想象一下，我们把一双普通的鞋放入两个鞋盒中。不过，我们不知道哪一个盒子中放的是右脚穿的鞋，哪一个盒子中放的是左脚穿的鞋。现在，如果你把两个鞋盒分开得足够远，然后打开其中一个，如果此时看到的是右脚穿的鞋，那么你就知道另外一个鞋盒中必定是左脚穿的鞋，反之亦然。

请注意一点，假如是一双普通的鞋，那么哪个鞋盒中的鞋是左脚穿的，哪个是右脚穿的，在我们放入盒子中的时候就已经确定下来了，不论谁来打开，看到的结果都是一样的。

下面重点来了：如果这双鞋不是普通的鞋，而是一双量子纠缠鞋，那情况就完全不同了。你会惊讶地发现，当你打开鞋盒后，既有可能看到左脚穿的鞋，也有可能看到右脚穿的鞋，因为鞋盒在没有被打开之前，里面的量子纠缠鞋竟然处在左和右的叠加态中，就是说它既是左脚穿的鞋，也是右脚穿的鞋。我们只能确定当其中一个鞋盒被打开了，不管我们是不是打开另一个鞋盒，都能确定鞋盒中的鞋是左脚穿的还是右脚穿的。

我们即使打开盒子，也不知道里面的量子纠缠鞋是左脚穿的还是右脚穿的

传统计算机怎么配钥匙？

利用量子纠缠效应，科学家们发明了量子计算机。

量子计算机跟我们现在的电子计算机很不一样，它有一些令电子计算机望尘莫及的特殊本领。比如，在运算速度方面，用现在的电子计算机需要好几万年才能解开的某一个方程式，交给量子计算机，只需要 1 秒钟。

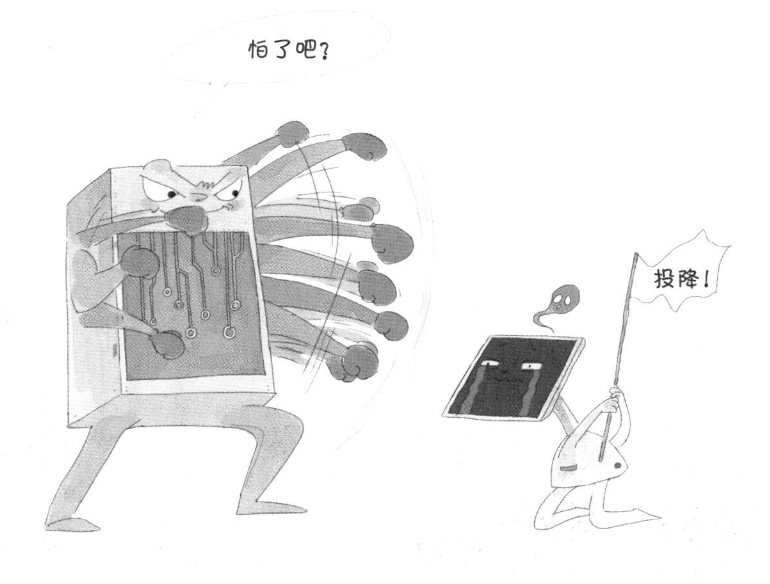

量子计算机的运算速度秒杀电子计算机

面对如此大的差距，你是不是感到很惊讶呢？量子计算机为什么会这么厉害呢？它和量子纠缠有什么关系呢？别着急，你一定要打起精神，让我给你慢慢解释。

我们先从最简单的一个例子开始。现在，我手里有一把锁，它有两个齿孔，就像下图这样，一个朝上，一个朝下：

这把锁需要被一把和它匹配的钥匙打开，如下图所示：

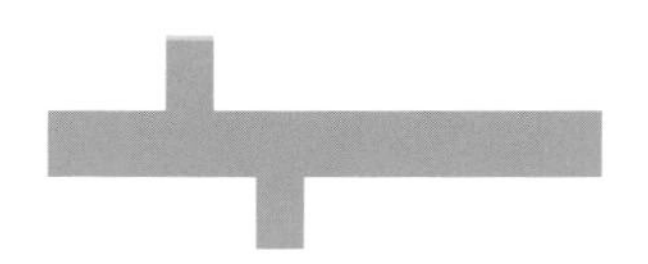

但是，如果现在我不告诉你我这把锁的两个齿孔到底哪个朝上，哪个朝下。这样一来，齿孔的朝向就有四种可能，就像下图这样：

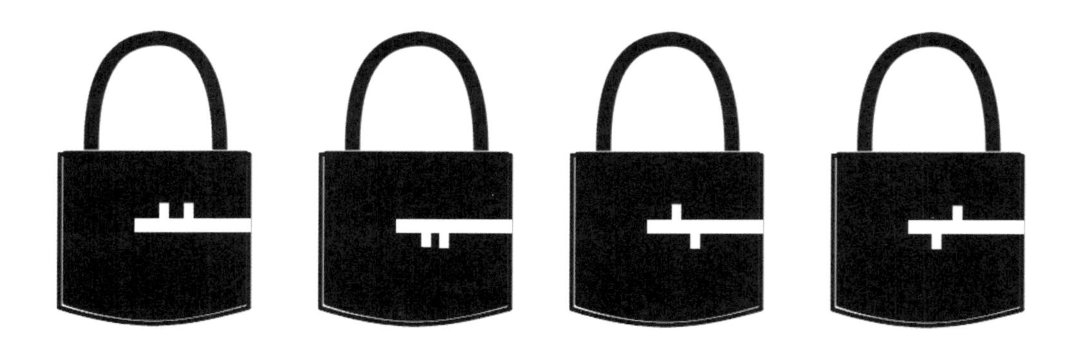

如果你是一个配钥匙的工匠，要怎样才能配出一把打开锁的钥匙呢？没有其他好办法，只能去试：先做一把钥匙，如果打不开锁，就扔掉这把钥匙，做第二把钥匙……如果你的运气好，可能试到第二把就打开了。但是，如果你的运气不好的话，可能就要试很多把钥匙才能把锁打开。

我们现在的电子计算机解方程式的过程，就好像这个配钥匙的工匠，它的工作原理就是一把钥匙一把钥匙地去试，直到试出来为止。当然，电子计算机的运算速度也是很快的。我们不说全世界最快的计算机，一般家里用的普通电子计算机，它的运算速度也能达到每秒钟几亿次，这就好比每秒钟能配几亿把钥匙。

但是，不论电子计算机的运算速度有多快，它只能老老实实地一把钥匙一把钥匙地去试，没有任何捷径可以走。上面我举的例子只有两个齿孔，所以最多只有 4 种不同的可能性。但是，如果齿孔的数量是 3 个，那就会有 8 种不同的可能性；如果齿孔是 4 个，就会有 16 种不同的可能性。这种可能性的增加速度是非常快的，比如当齿孔的数量达到 40 个，就有超过 1 万亿种可能性了。如果这时我们的电子计算机想要找到正确的钥匙，还是只能老老实实地一个接一个地去试，直到试出正确的为止，想想就让人头大。

量子计算机怎么配钥匙？

好了，现在该量子计算机闪亮登场了。让我们来看看它是怎么配钥匙的。

我们还是以上一节那个只有两个齿孔的锁为例：当我们不知道要用哪一把钥匙打开锁，就请出量子计算机来帮助我们。量子计算机配钥匙时需要运用量子纠缠。现在，我们制造出两个纠缠的量子，每一个量子都有两种自旋态：要么是上自旋（用 1 表示），要么是下自旋（用 0 表示）。这样一来，这两个纠缠的量子就有 4 种可能性：11、10、01、00。你看，这不就相当于对应了这把锁的 4 种可能性吗？

我们之前已经介绍过，纠缠的量子的神奇之处：可以同时处于 4 种状态中，就好像这两个纠缠的量子就是下面这 4 种不同钥匙的叠加态：

这时候，你用这把特殊的量子钥匙去开锁，那么必有一种状态是能打开锁的。这就好像你有了一把万能钥匙，不管这把锁是 4 种中的哪一种，它总有与之对应的形状。假如现在齿孔的数量增加到 18 个，那么，量子计算机要做的就是设法制造出 18 个纠缠的量子。只要它能让 18 个量子纠缠起来，那么依然可以一次性取得成功，不需要一把一把地去试。

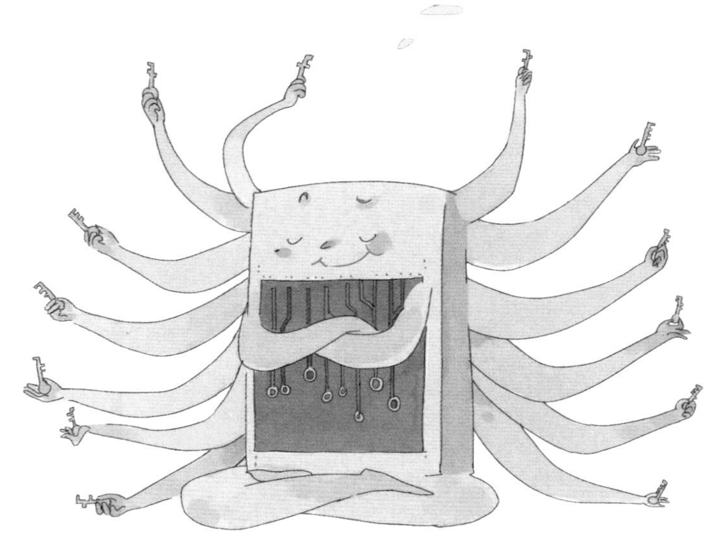

我能配262144把不同的钥匙，
它们瞬间就能打开18个齿孔的锁。

量子计算机配钥匙

所以，讲到这里，你应该明白了，决定量子计算机运算速度的关键是我们能让多少个量子纠缠起来。我国量子通信专家潘建伟教授曾经说，假如我们能同时操纵数百个纠缠的量子，那么这台量子计算机对特定问题的运算能力，将是全世界所有计算机运算总和的 100 万倍。

现在的量子计算机运算速度的世界记录是由我国创造的。2023 年，中国的科学家们成功研制了“九章三号”，实现了 255 个光量子的纠缠。由于每个光量子都同时存在 3 种状态，所以它相当于有 765 个两种状态的量子纠缠。如果把它比作一把钥匙，那么，它可以在一瞬间就打开有 765 个齿孔的锁。

我国的科学家们虽然在量子计算机的研究上已经处在了世界领先地位，但是依然在研发下一代量子计算机“九章四号”，希望它能实现大概 3000 个光子的量子纠缠。

怎么样？量子计算机是不是很厉害呢？那么，量子计算机有一些什么样的实际用途呢？

量子计算机的解密原理

你已经知道量子计算机有一个最直接的用途，那就是开锁。当然，它开的锁不是真实的门锁，而是计算机系统中的密码锁。比如，当你要登录QQ、微信或者电子邮箱，是不是都要输入密码？在网络这个虚拟世界中，这些密码就相当于我们现实世界中的门锁。而打开这些虚拟世界中的门锁的过程也就是破解密码的过程。

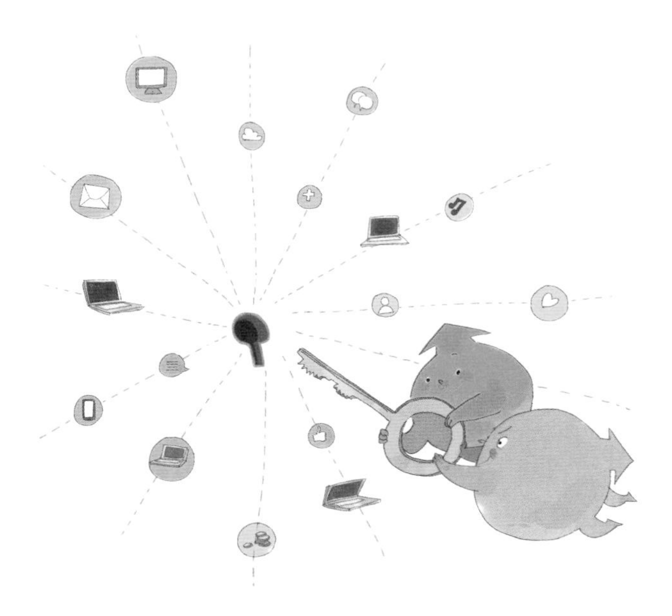

量子计算机有一个最直接的用途，那就是开锁

今天的电脑网络中，最常用的一种算法是 RSA 算法。什么是算法呢？现在假设有这样一个场景：小明和小刚都在一个微信群中，群里面发送的任何消息对每一个人都是公开可见的。但是小明想和小刚说一些悄悄话。不过，由于某种原因，他只能在群里面和小刚聊天而无法私聊。这时候，小明就需要和小刚约定一种暗语，这种暗语有一定规则，只有小刚才能看得懂。我们就把这种暗语的规则称为“算法”，把大家都能听懂的话转变成只有通信的双方才能懂的暗语的过程就被叫作“加密”，而把加密的内容还原成能理解的内容的过程就被叫作“解密”。

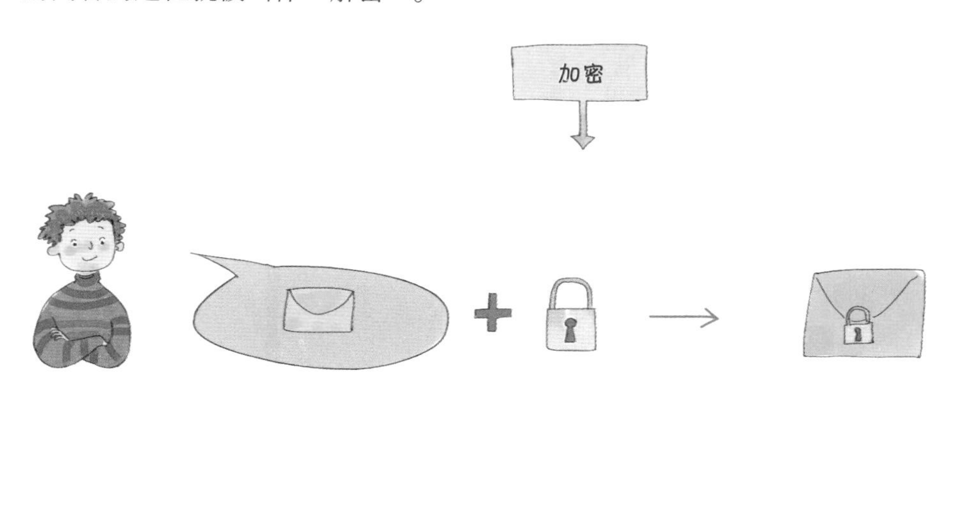

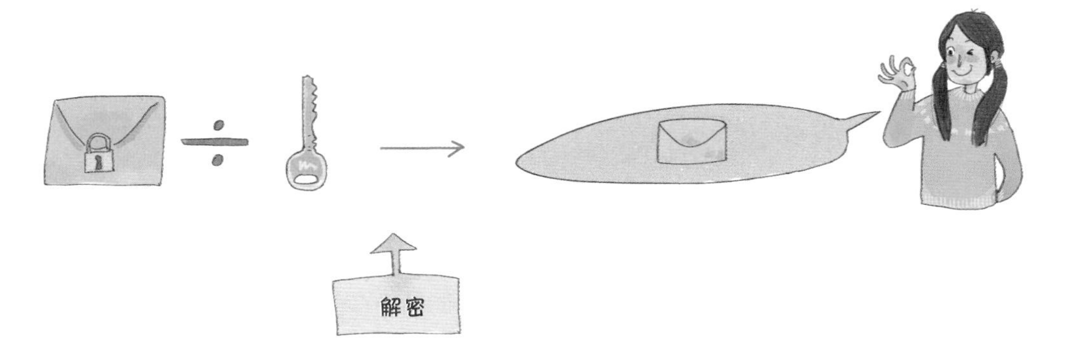

加密与解密

所以，RSA 算法是一种发暗语的规则，也就是一种加密算法。有意思的是，它的规则是完全公开的，任何人都知道小明发送的暗语用的是这种规则，但别人知道规则也没用，因为只有小刚才有看懂这个暗语对应的特定“钥匙”。

你是不是觉得这很有意思？那么这个暗语规则到底是什么呢？怎么才能达到这种效果呢？其实，RSA 算法的核心原理一点都不难，人人都能看懂。假如小明和小刚在加入这个微信群前就约定好小刚的那把特定“钥匙”是数

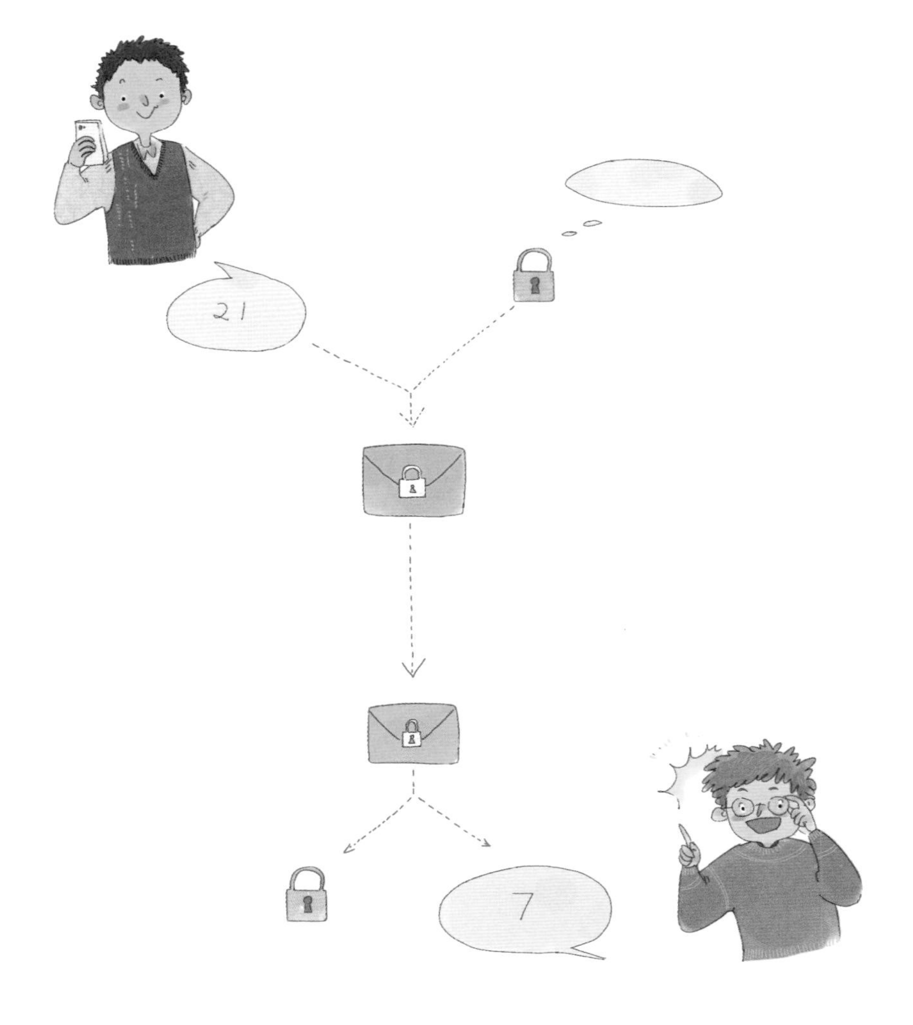

小明给小刚发暗语

字 3。有了这个约定之后，小明就可以在群里面放心大胆地发送消息了。比如，小明想告诉小刚数字 7，他就在群里面发送一个数字 21，小刚一看到这个 21，就能立即明白小明想要告诉他的是数字 7。为什么？因为 21 ÷ 3 = 7。所以，对于小刚来说，只要把小明发送的数字除以只有自己知道的数字 3 即可知道小明想要告诉他的是哪个数字。

假如小明想告诉小刚数字 9，小明要发什么数字出去呢？你肯定答出来了，要发送的数字就是 27。只要能传送数字，其实就意味着可以发送任何消息了，因为任何一个汉字都可以被编成一个四位数，过去人们发电报时用的电报码就是用数字给汉字编码的。

看到这里，你可能会想，难道别人猜不出来小刚的钥匙是 3 吗？如果钥匙真的是 3 的话，那当然猜得出来。可是，如果小刚手里的钥匙数字很大，比如 20047 呢？这时候，小明如果想告诉小刚数字 73，他发送的数字就是 1463431。现在，我问你，你看到这么大的一个数字的时候，你还能猜出来它是哪两个数字相乘吗？

绝大多数人靠心算是算不出来的。但是，如果你手里有一台电子计算机，这倒是不难，因为你可以把 1463431 用 2、3、5、7 等数字一个个去除（这些数字叫质数，如果你还不明白为什么只需要试除质数也没关系，因为你会在数学课上搞明白原因），很快就能找到 73 和 20047 了。

如果小刚手里的钥匙的数字的长度达到了 100 多位，那么，你即使有再强大的电子计算机也试不出来。准确地说，你不是试不出来，而是试出来所需要花费的时间太长了。

RSA 算法被称为“非对称加密算法”，它的核心原理很简单而且是完全公开的，所以现在被广泛采用。银行的加密系统也是基于这种算法，其手中的钥匙的数字就很长。如果黑客想利用普通的电子计算机去破译密码，可能一辈子都成功不了。

然而，一旦出现像“九章三号”这样能够操纵几百个纠缠量子的量子计算机，要找到钥匙数字就变得易如反掌了，因为它可以同时对海量的数字进行试除。

银行的加密系统钥匙的数字很长，如果黑客想利用普通电子计算机去破译密码，可能一辈子都成功不了

量子计算不是万能的

除了用来解密，量子计算机还可以大大提高搜索数据库的速度。现在我们在搜索引擎中输入一个关键词，计算机就必须要在数据库中一条一条去比对，直到找到与你输入的关键词相匹配的数据为止。而量子计算机则可以同时比对数据库中的所有记录，瞬间找到匹配的数据。

此外，科学家们还设想，量子计算机可以用来模拟无比复杂的天气系统或者蛋白质分子。

不过，你也需要知道，量子计算机也不是万能的，它不能完全取代电子计算机。为什么呢？因为它的计算能力只能在解决某些特定问题时发挥出来，例如我上一节说的解密问题。而我们平时用电子计算机去做的很多事情，比如看电影、听音乐、打游戏等，暂时都还用不上量子计算机。

或许，未来的科学家，能找到更多能充分应用量子计算机的领域。毕竟，人类登上量子计算这片神奇的大陆的时间不长，在这片广袤的土地上，我们一定还会有无数激动人心的新发现。

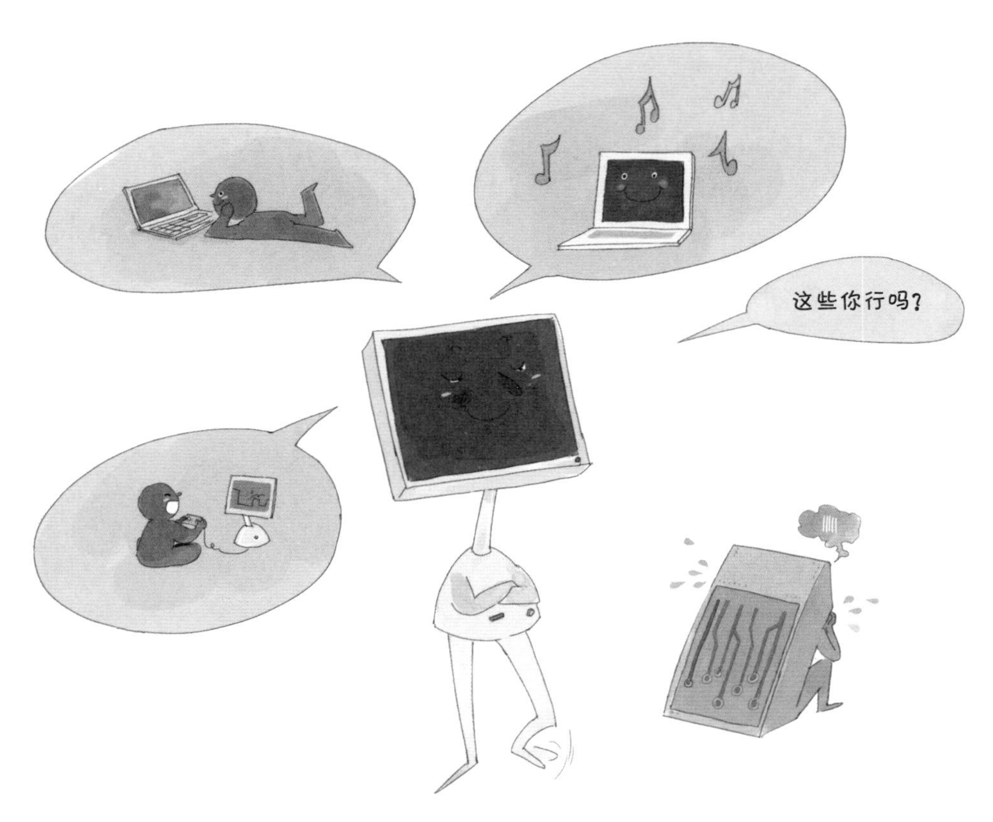

我们平时用电子计算机去做的很多事情，暂时都还用不上量子计算机

科学理论是科技发明的翅膀

通过本章的内容，我想告诉你的是：

今天你所看到的一切令人眼花缭乱的科技发明必须建立在最基础的理论之上。

也就是说，我们首先要发现自然现象背后的规律，然后总结出一种可以经受住实验检验的理论，这样才有可能发明出高科技产品。虽然在古时候，我们不知道利用科学理论能取得各种科技发明，但是在仔细考察科学史后就会明白：没有科学理论上的突破，科技发明的进度会非常缓慢，是不可能取得飞跃的。

下一章，我将带你去了解另外一个应用了量子纠缠的领域——量子通信。请你先猜一猜，量子通信到底能不能进行超光速通信呢？我们下一章揭晓答案。

你觉得量子计算机未来还能帮助人类实现哪些梦想呢？请大胆地去想象吧！

第 4 章

杜绝窃听的量子通信

量子通信解决的是什么问题？

上一章我让你猜一猜量子通信能不能进行超光速通信，你猜出答案来了吗？很遗憾，答案是不能。在一些科幻电影中，不乏关于超光速通信技术的画面，但它们只是一种幻想，甚至连科学幻想都称不上，因为没有一位科学家知道应该怎么实现超光速通信。

那么量子通信技术到底是什么样的高科技呢？它又高在哪里呢？其实，量子通信要解决的不是通信问题，而是通信安全问题。所谓的“通信”，就是把消息从一个地方传递到另一个地方。我跟你面对面地说话、用手机打电话或者给你写信，都是通信的方式。如果你在与人通信时不想被其他人知道，该怎么办呢？最简单的办法就是凑到他的耳朵边说悄悄话。可如果你们两个人不在同一个地方，那该怎么办呢？最好的办法就是像上一章中说到的小明和小刚那样用暗语通信，也就是给你们的通信话语进行加密，并且尽可能防止其他人解密。

人们为了通信安全，想出了各种各样的加密方法。可惜，道高一尺，魔高一丈，再厉害的加密算法，总有聪明的人能想到破译的方法。比如在第二次世界大战期间，反法西斯联盟能够打败纳粹德国的一个极为重要的原因就是英国的情报部门窃听并且破译了德军的电报。于是，德军的部署调动都被反法西斯联盟提前知道，所以常常处在被动挨打的状态。所以，在战争期间，通信的加密和解密事关无数人的性命，怎么强调它的重要性都不为过。

英国的情报部门窃听并且破译了德军的电报

相比于窃听电报，我们上一章介绍的量子计算机的解密能力更加强大。于是，科学家们就在想，能不能发明出一种绝对安全的通信方式呢？既然再厉害的加密手段都无法抵挡住不断优化的量子计算机的强大运算能力，那么，能不能在源头解决问题也就是杜绝窃听呢？正所谓“解铃还须系铃人”，科学家们最后想出来的这个绝对安全的通信方式就是量子通信。

传统的通信方式为什么会被窃听？

量子通信为什么能做到杜绝窃听呢？要让你理解量子通信能杜绝窃听的原理，我要先跟你解释一下传统的通信方式为什么会被窃听。早期的电报机与今天的手机、有线电话、对讲机其实都是利用电磁波进行通信。电磁波是一种看不见、摸不着但真实存在的电磁信号。

当我和你用手机通话的时候，连接你与我的手机的是存在于空中的电磁波。这些电磁波能轻易地被第三方接收，这就好比一个城市中的所有人都可以打开收音机，收听广播电台的节目，不会因为你收听了节目而导致我收听不了。这当然是一个优点，但也是一个缺点。为什么是缺点呢？因为当我和你通过电磁波通信时，那个第三方接收者可能就是一个窃听者。之所以这个窃听者可以神不知鬼不觉地存在，是因为电磁波在被他接收时并不会影响我和你之间的通话，至少这种影响的程度非常微弱，很难被我们察觉到。

哪怕是有线电话，也无法防止被窃听，因为电磁波虽然被约束在了电话线中，但窃听者只需要在电线上接一个分支就能窃听了。他甚至都不用剥开电话线的外皮，利用一些灵敏的仪器，就能在电话线附近接收到电磁波。

通话时，连接你与我的手机的是存在于空中的电磁波，它能轻易地被第三方窃听

看到这里，你可能想到了光纤通讯。它是利用激光来通信的技术。光纤是一种像玻璃一样的特殊材料，被绝缘皮包裹着。如果你剪断光纤，在被剪断的地方会看到有很强的光线射出来。它看上去很安全，但是其实光纤中传输的光信号依然可以被窃听，因为从本质上来说，激光也是一种电磁波，它只能让窃听变得麻烦，但无法阻止窃听。

其实，之所以上面列举的这些传统的通信方式会被窃听，是因为在通信过程中，信息被复制了无数份。一束电磁波中包含了万亿个光子，每一个光子都携带着一份信息。这就好比你要给一个人传送一句话：是金子总会发光的。你用电磁波进行通信的过程，相当于你先叫来一亿个快递员，让每一个快递员都从你这里取一个“是”字送出去，然后叫来一亿个快递员，每个人取一个“金”字送出去……那么，如果窃听者在半路上拦截了几个快递员，抢走了几个字，信息的发送方和接收方都是浑然不觉的，因为快递员实在是太多了。

这就是传统的通信方式会被窃听的根本原因。

传统的通信方式会被窃听的根本原因

单光子通信方案

搞清楚传统的通信方式会被窃听的根本原因后，科学家们想出了一个应对策略。其实这个策略说出来一点都不稀奇，你或许也能想到，那就是不要同时叫来那么多快递员，每发一个字就只叫一个快递员，每个快递员拿走的是单独的信息，没有第二份。这样一来，如果有一个快递员在中途被拦截了，那么接收方马上就会发现收到的信息是不完整的，这就能够发现窃听者。接下来，就可以采取措施了，比如立即终止通信、换一种加密方式或换一条线路等。

量子通信的核心原理一点都不高深，就是把原来发送万亿个光子的电磁波通信改为只发一个光子的单光子通信。这样一来，窃听者只要一窃听，马上就会被察觉。单光子通信是量子通信的关键技术之一。理论上，我们也可以用单个电子来进行通信，原理和单光子通信是一样的，只是目前在技术上比较容易实现的是单光子通信。

但是，单光子通信是一个标准的知易行难的方案。要想到这个方案真的一点都不难，可是要实现这个技术比登天还难，因为光子实在太小了。比如，你家里一个最普通的电灯泡每秒钟发出的光子数量至少能达到一万亿亿个。要把这么小的光子一颗颗地发出去，这个技术难度可想而知。

量子通信的核心原理是一次只发一个光子，一旦有人“盗取”信息，就会被发现

令人感到振奋的是，全世界把这项技术做得最好的是我国的科学家。2016 年 8 月 16 日，我国成功发射了“墨子号”量子实验卫星，在世界范围内首次实现了在 500 千米高的太空轨道上把一颗颗光子准确地打到地面的接收器上。这就好比你把一枚硬币扔进一个在 50 千米外的矿泉水瓶中。你是不是觉得这么做很难？实际上，“墨子号”做的事情比这个还难，因为卫星在绕着地球旋转，所以这就相当于站在一列全速行驶的高铁上朝着一个 50 千米外的矿泉水瓶扔硬币。

2022 年 5 月，“墨子号”量子实验卫星实现了在地球上相距 1200 千米的两个地面站之间的量子态远程传输，向构建全球化量子信息处理和量子通信网络迈出重要一步。

需要补充说明的是，目前我国实现的量子通信所传输的并不是直接需要的信息，而是用来给信息解密的钥匙数字。在科学上，我们把这串钥匙数字称为“密钥”。因此，今天的量子通信技术也被称为“量子密钥分发技术”。

但是，讲到这里，还只是量子通信的核心原理，并不是量子通信的全部。而要真正实现不被窃听，还有一个至关重要的问题。

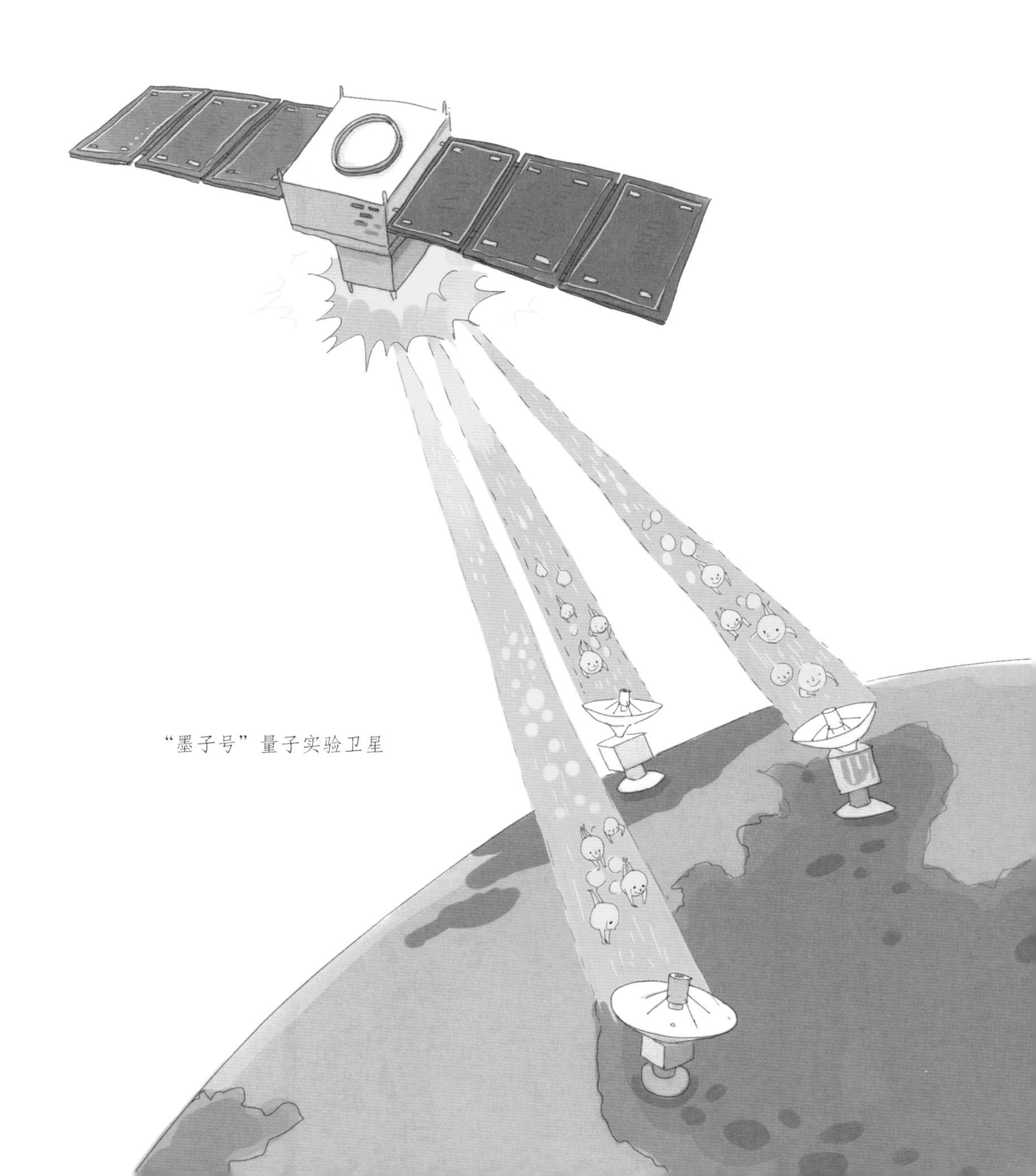

“墨子号”量子实验卫星

量子不可克隆原理

关于上一节提到的单光子通信方案，你有没有想过哪里可能存在漏洞呢？如果窃听者对窃听到的每一个光子不是拦截，而是进行复制，那不是同样能达到窃听的目的吗？为了帮助你理解这个疑问，我还是用本章第 2 节那个快递的比喻。假如有一个人，把一个快递员中途拦截下来，然后打开快递，把里面的信息复制了一份，再让这个快递员继续送货，这样不就能偷偷地窃取信息了吗？毕竟信息的发送方和接收方并不知道有人已经复制了信息。

科学家们当然也想到了这个问题。他们发现量子世界中有一个神奇规律——量子不可克隆原理。什么是克隆呢？克隆就是在不破坏原物的情况下，做一个和原物一模一样的复制品，而且必须要保证原物和复制品都完好无损，这样一来，你就无法区别哪个是原物，哪个是复制品了。

那么，量子能不能被克隆呢？答案是绝对不可能。为什么？这其中的道理非常艰深，我在这里简单概括一下。你还记得我在上一章给你讲过量子叠加态吧？我说过，在没有被测量之前，一个量子是处在不确定的状态中的，只有被测量后才能确定其状态，因此一个量子永远也不可能被另一个量子克隆。为什么呢？假如你要克隆一个量子，你就需要知道这个量子是什么状态的，而要确定量子的状态就免不了要测量。但问题是，一个量子一旦被测量了，就不再是原来的状态了。在物理学上，我们把这个过程叫作“从纠缠态变成了本征态[1]”。本征态和纠缠态是两种不同的状态。虽然我们可以利用量子纠缠复制出一个一模一样的量子，但是一旦你复制成功了，原先的那个量子也必然被破坏。

所以，一个量子的量子态只能被传递出去，而不能被克隆。这就是量子不可克隆原理。

现在我们回到那个关于快递的比喻。在量子的世界中，虽然你可以把快递员拦截下来，但是你只要一打开快递盒，读取了里面的信息，这个快递盒就被彻底破坏了，不可能再送出一个一模一样的快递给信息的接收方，而且你也不可能克隆出一个快递去送给他。

一旦用量子纠缠去复制量子，它必然被破坏

TIP

① 本征态：一个物理系统可能处于的特定状态，这些状态在某个算符的作用下保持不变。

BB84 协议

量子通信技术中有一个最基本的通信协议，叫作“BB84 协议”。所谓的“通信协议”，就是规定好的一套命令和数据格式。

量子通信需要两条通信的信道：一条是用来传输加密后的数据的信道，被称为“公开信道”，即使有人在这条信道上截获了信息也听不懂；另外一条信道用来传输解密的密钥。为了保密，我们采用“一次一密”的方式：每个字符都要用一个对应的密码来加密，而密码永远都不重复。因此，你要传递多少信息，就得对应传输多少密码，不单独开辟一条信道是不行的。公开信道可以采用传统的通信方式传递信息，即使被监听，也无妨。但是密钥通道必须保证一旦有人监听，我们就能发现，因此必须用量子信息传输。

我们使用光子偏振方向来当密钥（你姑且认为它是一种符号），分为|—和╱╲两组。假定有两种检测器（我们姑且类比为“缝隙”）—— 十型和╳型，而且|—通过十型检测器时不会出现错误。这就意味着如果让|—通过╳检测器，就会解码错误，反之亦然。当然，我们解码后，只能得到一串 0 和 1 组成的数字。

假定小张随机用|—和╱╲两种符号发了一段编码，接收方小李也不知道该用十还是╳型检测器来解码，于是就一个个去试。按照概率，他解出来的码，有一半是对的，有一半是蒙的，因为解码后的结果，要么是 0，要么是 1，蒙也能蒙对一半。所以，小李解码的错误率是 25%。但是，他并不知道哪一

部分是对的。这时候，他只要通过公开信道告诉小张他先前乱用十和╳来解码的顺序如何，小张就能知道哪些是错的，哪些是对的，然后通过公开信道告诉小李第几位的解码信息是错的就可以了。

只要重复这个过程，解码的错误率就会非常低，大约也就是25%左右。但是，万一有人在线路上监听并用十和╳两种检测器来检测，那么小李马上就会发现错误率大大上升了。这时候，小李和小张就会发现有人在偷听，很快就能采取措施来防止泄密。

这就是“BB84协议”的工作原理。当然，任何加密协议，都只能防止信息被窃听，但是无法防止别人切断线路。

科学研究是对现象的还原

正是因为有了量子不可克隆原理的存在，单光子通信成为了绝对安全、从理论上来说不可能被窃听的量子通信方案，未来将发挥巨大的作用。

好了，看到这里，我想你应该能看穿社会上流行的两种谎言了。一种谎言说量子通信是一个大骗局，只不过是传统的激光通信。而另外一种谎言则恰恰相反，把量子通信描述成无所不能的超光速通信。

通过这一章的学习，我想你应该理解量子通信不是骗局，是实实在在的科学上的进步，只是很多人都没能正确理解量子通信的原理和用途；而量子通信也不可能超过光速，依然是通过光子的运动来传递信息，当然是和光跑得一样快。

回顾本章的故事，你会发现：

科学研究是一种探索现象的本质的过程。我们把一个现象还原得越彻底，越微小，我们就能对这个现象了解得越深入，从而找到实现目标的有效方法。

如果我们不了解窃听的原理是对电磁波信号的“瓜分”，就不可能设计出能够彻底杜绝窃听的量子通信技术。当然，如果没有对量子现象的本质的

量子通信的速度再快，也不可能超过光速

还原，也不可能实现量子通信。人类对大自然的认识就是在这种不断还原的过程中前进的，而我们对宏观世界的认知来自于对微观世界的探索。

下一章将是本册书的最后一章，我将为你盘点量子力学中那些最为人们津津乐道的话题，比如：薛定谔的猫是活着还是死了？当我们不去看月亮的时候，它是存在的吗？市场上那么多打着量子旗号的技术中，哪些是真的，哪些是假的呢？

请你通过网络搜索，找到感冒的本质原因并进行还原，然后把结果告诉你的父母。

第5章

量子力学不神秘

令人困惑的量子力学

同学们，这册书即将结束，你已经看到，科学家们从思考光的本质开始，一点点地深入探索，最终打开了奇妙的量子力学大门，人类文明由此跨入了信息时代。而量子力学从诞生的第一天开始，就饱受质疑。它就像一位久经沙场考验的战士，每经受住一次炮火的洗礼，都会变得比之前更加强大。

量子力学像一位久经沙场考验的战士，每经受住一次炮火的洗礼，都会变得比之前更加强大

我们是从讨论光到底是一种波还是微粒的聚合开始，一点点走进了奇妙的微观世界。科学家们发现，在微观世界中，量子的存在方式和行为方式与我们在日常生活中所见到的现象有着巨大的差异。无数大神级科学家都对此感到无比困惑和惊讶。玻尔就曾经说过这样一句名言：“如果有人第一次听到量子力学而不感到困惑的话，说明他没有听懂。”

是的，量子力学中有非常多冲击人们传统观念的现象。比如，一个量子的状态可以处在叠加态之中。这个观念首先由玻尔提出来，在刚刚被提出的时候，有许多科学家表示反对。其中有一位著名的科学家，就是我们之前提到过的薛定谔。他想出了一个直到今天依然被津津乐道的思想实验来反驳玻尔的观点。

这个思想实验就是大名鼎鼎的“薛定谔的猫”。这是怎么一回事呢？在讲解“薛定谔的猫”这个思想实验之前，我要先给你解释一个概念，它就是“原子衰变”。

原子衰变

原子是构成万物的基本单位，如果你不断地分割一根铁丝，最后你就能得到一个个铁原子。宇宙中至少有 100 多种不同的原子，每种原子的重量不一样，科学家们给原子都编了号，序号越大的原子就越重。比如，铅原子就是 82 号，92 号原子叫铀原子。铀原子是一种不稳定的原子，它有可能会突

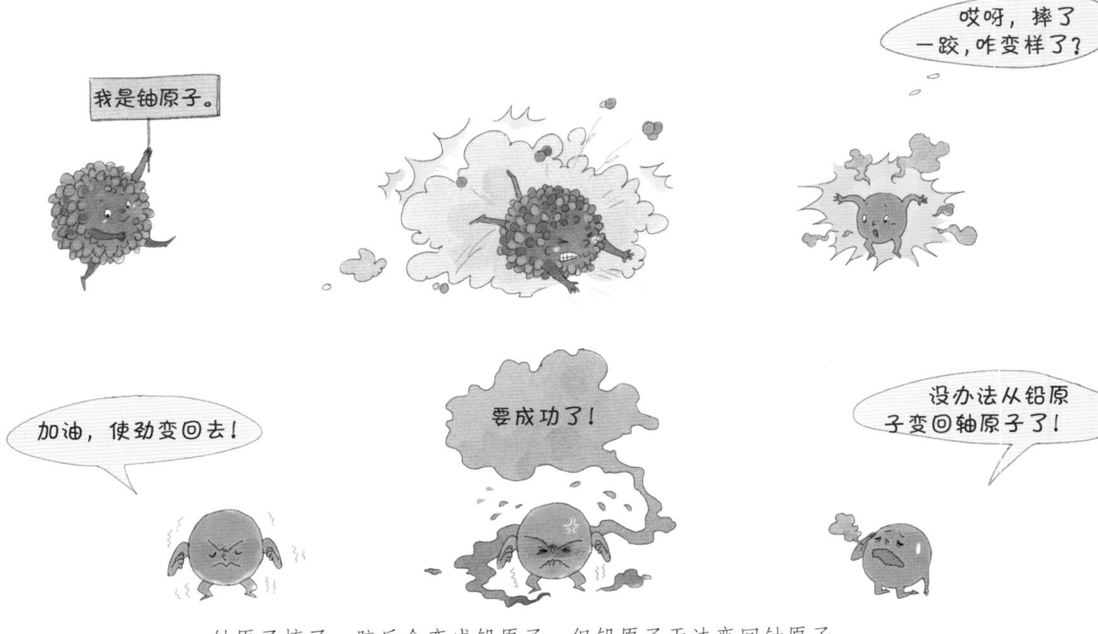

铀原子摔了一跤后会变成铅原子，但铅原子无法变回铀原子

然变成铅原子，就好像会变身一样。不过，原子的变身只能从序号大的变成序号小的，每次变身后，重量都会衰减。所以，科学家们就把这种原子的变身现象叫作“衰变”。

原子衰变是一种随机发生的现象。对于一个单独的原子，我们根本无法预测它何时会发生衰变。也就是说，一个铀原子是否发生衰变存在着不确定性。按照玻尔的观点，在我们测量一个铀原子之前，它就处在衰变与不衰变的叠加态中，只有当我们去测量的时候，才能知道它到底有没有衰变。

原子衰变是一种随机发生的现象，我们无法预测

薛定谔的猫

薛定谔听到上一节结尾提到的玻尔的解释，非常不屑，大声地反驳说："玻尔老兄，你的这个玩笑开过头了，原子怎么可能是同时处在衰变和不衰变的叠加态呢？"

玻尔说："哼，为什么就不行呢？"

薛定谔也不是吃素的，继续反驳说："好吧，看来老兄是不见棺材不落泪。现在，我们来做个思想实验。想象一下，如果我们把一只猫关在一个密闭的盒子中，然后在盒子中放一个毒气瓶，瓶子的上方有一个精巧的机关，这个机关连着一把锤子。这个机关是否被触发就看机关中的铀原子是否衰变：如果衰变，机关就会被触发，锤子落下，毒气瓶被打破，猫被毒气毒死。玻尔老兄，按照你的说法，铀原子在被测量之前，是处在衰变和不衰变的叠加态。那么，我是不是可以说，在铀原子被测量之前，这只猫也是处在生与死的叠加态呢？请你先给我解释一下一只又生又死的猫到底是一种什么样的存在状态吧！如果你解释不了，以后就别再提什么叠加态了，拜托！"

1935 年，薛定谔提出了这个大名鼎鼎的思想实验：薛定谔的猫。他用了数学中经常会被用到的反证法来证明玻尔的观点是荒谬的，其思路是：我先承认你玻尔所谓的叠加态是存在的，然后据此推导出一个听上去很荒谬的结

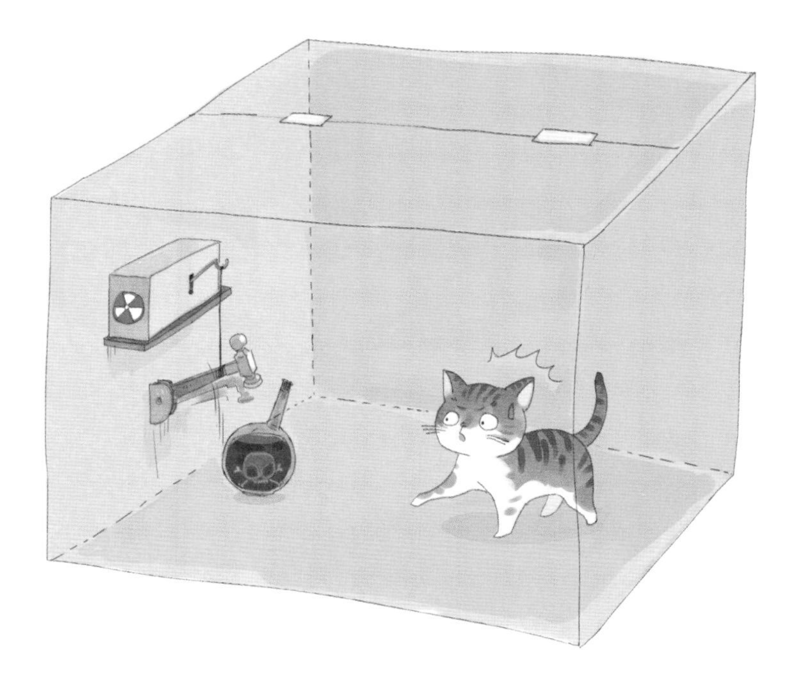

薛定谔设计的思想实验——薛定谔的猫

论，从而说明玻尔的观点也是荒谬的。你理解了吗？

那么，这个思想实验到底有没有驳倒玻尔的理论呢？几十年来，科学家们为此争论不休。总体上说，大多数科学家并不认为它驳倒了玻尔的理论。比如，有一些机智的科学家就提出，薛定谔忘了一个关键性问题。他假设一旦发生原子衰变，机关就被触发；原子不衰变，机关就不被触发。但问题是他没有说清楚原子处在叠加态时机关是触发还是不触发。就是说，他只要说清楚原子处在叠加态时机关是触发还是不触发，猫也就有了确定的生死状态，薛定谔的思想实验也就无懈可击了。还有一些科学家说，处在生死叠加态的猫也不荒谬，你又不是猫，你凭什么说这样的猫荒谬呢？

总之，关于这个思想实验，直到今天也是众说纷纭。不过，不论大家怎么认为，正如大家在前面的章节中看到的，玻尔的理论经受住了严苛的实验检验，我们到今天也还没发现这个理论有什么错误。

大多数科学家并不认为“薛定谔的猫”实验驳倒了玻尔的理论

电子是客观存在的

正因为量子力学中的许多观念都超出了我们日常生活中的经验，所以，在很多人看来，量子力学是非常神秘的，甚至有一些人因为对量子力学的误解，会得出一些令人震惊但并不正确的结论。比如，有人说当我们不观察电子时，电子是不存在的，只有观察电子时，电子才存在。甚至有人会说，因为月亮也是由无数的基本粒子构成的，所以，当我们不观察月亮的时候，月亮是不存在的，只有当我们观察月亮时，月亮才是存在的。

这些说法犯了两个错误。第一个错误是物理学中的观察并不是指人用眼睛去看，而是指两个系统之间产生了互动，比如电子打在荧光屏上后会形成一个亮点。这就是电子与荧光屏之间产生了互动。于是，我们可以说荧光屏观察了电子，也可以说电子观察了荧光屏。我们的眼睛是怎么看到这个亮点的呢？那是因为有光子反射到了我们的眼睛中，这就是一些光子与我们的眼睛之间产生了互动，所以，我们可以说我们观察了一些光子，当然也可以说光子观察了我们。因此，最恰当的说法应该是一个电子在没有被测量之前，其状态是不确定的。实际上，我们的双眼并不能发出光子，所以在一间漆黑的屋子中，你眼睛瞪得再大，也观察不到任何东西。

在我们观察光子的同时，光子也在观察我们

第二个错误是电子在没有被测量之前，不确定的只是某些状态，而不是电子本身是否存在。一个电子，即便没有被测量，它的质量也是真实存在的，并不会因为测量还是不测量而改变。同样，月亮是由无数的基本粒子组成的，这些基本粒子的质量、电荷等物理性质都是真实存在的，所以，哪怕我们不去观察月亮，月亮也是存在的。对此，有些人可能会反驳说，基本粒子的位置在没有被测量之前是不确定的，所以月亮的位置在没有被测量之前就是不确定的。如果真如他们所说，我们是否可以说，当我们不看月亮的时候，月亮并不在天上的某个固定位置，只有我们在看它时，才能确定它在天上的哪个固定位置呢？

你觉得这个说法对吗？当然不对。这倒不是因为微观世界的规律到了宏观世界就不适用了。恰恰相反，宏观世界的规律与微观世界的规律没有什么根本不同，甚至两个世界之间是没有一条明确的分界线的，也就是说所有量子力学的原理和定律同样都可以用在宏观世界中。微观世界和宏观世界之间真正的区别在于，我们在日常生活中无法看到一个单独的粒子是怎样运动的，看到的都是亿万个粒子聚合在一起后的表现。一群粒子和一个粒子表现出来的运动有可能是完全不同的。

你在电视上见过海洋中的鱼群吗？从整体上看，几万条小鱼组成的鱼群有一条清晰的运动路线。可是，如果你只观察其中任意一条鱼，你会发现这条鱼的运动路线是非常杂乱和随机的。你完全无法预测单独一条鱼下一刻在哪里，可是你可以预测整个鱼群下一刻在什么位置。

构成月亮的亿万个粒子也是一样。在被测量之前，我们确实无法确定其中任何一个粒子的位置，但是可以准确地知道这亿万个粒子整体处在什么位置。每一个粒子都遵循着量子力学的基本原理，它们合在一起后就表现出了我们在日常生活中所能感受到的样子。正因为无数个粒子在坚持工作，月亮才是现在我们能观察到的样子。

因此，宏观世界的规律与微观世界的规律看上去是不同的，但其实宏观世界的一切现象都是微观粒子行为的一种表现。微观和宏观只不过是我们为了语言描述上的方便而人为制造出来的概念。实际上，自然规律可不会因为自己处于微观世界或者宏观世界而改变。

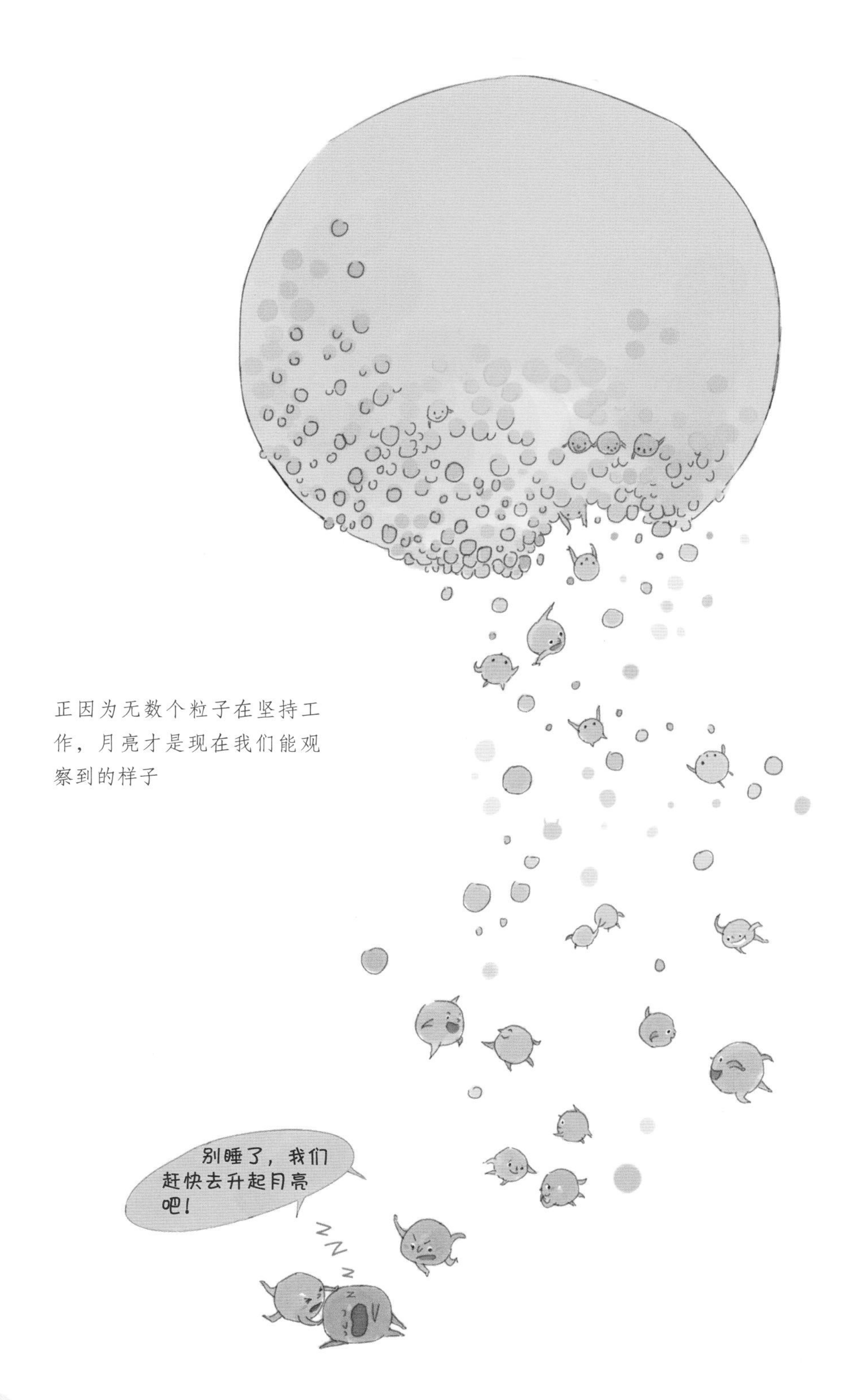

别睡了，我们赶快去升起月亮吧！
Z Z Z

正因为无数个粒子在坚持工作，月亮才是现在我们能观察到的样子

并不神秘的量子力学

量子力学很神奇，在它的指导下，我们创造了今天的信息时代，我们身边几乎所有的高科技产品中都有量子力学的身影。但是，量子力学并不神秘，是可以被我们理解的。人类还面临着许多未解的难题，而未来要想解答这些难题，只能靠科学。

科学探索是一场永无止境的攀登，每当我们解开一道谜题，就会发现更多新的谜题。那些自以为掌握了终极真理的人，都是在自欺欺人。

量子力学从诞生到现在，刚好百年，而人类才刚刚走进微观世界的大门，不知道还有多少精彩的东西在这个肉眼看不见的世界中等待着我们。我真心希望，在这片神奇的新大陆上能够留下你的足迹，在量子力学发展的里程碑上刻下你的名字。

恭喜你看完了关于量子力学的这两册书，我希望在你的脑海中留下这句话：

探索宇宙奥秘，需要永葆好奇心，学好数学；要大胆假设，小心求证；要用严格的实验、精密的测量去不断还原现象背后的本质；科学不爱求同存异，只有证据才是王道！

我是汪诘，下一册我们将开始探索一个个宇宙中的未解之谜！

科学探索是一场永无止境的攀登

思考题

请你仔细想一想本册书中的科学知识，然后写下让你最感到好奇的5个问题，发送到我的电子邮箱kexueshengyin@163.com。

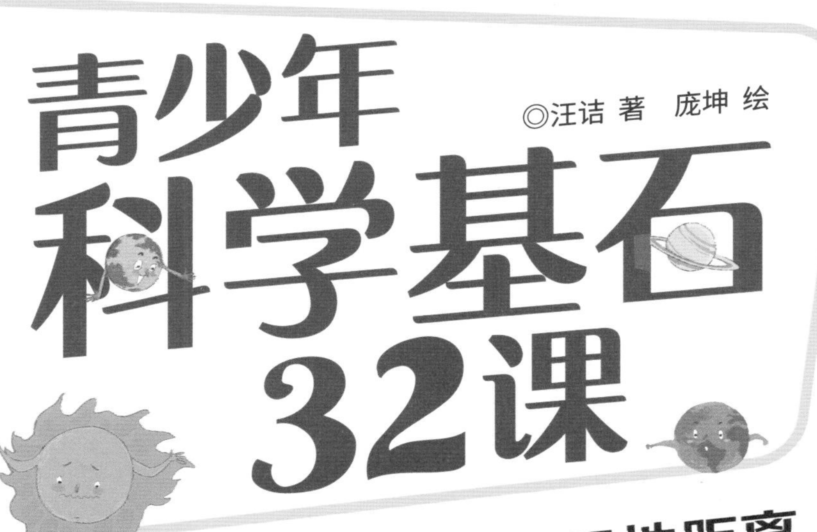

青少年科学基石32课

从提出日心说到测量日地距离

◎汪诘 著　庞坤 绘

南方出版社·海口

图书在版编目（CIP）数据

青少年科学基石32课. 5, 从提出日心说到测量日地距离 / 汪诘著 ; 庞坤绘 .—海口 : 南方出版社 , 2024. 11.

ISBN 978-7-5501-9186-0

Ⅰ. N49；P1-49

中国国家版本馆CIP数据核字第2024M8R800号

QINGSHAONIAN KEXUE JISHI 32 KE： CONG TICHU RIXINSHUO DAO CELIANG RI DI JULI

青少年科学基石32课：从提出日心说到测量日地距离

汪诘 著　庞坤 绘

责任编辑：师建华
特约编辑：林楠
排版设计：刘洪香
出版发行：南方出版社
地　　址：海南省海口市和平大道70号
电　　话：（0898）66160822
经　　销：全国新华书店
印　　刷：天津丰富彩艺印刷有限公司
开　　本：710mm×1000mm　1/16
字　　数：418千字
印　　张：34
版　　次：2024年11月第1版　2024年11月第1次印刷
书　　号：ISBN 978-7-5501-9186-0
定　　价：168.00元（全六册）

目录

大地的形状

天文学的诞生 /002

大地之下是什么？ /004

毕达哥拉斯的思辨 /007

亚里士多德的三个证据 /010

持续了 1000 多年的争吵 /015

球形大地说的实践证明 /018

思辨不能取代实证 /020

日心说与地心说之争

两种课本 /022

古代天文学的基础 /023

古代天文学之大成 /025

哥白尼单挑托勒密 /029

日心说的追随者 /033

思想不能有禁区 /034

天空立法者开普勒及其三大定律

星辰的守护者——第谷 /038

天空立法者——开普勒 /041

开普勒第一定律 /043

开普勒第二定律 /045

开普勒第三定律 /048

不要预设教条 /051

开普勒模型的理论证明

行星的运动曲线的形状 /054

科学思维模式的诞生 /056

牛顿三定律和万有引力定律 /058

天体物理学的诞生 /063

天体物理学的高光时刻 /065

宇宙可以被理解 /067

天文学第一问题——日地距离

失败的三角测量法 /070

哈雷的绝妙主意 /073

史上最倒霉的天文学家 /075

纽康攻克天文学第一问题 /079

天文单位 /082

知识来之不易 /083

第 1 章

大地的形状

天文学的诞生

天气晴朗的夜晚，我都喜欢仰望星空。苍穹之上，繁星点点，无限浩瀚。望着深邃的宇宙，我总是会呆呆地出神很久。我在想：

20 多万年前，可能就是在同样的星空下，一个智人闪过一个念头：星星是什么？人类文明的曙光正是从那一刻划破了黑暗，浩瀚的宇宙从此诞生了地球文明。会问“为什么”的智人不再是动物了，他们成为了万物之灵——人类。他们开始追问：为什么会有白天黑夜？为什么太阳东升西落？为什么会有日食月食？……

在远古时代，这些最为朴素的天文学问题是全世界所有智者面临的第一批问题，因此，从人类诞生的第一天起，天文学就诞生了。实际上，所谓的智者就是人类中率先产生了好奇心的人，他们试图回答的问题就是自己心中的疑问。

我想带着你重新走一遍人类提出问题、解决问题的艰辛历程。这将是一部我们认识星空的历史，更是一部人类理性崛起的历史，它跌宕起伏，扣人心弦。你准备好了吗？

20 多万年前，智人仰望星空

大地之下是什么？

我们的故事要从 2500 多年前的古希腊开始讲起。在爱琴海边上的巴尔干半岛上，生活着一群远见卓识的古希腊人，他们吃饱了饭后，最爱做的一件事情就是辩论。

这一天，阳光明媚，风和日丽。在一个广场上，一群知识分子聚集在一起，他们正在争论着天地结构和大地的形状。

有一位老者张开双臂，大声说道："天空就像是一口倒扣着的锅，覆盖着平整的大地，在天与地的尽头，就是天边。"

有人问："老先生，天边有什么呢？"

老人哼了一声："还能有什么？见过悬崖吗？天边就是万丈深渊。当然啦，天边很远很远，至今也没有人能真正走到天边。"

那人又问："再请教一下，大地的下面是什么呢？"

老人回答说："大地之下就是无尽的海洋啊。"

话还没说完，老人就被一声冷笑打断。人群中另外一位老者说道："胡说！大地之下怎么可能是海洋呢？你见过能浮在水面上的石头吗？我们的大地是由石头组成的，如果大地下面是海洋，那么大地早就沉下去了。"

第一个老人一时语塞，涨红了脸，有点恼怒地说："那你说大地的下面

第一位老者认为，天空像一口锅倒扣在大地上

是什么？”

第二位老者一本正经地说：“乌龟！”

人群中顿时有人忍不住笑了出来。

第二位老者大声说道：“这有什么好笑的？我从各处的传说中发现，大地是被一只神龟驮着的，只有龟的硬甲才能支撑住我们的大地。”

没想到人群中的笑声更大了，有人问：“那您说说这只乌龟又是被什么驮着的呢？”

第二位老者得意地说：“我就知道你会这么问。告诉你，年轻人，神龟之下还是一只神龟。所以大地下是无数的神龟，一只驮着一只。”

第二位老者的发言引来了更大的哄笑声。此时，从人群中走出来一位中年人，气宇轩昂，目光如炬。他走到了高处。

大家一看到他，都安静了下来，有人窃窃私语说：“啊，毕达哥拉斯先生也来了！”

第二位老者认为，大地是被一只又一只神龟驮着的

毕达哥拉斯的思辨

从人群中走出来的这位毕达哥拉斯先生（约公元前580—约公元前500），是古希腊远近闻名的大数学家。他对数字有着一种近似于疯狂的热爱，可以随口说出自己的裤子是由几块布料缝制的，今天一共走了几步路，从上一次跟人争辩到今天过去了几天。总之，在他看来，这个世界就是由数字组成的，任何事情他都要把它们分解为数字去研究。

不过，他平生最害怕的问题就是被问到他的头发和胡子的数量，如果不是当时的技术水平限制了他，他早就想把自己的头发和胡子全部剃掉了。

毕达哥拉斯一现身，大家都伸长了脖子听他说话。他缓缓地说道："在自然界中，圆形是最美的平面图形，而球体则是最完美的立体形状。所以，大地必然是一个完美的球形。"

此言一出，人群中顿时发出了阵阵惊呼。

最先发言的那位老者质问道："一派胡言！如果我们的大地是个球形的话，为什么我们拿一张地毯可以平整地铺满整个地面，却没有一点凸起的地方呢？"

毕达哥拉斯指着身边一棵三人合抱的大树说："看，这棵树上有一只蚂蚁正在爬。我敢保证，在这只蚂蚁看来，这棵树的表面也是平的，因为蚂蚁

第一位老者与毕达哥拉斯辩论

的眼界太小了。我们人类就像这只蚂蚁，我们的目光所及之处实在是太有限了，所以会认为大地是平的。”

老者双手摊开：“简直是可笑至极！如果你说的是对的，那我们朝着远方一直走，一直走，岂不是就会慢慢地头朝下掉下去了吗？你见过倾斜的大地吗？”

毕达哥拉斯笑了起来：“哈哈，这个你不用担心。大地很大很大，大到了远远超乎我们所有人的想象。当大地逐渐倾斜到一定角度的时候，那里一定是寸草不生了，会有一个很长很长的荒芜的过渡地带，或许我们用一生都走不到那里。你难道要质疑天地万物的和谐完美吗？”

说完，他便转身离去，结束了这场辩论。

毕达哥拉斯是那个时代最伟大的智者之一，他的思想水平在当时超过了同时代的许多哲学家，由他开创的毕达哥拉斯学派曾经创造过许多辉煌。所以，当时的人们都认同他的说法，他也因此赢得了辩论的胜利。毕达哥拉斯不屑于去寻找实实在在的证据，认为用几何和数学就足够证明大地是球形了。我们把毕达哥拉斯这种寻找答案的方式称为思辨，而这种用思辨代替实证的模式是人类早期的哲学家们最普遍的一种思维模式。

但是，想要寻找这个世界的真相，仅有思辨是不够的。缺乏证据，是毕达哥拉斯提出的球形大地说的最大软肋。

亚里士多德的三个证据

在毕达哥拉斯去世 100 多年后，一位古希腊哲学家亚里士多德（公元前 384—公元前 322）站了出来，再次向世人宣称大地是球形的。他的观点在知识分子的圈子中引起了巨大的反响，这不仅因为他有着很高的声望，更重要的是他给出了三个重要的证据来证明大地是球形的。

第一个证据：当你在海边看到一艘帆船离你而去，你总是会先看不见船身，然后再看不见桅杆和船帆，而不是看到它们同时缩小成一个越来越小的点，最后完全看不见。反过来，当帆船向你驶来的时候，你总是先看到桅杆和船帆，再看到船身。

第二个证据：在晴朗的夜晚，如果朝北极星的方向一直走，就可以观察到身后有一些星星逐渐消失在地平线上，而前方总是会慢慢升起另外一些星星。

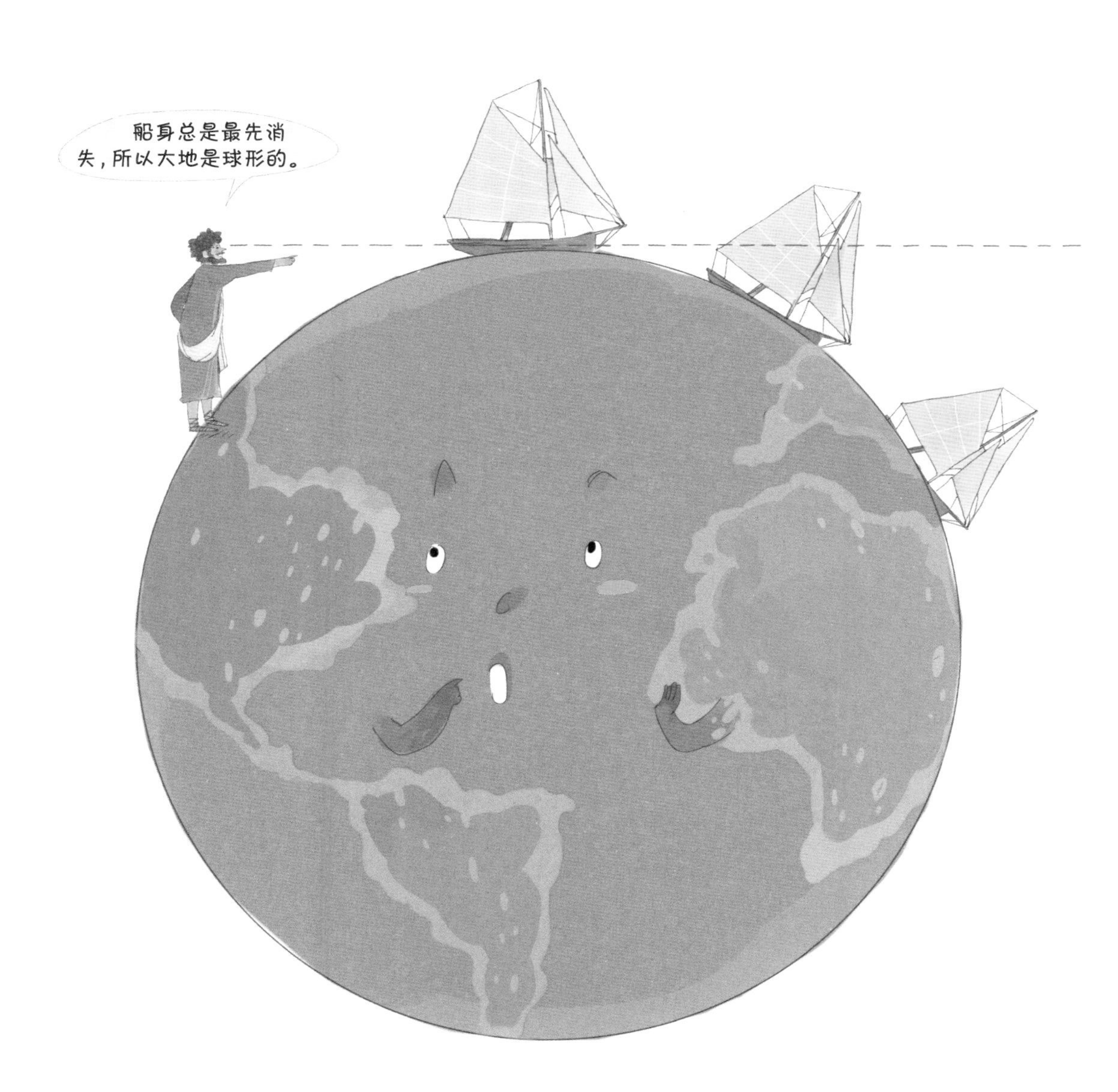

亚里士多德的第一个证据

亚里士多德的第二个证据

第三个证据：当发生月食的时候，我们会看到月亮慢慢地落入地球的影子中去，而阴影的边缘是一条弧线。这是大地是球形的最好证据。

亚里士多德提出的这三个证据引起了知识分子圈很大的反响，同时也引发了激烈的辩论。反对者针对这三个证据也提出了反驳。

针对第一个证据也就是帆船消失的问题，有人就提出，或许海面上的空气和透明度是随着高度而变化的。船行到了远处时，下面的空气重，透明度也没有上面的空气好，所以我们就看到帆船从下往上逐步消失，其实这只不过是空气给我们变的一个魔术而已。

至于第二个证据，也就是星星与地平线的高度差这个问题，当时的人们很难得到实证。当时的人们只能靠两条腿走路，行进速度实在是太慢了，想要体会星星与地平线的高度差，着实不容易。所以有人怀疑，亚里士多德观

亚里士多德的第三个证据

察到的高度差，说不定是地平线的微小起伏造成的，就好像是一张纸上也会有一些褶皱。

而关于第三个证据，争议就更大了，因为这关系到月食的成因问题。亚里士多德的老师柏拉图就认为月亮是自己发光的，地球的影子不可能影响到月亮的光辉，要解释月食现象需要用到其他的理论，比如，说不定月亮自身就会有一个类似遮罩这样的结构，时不时地就会在月亮的表面出现呢。

俗话说，真理越辩越明。亚里士多德尽管非常敬重他的老师柏拉图，但他说过一句名言："吾爱吾师，但吾更爱真理。"他并没有迷信自己的老师，而是勇敢地质疑老师。于是，他没有停留在思辨上，而是通过实证去思考大地的形状。

亚里士多德提出的三大证据在我们今天看来都非常好理解，一说就明白了。但是，在 2000 多年前的古希腊，人们依然不能接受大地是球体的论断。哪怕是创造了辉煌灿烂文明史的中国人，一直到清朝，都依然坚守着天圆地方的"常识"。并不是古人的智商普遍比我们现代人低，事实上，人类的智商在 2000 多年中并没有明显的提升，现代人的"聪明"只是我们的知识积累和教育水平在提升的假象。

古人很难接受大地是球形的这个客观事实的真正原因，依然是上一节那个与毕达哥拉斯辩论的老者想不通的问题：如果地球真的是球形的，那么为什么我们不会走着走着就头朝下掉下去呢?

你也许会觉得那个老者的问题很好笑，但是我想再三提醒你们，这个问题并不可笑，而是一个非常严肃的问题，以至于在此后的 2000 年中，有无数聪明无比的古代科学家都被它折磨一生，他们的常识（人不可能脚在上、头在下）和观测到的证据（大地是球形的）产生了严重的矛盾。直到一个姓牛顿的惊世天才的出现，才结束了他们的梦魇，让他们再也不会陷入"掉下去"的噩梦中了。关于牛顿的故事，我们会在第 4 章详细说。

持续了 1000 多年的争吵

在我国古代，主要流行着三种关于天地结构的设想，分别是盖天说、宣夜说和浑天说。

盖天说认为天是圆的，大地是方的。这是中国最早的关于天地结构的文字记录，它最符合人们的直观视觉体验，和第 2 节中第一位古希腊老者的想法一样。看来，全世界人民最初的想法都是一样的。

盖天说认为天圆地方

宣夜说认为，天是由无尽的气组成的，日月星辰全都漂浮在无边无垠的气体中。

浑天说是中国古代流传最广、影响力最大的一种天地观。张衡在《浑天仪注》这本书中这样写道：“浑天如鸡子，地如蛋中黄，孤居于内，天大而地小。”如果用一幅图来表示浑天说，就是下面这样：

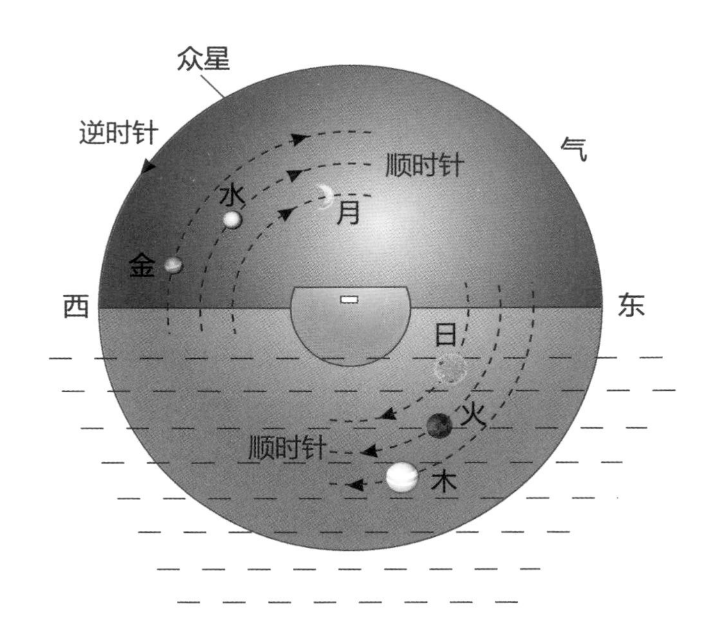

从上面这幅图中，我们可以看到，大地是漂浮在水面上的一个半球形，其中，水面以上的部分是平的，水面以下的部分是一个半球形，日月星辰绕着大地旋转，它们时而挂在天上，时而落入水中。是的，你没有看错，古代中国人确实认为日月星辰是可以在水面上下穿梭的。

通过对前面内容的学习，我想你应该能看出来，虽然浑天说看上去好像更接近地球形状的真实情况，但其实我国古代的这些学说从本质上来说并无高下之分，因为它们都是思辨的产物，与前面提到的毕达哥拉斯的思考方式是一样的。

从上一节提到的亚里士多德开始，人类当中的一小部分智者终于开始意识到，要发现大自然的真相，光靠脑子想是不够的，一定要亲自动手，通过细致的观察寻找证据。

虽然在此后的1800多年中，人们围绕着球形大地说（即中国古代的“浑天说”）和平形大地说（即中国古代的“盖天说”），一直争辩不休，但是实证思想一旦开启，人类就会向着正确的方向前进，不可能再回头了。在这种思想的指引下，大地是球形的证据也接二连三地出现。

到了16世纪初，球形大地说已经不再是一个新鲜的概念，许多受过教育的人都愿意相信地球是圆的。例如，随着葡萄牙和西班牙等国航海技术的发展，球形大地说得到了航海家们的广泛认同。

不过，一些坚持平形大地说的人嘲笑那些航海家说：“如果大地真的是球形的，那你们为什么不一直向西走，最后抵达到处都是香料的东方呢？”

这确实是一个简单而且直接的办法，如果向西航行能到达东方，甚至可以绕着地球航行一周回到起点，那“大地是平形的”这一说法自然就不攻自破了。然而，心中认同是一回事，身体力行则是另外一回事。对于16世纪的人们来说，探索一条前人没有走过的航线，是一种风险巨大的行为，很多人都不愿意这么做，直到一位意大利航海家克里斯托弗·哥伦布出现。

1492年，哥伦布怀揣着一路向西航行以便抵达位于东方的印度这一目标，带领船队驶入了大西洋，却意外到达了美洲大陆。不过，哥伦布误以为这里就是印度，就高兴地宣布自己已经抵达了印度，很遗憾，他的探索也就此止步。于是，地球是平的还是球形的争论仍未停止。

球形大地说的实践证明

1519 年，葡萄牙航海家麦哲伦在西班牙国王的支持下，开始了他的环球航行。他组织了一支由 5 艘帆船和 200 多名水手组成的船队，从西班牙的塞维利亚港扬帆起航，一路向西，向着大西洋的深处驶去。

麦哲伦的目标是找到一条能够穿越大西洋，绕过今天的南美洲大陆，然后进入后来被他命名的太平洋，最终抵达亚洲的新航线。如果此行能够成功，他们就会继续向西行驶，沿着他们早已熟悉的旧航线返回欧洲，完成一次完整的环球航行。

在漫长的旅程中，麦哲伦的船队遇到了无数的困难。他们遭遇了食物短缺，船员们不得不吃老鼠和锯末混合的面包；他们遭遇了恶劣的天气，巨浪像愤怒的巨人，一次次试图摧毁他们的船只。

于是，船员内部发生了叛乱，三个船长联合反对麦哲伦，不服从麦哲伦的指挥，责令麦哲伦去谈判。麦哲伦便派人假意去送一封同意谈判的信，并趁机刺杀了叛乱的船长，使船队继续向前航行。

后来，船队在南美洲一段狭窄的海峡中迷失了方向，险些全员遇难。尽管如此，他们还是坚持记录航海日志。为了纪念这些勇敢的水手，这条海峡后来被命名为麦哲伦海峡。

虽然遭遇诸多困难，但是麦哲伦和他的船员们没有放弃。他们坚信，只要继续向前，总有一天会找到通往东方的新航线，也总有一天能够回到起点。在经历了无数次的挑战后，他们终于穿过了太平洋，到达了菲律宾群岛。在其中一座岛上，船队与当地土著人发生了冲突，麦哲伦不幸丧生。

所幸的是，麦哲伦船队的船员们并没有因为麦哲伦的死而放弃这次航行。在冲突中幸存的船员继续航行，最终在 1522 年回到了西班牙，完成了这次历时 3 年的环球航行。他们不仅找到了通往东方的新航线，更重要的是，他们用生命与汗水完成了一次伟大的实践，完美地证明了地球是圆的。

经过了大约 2000 年的努力，从古希腊时代起就开始争论的关于地球形状的话题，至此终于有了定论。

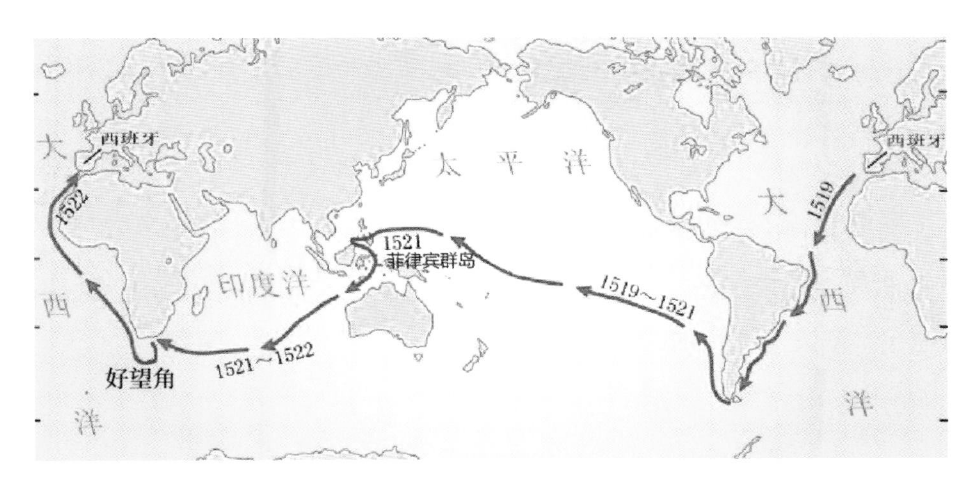

1522 年，麦哲伦船队完成的环球航行完美地证明了地球是圆的

思辨不能取代实证

希望本章的故事让你记住的科学精神是：

思辨不能取代实证。

我们用肉眼很难发现大地是球形的，同样的道理，我们也很难用肉眼发现不是太阳绕着地球转，而是地球绕着太阳转。那你知道人类是如何发现地球绕着太阳转这个事实的吗？请看下一章。

假如你现在穿越回古代，要向古人证明“空中”并不是空无一物，而是充满了气体，你能举出什么样的证据呢？

第2章

日心说与地心说之争

两种课本

今天，我们人人都知道地球绕着太阳转，太阳才是太阳系的中心。可是，我问你，这个知识你是怎么知道的呢？你肯定会说是从课本上学来的。但是，假如你面前有两种课本，一种说地球绕着太阳转，另一种说太阳绕着地球转，那你会相信哪一种说法呢？

地心说和日心说斗争了上百年

实际上，四五百年以前，在欧洲各国的大学中，就有着这样的两种课本。这两种课本长期共存了上百年后，宣扬地心说的课本才退出了历史舞台。

古代天文学的基础

人人都知道太阳每天东升西落，所以太阳绕着地球转最符合我们的直观感受。因此，古人认为太阳绕着地球转是天经地义的，根本不需要争论。我想，如果把你放到古代，每天看到太阳早上从东方升起，傍晚从西方落下，一定也会本能地得出太阳绕着地球转的结论吧？

古人不仅认为太阳绕着地球转，还认为所有的日月星辰也都绕着地球转，因为天上的星星大体上也是每天晚上从东方地平线升起，清晨消失在西方地平线下。

但是，上面这个想法也遇到了一个不小的麻烦。人们发现，金星、木星、水星、火星、土星这五大行星并不像太阳那样每天很有规律地按时东升西落，而是经常会前进后退。最典型的就是火星了。它虽然总体上看上去是绕着地球转，但时而会后退，时而又像停在原地不动了。

上面这个奇怪的现象一度困扰了古人很久，后来聪明的古希腊哲学家阿波罗尼（约公元前262—约公元前190）想出了一个解决方案。他说，行星运动的轨迹像是一个个轮子。首先，每个行星本身都在绕着一个中心点，做着匀速圆周运动，这个运动的轨迹好像一个轮子，叫作“本轮”。其次，本轮的中心点又在绕着地球，做着匀速圆周运动，这个中心点的运动轨迹也好像一个轮子，叫作“均轮”。有了本轮和均轮，就能解释行星奇怪的运行轨迹了。

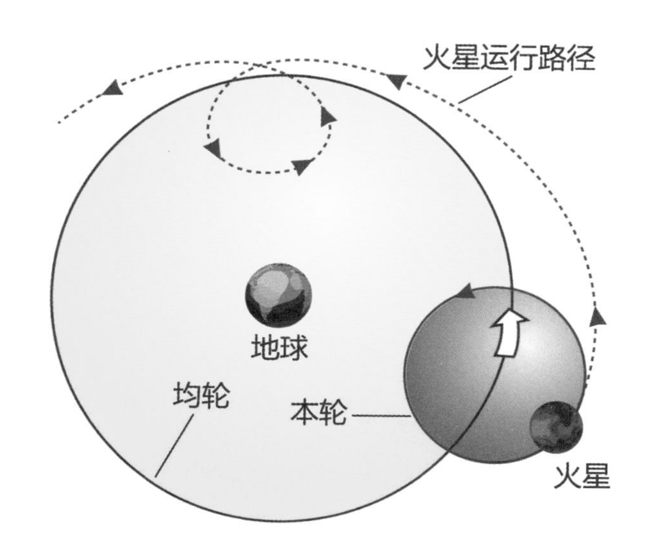

阿波罗尼提出的本轮均轮模型

可以说，本轮均轮的模型奠定了古代天文学的基础。有了这个基础，才有了后来一位古罗马帝国的天文学家取得的杰出成就。这位天文学家是克罗狄斯·托勒密（约公元 90—约公元 168）。

古代天文学之大成

托勒密的祖籍是希腊，他深受古希腊文明的熏陶，精通古希腊人发展出来的天文学、数学、哲学、物理等学科。他本人是古罗马帝国的公民，长期生活在古埃及的亚历山大城。托勒密一生痴迷于天文学，并且是真正的实干派，醉心于天文观测。他的观测室里摆满了别人或者他自己发明的各种天文观测仪器。

托勒密一生痴迷于天文学

每到晴朗的夜晚，托勒密总是会聚精会神地观测五大行星的运动，认真测量并记录各种数据。除了观测，托勒密对前人的理论也是如数家珍。但是，他对天体运动的观测越深入，就越对前人的理论感到不满。他有一种迫切的使命感，觉得非常有必要总结前人的所有理论，然后结合自己的实际观测数据，完成一部古往今来集大成的天文学著作。

托勒密首要思考的一个问题是：日月星辰每天都要“东升西落”，这是所有天体最大的共同规律，造成这个现象的数学原理到底是什么呢？托勒密查遍典籍，按照最“正统”的理论，发现原因是所有的天体都在一个每天转一圈的“同心球”或者“本轮”上。他也查到了一些前人的不同见解，古希腊天文学家阿里斯塔克斯（约公元前 310—公元前 230）的大胆观点引起了托勒密的特别注意。

阿里斯塔克斯认为日月星辰之所以会每天东升西落，是因为地球每天都要自转一周，从我们的角度看，就变成了日月星辰每天绕着地球转了一周。

阿里斯塔克斯认为日月星辰每天东升西落，是因为地球每天都要自转一周

然而，阿里斯塔克斯提不出什么证据来佐证他的上述观点。他之所以会有这样的观点，完全是出于一种数学方面的考虑：用地球自转来解释日月星辰的视运动[①]是最简单和谐的。托勒密对此深表赞同。

讲到这里，你或许会想，托勒密为什么会想不到日月星辰绕着地球转是地球的自转造成的视觉现象呢？他是不是有点笨？你要是这么想，那就小看古人了。实际上，古人一点都不笨，他们的智商与现代人没有什么根本差别，如果让托勒密生活在现代，他没准能成为一个全国高考状元呢。

托勒密怎么也想不通一个问题

但是，托勒密之所以想不到日月星辰绕着地球转是因为地球的自转造成的视觉现象，是因为他怎么也想不通几个问题。比如，如果脚下的大地一直是在转动的话，那么天上的云彩为什么不会都集体向西飘去呢？再比如，我们向上扔起一块石子，为什么会落回到我们的手上呢？如果我们是随着大地一起转动的话，那么抛出去的石子在落回来的时候，肯定要往西偏一定角度了。正因为托勒密找不到对这些问题的合理解释，才无法接受地球自转的观点。

其实，在他生活的那个年代，托勒密的疑问完全是合乎逻辑的，他的疑问在他去世后 1300 多年才被伽利略解决，答案是我们今天都知道的物体有惯性。

托勒密耗费了毕生的心血，终于在晚年时完成了对地心说模型的构建。托勒密详细描述了宇宙的结构、日月星辰如何运动。最厉害的是，托勒密给出了日食和月食的计算方法，用这套方法就能比较准确地预报何时会发生日食或者月食，它们会持续多久。

托勒密的地心说模型是天文学史上第一本正统的教科书，也是之后 1300 多年中唯一的教科书。所以，你以后听到托勒密的地心说时，可不要再觉得是一种愚蠢的说法，它可厉害着呢，可不仅仅是“地球是宇宙的中心”这样一句话就能概括的，里面可是有着令人眼花缭乱的数学计算的。

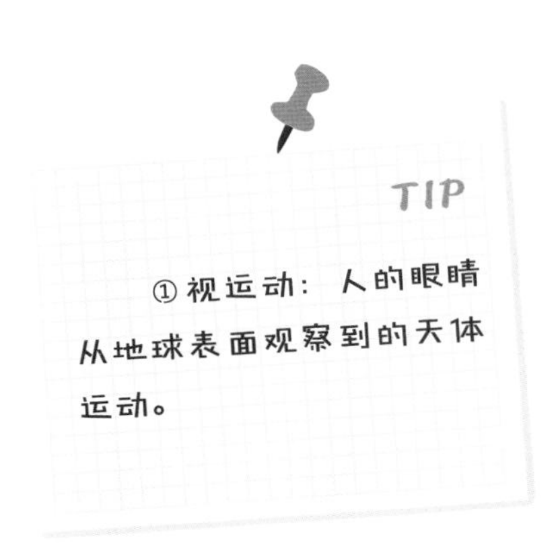

TIP
①视运动：人的眼睛从地球表面观察到的天体运动。

哥白尼单挑托勒密

光阴荏苒，岁月如梭。1300 年后，一场思想文化启蒙运动席卷了欧洲大陆，史称“文艺复兴”。在波兰的佛龙宝大教堂，神父哥白尼（公元 1473—1543）正在孜孜不倦地刻苦钻研天文学。

托勒密的理论早就被哥白尼吃透了，但哥白尼并不觉得满意，甚至可以说非常不满。为什么呢？在托勒密的理论中，本轮和均轮加起来，一共是 80 多个轮子。很多人吐槽说，托勒密的模型就好像是大跳蚤背着小跳蚤，而小跳蚤又背着更小的跳蚤，直至无穷。而且，更闹心的是，都已经搞出那么多轮子了，计算已经如此复杂了，根据这个模型计算出来的结果与实际的观测却还总是对不上，差几小时都算是很不错的结果了，有时候甚至会差好几天。

最终，哥白尼下决心改进托勒密的模型。其实有一个现成的好方案，那就是让地球每天自转一圈，并且把太阳放到宇宙的中心位置。这样一来，计算就会变得简单许多，本轮和均轮的数量一下子就能减少 50 个。

其实，哥白尼的伟大之处并不是他想到了前人从未想到过的模型，这个方案也就是后来大名鼎鼎的日心说其实并不新鲜，在哥白尼之前已经有很多人想到了。

阻止人们接受日心说的原因，除了我前面讲的那些困扰托勒密的问题，

人们吐槽托勒密的模型太复杂，且误差大

还有一个更加重要的原因——《圣经》的权威性。在《圣经》中，太阳、月亮是绕着地球转动的。那时候的人们对此深信不疑。而且，在中世纪的欧洲，设有宗教裁判所，它的权威可比任何法院都要大得多，可以轻易地剥夺一个人的生命。在那种社会环境中，任何与《圣经》相悖的思想都被认为是大逆不道的，别说是写出来了，连想都不能去想，《圣经》是中世纪天文学发展的最大阻碍。

大家可别忘了，哥白尼自己就是一个神父，他要冲破《圣经》，需要多么巨大的勇气啊！实际上，他思想斗争了 10 多年，直到 41 岁时才下定决心冲破思想的牢笼。他最终用了 30 多年也就是在自己的晚年才完成了天文学史上具有革命性质的著作《天体运行论》。这是一道划破黑暗的闪电，是思想解放的赞歌。

这部书总共分为 6 卷。第 1 卷是全书的总论，阐述了日心体系的基本观点。在该卷的第 10 章中，哥白尼绘出了一幅宇宙总结构的示意图，这幅图清楚地表明了日心说的基本观点。第 2 卷应用球面三角解释了天体在天球上的视运动，就是说哥白尼用球面三角的数学原理解释了我们眼中的星星在天上的运动规律。第 3 卷介绍了太阳视运动的计算方法。第 4 卷介绍了月球视运动的计算方法。第 5 卷和第 6 卷介绍了五大行星视运动的计算方法。

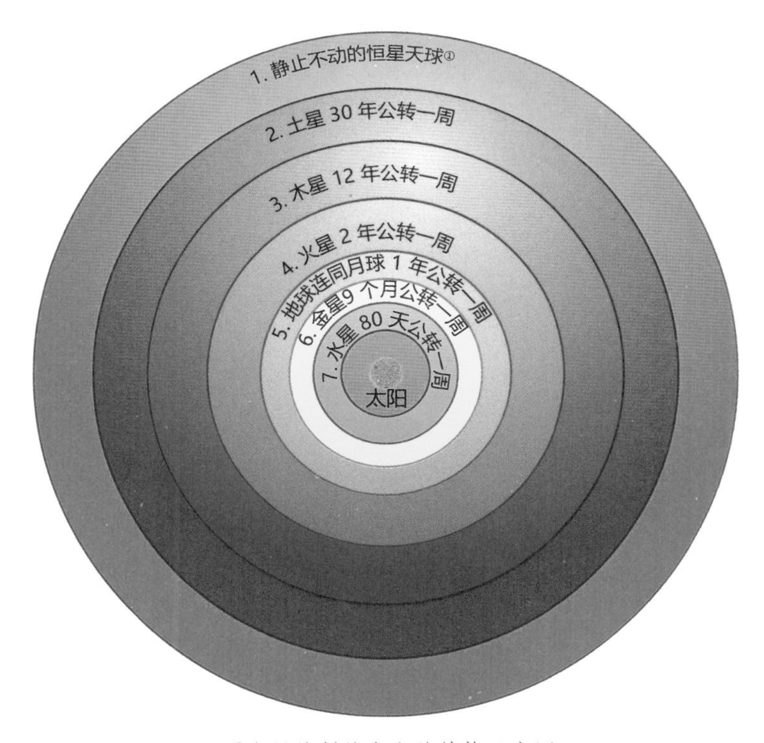

哥白尼绘制的宇宙总结构示意图

《天体运行论》是一部厚厚的大部头著作，它不是仅仅阐述了一些思想，画了几个模型而已，而是有严格的数学论证和定量计算方法的。也就是说，学通了《天体运行论》，就可以计算天上的星星在未来任意一个时刻的位置，精确地预报日食、月食。这套计算方法比托勒密的方法简洁得多，在绝大多数情况下的精度要远远高于后者。

TIP

①恒星天球：所有恒星的组合，表示天上的所有恒星。

日心说的追随者

随着哥白尼的《天体运行论》在天文学圈子中的传播，他的支持者和追随者也越来越多。他们不断地引入新的数学工具和观测数据，让日心说最终取代了地心说。

在众多为日心说的推广和发展做出贡献的人中，一定不能缺少布鲁诺的名字。这位来自意大利的哲学家和思想家，坚定地支持和宣传哥白尼的日心说。1600 年，他背负“异端”的罪名在罗马的鲜花广场被当众处以火刑，他拼尽全力喊出最后一句话：“火并不能把我征服，未来的世界会了解我，知道我的价值的！”

虽然布鲁诺死后成为了捍卫科学自由的象征，鼓舞了无数后来者，但是这里不得不说的是，布鲁诺被判处火刑，并不只是因为他宣传了日心说，还因为他宣扬的宇宙无限与多神论的思想，与当时《圣经》的思想相违背。所以宣传日心说只是他被处死的次要原因而已。

日心说的另外一位支持者伽利略于 1632 年在意大利出版了《关于托勒密和哥白尼两大世界体系的对话》，其中不仅介绍了哥白尼的日心说，更从在望远镜中观察到的结果出发，试图证明太阳作为宇宙的中心比地球作为中心更加合理。后来，他被迫当众跪读忏悔书，之后被罗马教会终身软禁。

思想不能有禁区

你可能很难想象，在人类历史上的绝大部分时间里，每个人能想什么、不能想什么都有着严格的限制。比如，在欧洲，曾经有过 1000 多年的中世纪时代。在那个时代，人们不允许去思考“世界是怎么来的”这个问题。即便是后来的文艺复兴时期，哥白尼、布鲁诺、伽利略也为了科学付出了不同的代价。

在中世纪的欧洲，人们不被允许思考“世界是怎么来的”

好了，希望本章的故事能够让你记住的科学精神是：

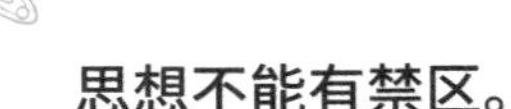

思想不能有禁区。

科学精神中一个很重要的原则，就是科学家要承认自己有可能犯错。世界上没有绝对的正确。如果你听到有一位“大师”说他自己已经看破了宇宙的玄机，或者发现了自然的终极奥义，那么建议你无视他。

事实上，本章所讲的两种学说，无论是日心说还是地心说，其核心目标都是为了构建一个能够精确描述和预测天体运动的数学模型。日心说对天文学的贡献在于提出了一种比地心说更优秀的天体布局模型。至于地球和太阳谁才是宇宙的中心这种关系到世界观的问题，并不是《天体运行论》关心的问题。

不过，哥白尼的日心说也无法令人完全满意。哥白尼坚信，天体的运动应当是完美的圆周运动。这一理念传承自古希腊的柏拉图的理想主义和亚里士多德的物理学观点，即宇宙中的一切都应该是趋于完美的，而圆形恰好是最完美的几何图形。然而，自然界并非总是遵从人类理想的蓝图，这一固执的观念让哥白尼的理论预测与实际观测到的天体运动轨迹的差别很大。另外，尽管《天体运行论》开创性地将太阳置于宇宙的中心，从而极大地简化了此前托勒密地心说体系中繁复的本轮和均轮结构，但哥白尼依然不得不继续沿用这个模型，只能通过复杂的计算来弥补这个模型带来的偏差。

所以，尽管前面提到哥白尼的系统中的所有轮子（本轮和均轮）加起来一共是 34 个，比起托勒密的模型确实简洁了许多，并且计算值与观测值的拟合度在大多数情况下都大大地高于旧理论，但 34 个轮子还是不少，而且计算起来依然是相当麻烦。更加糟糕的是，就算我们能够忍受这些麻烦的计算，日心说的准确性依然得不到保证。

于是，一对亲密的师徒前赴后继，对日心说进行了修补：老师勤于观察，却疏于思考；而学生用老师积累的大量数据，几乎不用望远镜，也基本不抬头看星星，仅仅用他的纸和笔就解决了哥白尼体系中的缺陷，修正了哥白尼的理论体系，完成了对日心说的完美修补，使人类在了解宇宙的真相上大大迈进了一步，被后人称为“天空立法者”。

那么他们是谁呢？请看下一章。

思考题

在哥白尼之前，人们为什么会长时间地相信地心说？请你想一想，到底是什么限制了人类认知世界的过程，而我们应该如何突破思想的禁区呢？

第3章

天空立法者 开普勒及其三大定律

星辰的守护者——第谷

在16世纪末，北欧丹麦王国的一个贵族家庭中诞生了一个热爱天文学的孩子第谷（公元1546—1601）。他家境优渥，又有着对星空的执着热爱。他在30岁的时候，就已经是丹麦远近闻名的天文学家了。当时的丹麦国王弗雷德里克二世也是一个天文迷，他听说了第谷的才华之后，干脆赐给了第谷一个小岛——汶岛，还给了他一大笔钱供他使用。

第谷用这笔钱创建了两座天文台，一座叫天堡，一座叫星堡。在天文台里，他亲自动手设计制造了很多前所未有的天文观测仪器，包括改进型的赤道仪、经纬仪和象限仪。这些仪器也成为他精确记录天体运动的重要工具。

每当夜幕降临，繁星缀满天空，第谷便会带着他雇的40多名助手，操纵着复杂的天文仪器开展观测活动。第谷对于观测数据的精度极为重视。在那个望远镜尚未诞生的时代，第谷凭借超强的视力和他不断改进的天文观测仪器，记录下大量相当准确的数据。根据后人的研究，第谷测量的天体数据，误差已经小于两角秒，这是人眼能够达到的精度极限。

第谷凭借着热情与毅力，在汶岛上一待就是21年。这让第谷拥有当时世上最齐全、精度最高、时间跨度最长的恒星和行星观测数据，第谷将它们视

第谷靠丹麦国王的资助，建造了当时全世界最好的天文台

为生命。然而一个人有所长就有所短：第谷善于追踪和记录天文数据，却并不善于在数据中寻找规律。他很反感哥白尼的日心说，认为把地球与其他的行星并列实在是一件很难接受的事情。于是，在第谷的体系里，虽然容忍了行星围绕太阳转动这一说法，但太阳是围绕地球转动的。

第谷对自己设计的模型相当满意，它既具有日心说模型在计算上的便利性，又把地球再次放置在了宇宙的中心。但是他忽视了一点，那就是他其实已经积累了足以揭示真相的大量数据。而他对地心说的执着，让他与真相失之交臂。

1588 年，丹麦国王病逝，第谷也失去了资金来源。他不得不遣散助手回到故乡。离开观星台的第谷，似乎失去了精神支柱，他的身体也一天不如一天。3 年后的一个深秋，一场意料之外的疾病突然袭来，第谷病倒了。

在弥留之际，第谷心中挂念的并非个人荣辱，而是那份他耗尽毕生精力积累下来的宝贵天文遗产。他知道，只有将其传递给合适的继承者，才有可能让这些数据发挥出应有的作用。在第谷心中，只有一个学生能担此重任，那就是开普勒（公元 1571—1630）。开普勒是一位数学天才，尽管视力不佳，却对数据有着超越常人的洞察力。第谷相信，拥有这一特质的开普勒，最适合成为他的天文遗产的继承者。

天空立法者——开普勒

与老师第谷锦衣玉食的童年完全不同，开普勒是一个地地道道的苦孩子。他家境贫寒，却又努力进取。家里出不起他的学费，他就硬是靠着奖学金念到了大学毕业。

第谷去世前把数据托付给开普勒

当开普勒拿到他老师第谷的宝贵资料时，刚好 30 岁，这也是他的老师第谷成名的年龄。但是，第谷直到最后离开人世也并不知道，他委以重任的学生开普勒竟然是日心说的坚定追随者，伽利略敢挑战地心说就是受到了开普勒的影响。

在随后的 8 年光阴里，开普勒沉浸于漫天星辰编织的数据网络之中。在他眼里，那些堆积如山的星空观测数据，仿佛组成了一个繁星闪烁的宇宙，开普勒就像是一名孤身闯入星海的宇航员，在复杂交错的星图间探索前行。

不得不说，开普勒对于数据的洞察力惊人地准确。面对着错综复杂的行星运动轨迹，他敏锐地发现，无论是老师第谷的宇宙模型，还是哥白尼的日心说模型，在计算偏差方面都有着共同之处：无论把地球还是太阳放在宇宙的中心，都不能避免误差的发生。哥白尼和老师第谷都犯了相同的错误。

经过反复计算和推演，他发现若按照严格的圆形轨道解释行星运动，无论如何都不能完美契合老师第谷所留下的精确观测数据。给这些行星套上本轮和均轮之后，它们的运动轨迹就不是正圆了。于是，开普勒开始大胆尝试对哥白尼的日心说进行修正和改进。

为了验证自己的猜想，开普勒开始重点投入到对火星的研究当中。他夜以继日地画图与计算，在经历了无数次的理论推敲与实验验证之后终于迎来了理论上的突破。他发现，行星围绕太阳运动的轨迹是一个椭圆，而太阳正好处在椭圆的一个焦点之上。就这样，行星运动规律的秘密被开普勒揭示了出来，人类得以第一次真正意义上窥视到了宇宙的奥义。

1609 年，他出版了《新天文学》一书。8 年的艰辛求索，最后凝结成了两个简洁无比的定律，它们就是开普勒第一定律和第二定律。它们冲破了思想的枷锁，首次把人类的智慧扩展到了地球以外的世界，也让人类第一次真正揭开了天体运行的奥秘，所以后世称开普勒为“天空立法者”。

开普勒第一定律

我们先来看看开普勒第一定律，它揭示了行星的运行轨道，其内容为：

行星绕日运行轨道是一个椭圆，太阳位于其中的一个焦点上。

大家可千万别小看这个看似简单的第一定律，人类要跨越到这一步可不简单，同样要冲破一些思想上的枷锁。在哥白尼的模型中，之所以还有那么

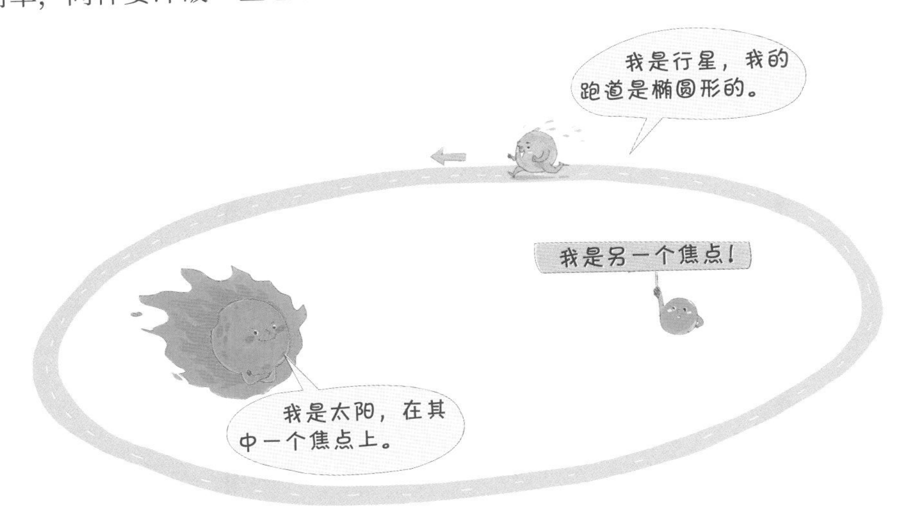

我是行星，我的跑道是椭圆形的。
我是另一个焦点！
我是太阳，在其中一个焦点上。

开普勒第一定律

多的本轮，最重要的原因就是哥白尼恪守着一个他认为必须遵守的原则，那就是从古希腊时代起一直传递下来的和谐与完美原则。哥白尼实际上也发现过，如果把均轮改为椭圆，就可以简化计算。但是，哥白尼坚信，神圣的自然法则一定是完美的。在他看来，只有正圆才是完美的，椭圆是无法接受的。这种完美主义的思想是那个时代哲学家和天文学家普遍持有的执念（那个时代还没有现代意义上的科学家，因为现代科学思想还没有真正诞生）。

但是，就是在这样的环境下，开普勒冲破了思想的枷锁，丢掉了完美主义的执念，把事实摆在了第一位，不给自己预设各种所谓的“原则”，于是有了开普勒第一定律。

开普勒第二定律

我们再来看看开普勒第二定律，它揭示了行星的运动，其内容为：

在相同的时间内，行星到太阳的连线扫过的面积相等。

换句话说，这条定律表达的是，地球距离太阳越近，运动得就越快，反之则越慢。

你看，这又是打破哥白尼完美思想的一条定律。哥白尼和托勒密都坚持认为只有匀速圆周运动才是神圣而完美的，所以，他们宁可多画很多本轮，也要恪守这一原则。

但是，开普勒冲破了思想的枷锁，就是说，有了开普勒的这两个定律之后，仅仅需要用 7 个椭圆（金、木、水、火、土、地球、月亮的运动轨道）就足以取代哥白尼的 34 个轮子，并且计算起来简洁明了，精度也大大提高。在我们现代人看来，这才是真正的宇宙和谐之美。

此时的开普勒刚刚年满 38 岁，正当壮年，他当然不会就此停止探索的脚步。在他 20 多岁时，就坚信行星到太阳的距离之间一定存在着某种神秘的联

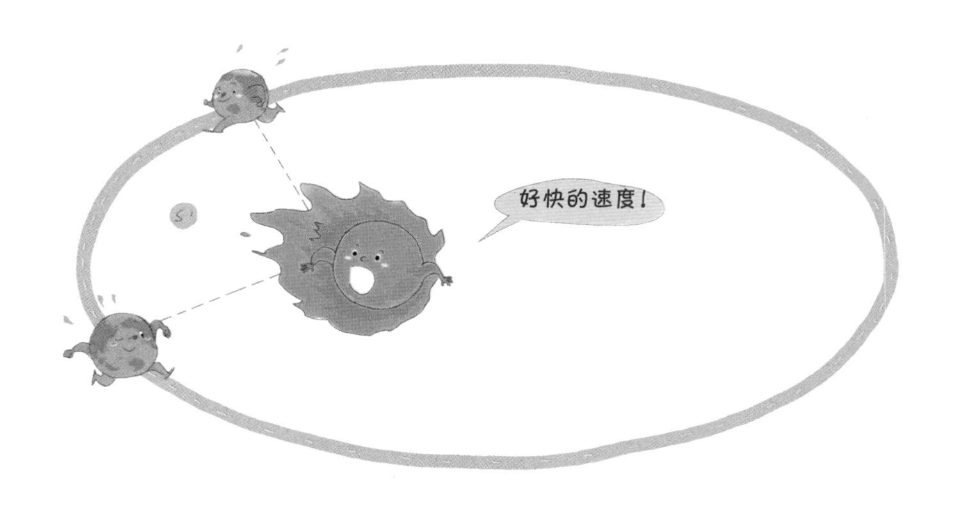

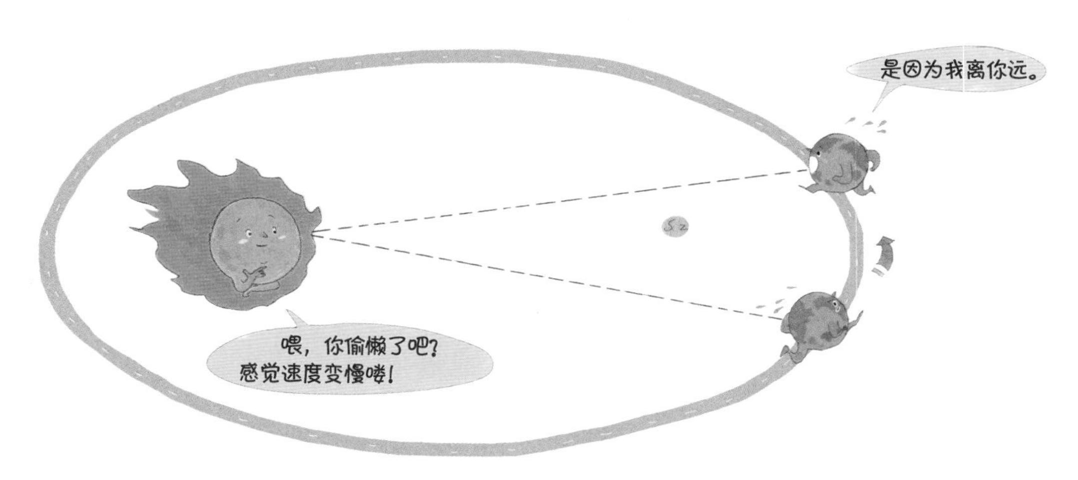

地球距离太阳越近，运动得就越快，反之则越慢

系。他当时有一个奇思妙想：世界上只有五种正多面体（正四面体、正六面体、正八面体、正十二面体和正二十面体），而天上刚好也只有五颗行星，这必然不是巧合，宇宙一定是按照正多面体的方式来一个个地安排五大行星的位置的。当然，开普勒很快就抛弃了这种硬凑的想法，但是依然坚信行星的位置有规律可循，绝不是随意的。于是，他又踏上了长达 10 年的新的求索之路。

开普勒是学术上的幸运儿，却是生活中的苦命人。在 38 岁到 48 岁的这 10 年间，开普勒的生活遭遇了一系列变故，先是工作单位总是发不出工资，然后又丢了工作，家里揭不开锅，接着儿子和妻子相继病逝，他被迫迁徙，之后又再婚。这一连串的生活变故让开普勒疲于奔命，但他心中那团天文学的热情之火从未熄灭。一有时间，他就会拿起纸笔，开始演算。在遭受了不计其数的失败之后，皇天终于不负有心人，1619 年，行星运动的第三定律被开普勒奇迹般地发现。

皇天终于不负有心人，1619 年，行星运动的第三定律被开普勒奇迹般地发现

开普勒第三定律

在我看来，说开普勒第三定律是奇迹，一点儿都不夸张，因为第一定律和第二定律看上去并不是那么惊世骇俗，还是比较直观的，但是第三定律不一样，它的内容足以震惊世界。从成千上万的数据中找出这样的一个规律，除了需要勤奋之外，可能真的需要一些天赋。让我们来看看第三定律的内容：

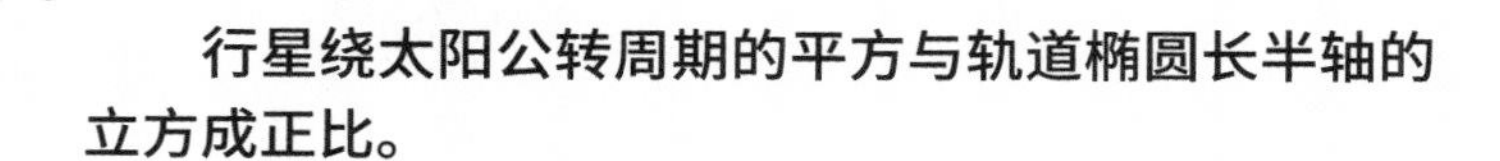

行星绕太阳公转周期的平方与轨道椭圆长半轴的立方成正比。

注意：这个定律中的公转周期是一个时间单位，而长半轴则是一个距离单位。这个定律是说，行星绕太阳转一圈的时间各不相同，有长有短，但是这些时间的数值平方之比与它们到太阳的距离有数学关系。

实际上，对于预测天象来说，有第一定律、第二定律就已经足够了。那么，第三定律有什么用处呢？它能计算出行星离我们有多远。我来给你举个例子，现在我们假设地球到太阳的距离是一个天文单位，我用 1AU 来表示，我们又知道地球绕太阳运行一周的时间是一年。现在，通过观测火星的位置，我们可以得出火星绕太阳一圈需要 687 天（差一点到 2 年，但为了便于打比方，我们权当是 2 年）。

好，根据开普勒第三定律，火星公转周期的平方与地球公转周期的平方之比，等于两个行星到太阳距离的立方之比。那么，假设火星到太阳的距离是 x，那么就可以列一个这样的方程式：

$$\frac{x^3}{1^3}=\frac{2^2}{1^2}$$

对公式进行一下简化，我们就可以得到下面的公式：

$$x^3=4$$

用计算器算一下，我们就可以得到如下结果：

$$x\approx 1.59\text{AU}$$

就是说，火星到太阳的距离是地球到太阳的距离的 1.59 倍左右。用同样的方法，只要把五大行星的公转周期测量出来，那么它们之间的距离就全都可以计算出来了。当时的天文学家认为，太阳系就是整个宇宙，因此知道了太阳系的大小，就等于知道了全宇宙的大小。你想想看，人类连宇宙的大小都有能力推算出来了，这个第三定律的用处还不够大吗？

有了第三定律，
我就可以推算太阳系
的大小喽！

开普勒第三定律用处大

千百年来，无数天文学家用毕生心血观测记录着日月星辰的运动，一遍遍修改天体运动的模型，但是这场拉力赛直到开普勒接棒才终于完整揭示了天体运动的规律。

不过，你可能看出来了，这里面有一个关键的数据——日地距离，也就是 1AU，它到底是多长呢？如果不知道这个数据的长度，其他数据都无从谈起。一旦把这个数据搞清楚，那么宇宙也就没有秘密了，至少当时的人们是这么认为的。因此，在此后的几百年间，1AU 的值就成了天文学的一个热门难题，一代又一代的天文学家为攻破这个难题，呕心沥血，前赴后继，甚至险些丢掉性命。当然，这都是后话了。

1AU 的值是解开宇宙的秘密的关键

不要预设教条

希望本章的故事让你记住的科学精神是：

永远把事实摆在第一位，不要给自己预设教条。

从古希腊时代的毕达哥拉斯一直到哥白尼，他们心目中都有一个完美和谐的宇宙。但是，这其实是一种执念，也是一种教条。因为宇宙的完美和谐并不是可以被人为定义的，他们所谓的“完美和谐”不过是自己主观感受下的完美。大自然有它自己的规律，在宇宙面前，人类只能谦卑地去认识规律，而不是去定义规律。

古代中国人能通过对自然界的朴素观察，总结出抽象的阴阳五行学说，又可以用阴阳五行之间的相生相克的规律来指导吃、穿、住、行、医。这是非常了不起的一种智慧，也代表着中国古代悠久灿烂的文明。

但是，随着人类认识世界的能力的不断提高，我们逐渐发现，这个世界好像再也无法简单地用阴阳五行去划分了。比如，古人认为太阳的反面是月亮，是因为古人看到太阳和月亮差不多大。现在我们知道，原来月亮跟太阳相比，实在小得不值一提，因为太阳要比月亮大好几百万倍。再比如，太阳系的行

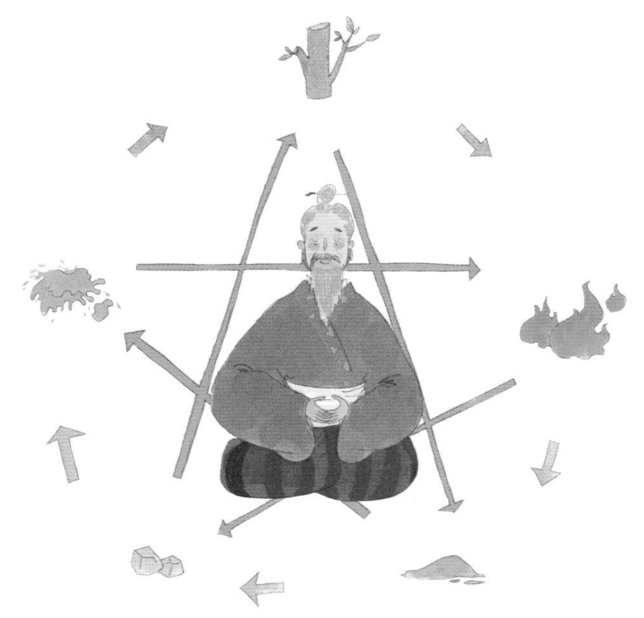

古代中国人用阴阳五行之间相生相克的规律来指导吃、穿、住、行、医，这是一种了不起的智慧

星除了金星、木星、水星、火星、土星，还有天王星、海王星等，这些行星无法用阴阳五行去解释，而且地球本身也只是一颗普通的行星。这就说明人类观测到的事实已经不再是古人以为的事实了，所以人类要以事实为依据，不能死守着阴阳五行理论。

前面提到开普勒第一定律揭示了行星的轨道不是正圆，而是一个椭圆，这是为什么呢？另外，为什么行星的公转周期与距离有开普勒第三定律揭示的那种奇怪的数学关系呢？我们在下一章揭晓答案。

思考题

中国古人有五脏、五色、五味、五气的说法，请你先通过网络查找出它们的含义，然后思考一下这些说法与事实是否相符。

第 *4* 章

开普勒模型的理论证明

行星的运动曲线的形状

上一章我们说到，开普勒提出了著名的天体运行三定律，从此人类可以精确地预测太阳、月亮以及五大行星在任意一个时刻的位置，这是一项非常了不起的成就。然而，人类的好奇心并未就此打住，我们想要知道：天体的运动规律为什么会是这样的呢?

1684 年 8 月的一天，英国科学家艾萨克·牛顿（公元 1643—1727）正在家中看书，忽然响起了敲门声。牛顿很不情愿地起身打开门，只见一位年轻帅气的小伙子毕恭毕敬地站在门外。牛顿认出来了，对方是哈雷博士（公元 1656—1742）。这几年，哈雷博士在英国科学界的名气越来越大。牛顿把哈雷迎进屋，两人愉快地攀谈起来。

谈了一会儿，哈雷博士向牛顿提出一个问题，其实这才是他此行的真正目的。哈雷博士问道："爵士，如果太阳对行星的引力与它们之间的距离的平方成反比，那么请问，行星的运动曲线的形状会是什么样的呢？"

哈雷原以为牛顿会思考一阵子再给出答案，令他没有想到的是，牛顿立即回答道："一个椭圆。"

哈雷一听，又高兴又惊讶，继续问道："您是怎么知道的呢？"

牛顿与哈雷相谈甚欢

牛顿回答道："我是用数学推导出来的。"

哈雷丝毫不怀疑牛顿这位剑桥大学卢卡斯数学教授的数学能力，他恳求牛顿把推导的过程告诉自己。牛顿没有拒绝，但他在自己的稿纸堆中翻找了一阵子，两手一摊说："唉，我不知道写着推导过程的稿纸放在哪儿了。不过，这个推导过程很简单，我回头重新写一遍再寄给你就好。"

科学思维模式的诞生

哈雷很高兴地回去了，没事的时候就给牛顿写封信催促一下。在哈雷的催促下，牛顿打算很正式地写一篇论文寄给哈雷。但是，令牛顿自己也没有想到的是，他在写这篇论文的过程中，突然来了兴趣，打算把自己这么多年来的研究成果好好整理一下。这一整理，就是两年。这期间，牛

牛顿完成了人类科学史上里程碑式的巨著——《自然哲学的数学原理》

顿闭门不出，潜心写作，最终完成了人类科学史上里程碑式的巨著——《自然哲学的数学原理》，它也常被简称为“《原理》”。

今天，无论我们怎样赞美《原理》都不为过，这本巨著的诞生标志着我们今天称之为“科学”的思维模式正式从哲学思辨中脱离出来，成为了一种全新的思维模式。从此，我们对大自然的思考不再停留在哲学思辨上，而是用数学加以定性和定量。

在史前时代，人类对天地结构的认识靠的是幻想。后来，古希腊的毕达哥拉斯从幻想跨越到思辨，亚里士多德则从思辨跨越到实证。再后来，人类从实证跨越到拟合[①]，这种拟合的思想在开普勒的模型出现后达到了顶峰。而牛顿则从拟合跨越到原理阶段，他要回答的是：为什么日月星辰的运动符合开普勒的模型？

这一跨越是人类文明的一大步，假如要把地球的文明史划分成两个阶段的话，那么最有可能的分法就是“《原理》前”和“《原理》后”。

那么牛顿在《原理》中到底提出了哪些原理呢？牛顿在书中一共提出了四条宇宙中最基本的原理。然而，大自然中的一切运动，包括日月星辰的运动，全被这四条原理统领。因此，作为一个现代人，你必须要了解这四条原理，它代表着人类文明的一块里程碑。

TIP

①拟合：用数学模型来模拟天体的运动，使之符合实际的天象。

牛顿三定律和万有引力定律

牛顿在《原理》中提出的第一条原理，也被称为牛顿第一运动定律（或惯性定律），其内容为：

物体将一直保持静止或者匀速直线运动状态，直到有外力改变它。

这条原理告诉我们，物体的运动实际上不需要力，力只是改变物体运动状态的原因。在一个绝对光滑的平面上，你推动一个小球，这个小球就会一直滚动下去，直到有外力让它停下来。

你在绝对光滑的平面上推动小球，这个小球就会一直滚动下去，直到有外力让它停下来

这条原理和我们在日常生活中的感觉有点不同。在日常生活中，我们总觉得要有力，物体才能保持运动状态。实际上，那只不过是摩擦力、空气阻力等给我们造成的假象而已。

牛顿在《原理》中提出的第二条原理，也被称为牛顿第二运动定律，其内容为：

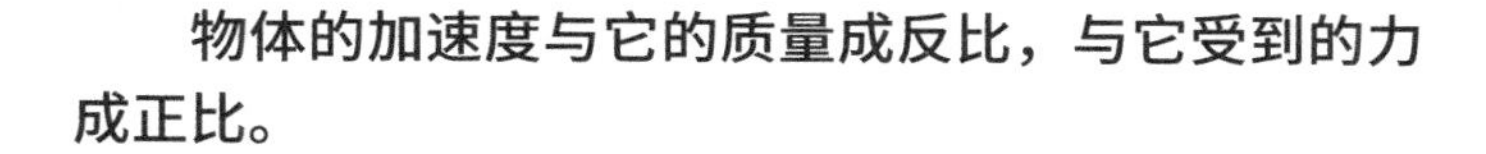

物体的加速度与它的质量成反比，与它受到的力成正比。

这条原理告诉我们，如果我们用一个恒定的力推动一个物体，这个物体的质量越大，那么它的速度变化得也就越缓慢；如果我们加大推动力，则推动力越大，物体的速度变化也越快。

这条原理可以用一个非常简洁的数学公式来表达，就是：

$$a = F / m$$

这个公式说明物体运动速度的变化率（a）等于施加的力（F）除以物体的质量（m）。这条原理倒是完全符合我们的生活经验。

牛顿在《原理》中提出的第三条原理，也被称为牛顿第三运动定律，其内容为：

任何一个力都会产生一个大小相等、方向相反的反作用力。

这条原理告诉我们，在这个宇宙中，没有凭空产生的力，必须要有两个物体相互作用，才能产生力。当我们一拳打到物体上时，物体受到拳头的打击力的同时，也会给我们的拳头施加一个同等大小但方向相反的力，所以我

物体的加速度与它的质量成反比，与它受到的力成正比

们的拳头会感到疼痛。

牛顿在《原理》中提出的第四条原理就是大名鼎鼎的万有引力定律，其内容为：

宇宙中任何两个有质量的物体均会互相吸引，吸引力的大小与两个物体的质量成正比，与它们之间的距离的平方成反比。

这条原理告诉我们，不管你喜不喜欢，你都会吸引周围的所有东西（比如墙壁、天花板、电灯、猫、狗等），它们也同时在吸引着你。

也就是说，如果物体之间的距离增加到原来的 2 倍，那么它们之间的引力就会减弱为原来的 1/4。如果用一个公式来表达这个原理，就是：

$$F=G\frac{M_1M_2}{R^2}$$

在这个公式中，F 代表吸引力的大小，M_1 和 M_2 代表物体的质量，R 代表物体之间的距离，而 G 则是一个固定的数值。为什么我们不把这个数值写出来，而要用一个 G 来表示呢？很简单，就好像圆周率我们要用 π 来表示一样，因为它的数值是：3.141 592 653……永远也写不到头。在物理学中，我们把这种固定的数值称为常数。我们现在只知道万有引力常数 G 是一个介于 6.67377 和 6.67439 之间的数字，至于这个数字到底是多少，是一个固定的数字还是一个无限不循环小数，我们目前并不清楚。它是宇宙留给我们的一个未解之谜。

物体受到手的打击力的同时，也会给手施加一个同等大小但方向相反的力

天体物理学的诞生

关于牛顿，有一个广为流传的故事，那就是他通过观察苹果落地的现象顿悟出了上一节最后提到的万有引力定律。虽然这个故事可能从未真实地发生过（关于他发现这一定律的过程，参见本套书第 1 册第 5 章），但它成功地传达了一个重要的观念，那就是物理定律具有时空的普适性。这意味着物理定律不受时间流逝和空间位置变迁的影响，始终保持有效。因此，从苹果落地的现象推导出任意物体之间都存在引力，再将这一结论推广至整个宇宙中的天体，是非常自然的。

牛顿就是用上一节这四条最基本的原理，用严格的数学推导，证明了行星绕着太阳公转的轨迹必然是一个椭圆，也就是说它们证明了开普勒第一定律的正确性。而且，开普勒的另外两条定律也都可以从这四条原理中自然而然地推导出来。最重要的是，伟大的艾萨克·牛顿爵士，只需要坐在书桌旁，不需要任何观测资料，仅仅凭借着四条基本原理、一支笔、一张纸，就能计算出日月星辰的运动规律，揭开宇宙的奥秘。这样的场景，想想都令人感到兴奋。这就是原理的力量，这就是知识的力量！

也许你还没明白，为什么开普勒在更早的时候就揭示了天体运动的规律，也计算出行星围绕太阳公转的轨迹是一个椭圆，但我们对开普勒的评价没有牛顿高呢?

其中的原因是，开普勒研究天体运动的方法是前面提到的“拟合”。就是说，他需要想出一种数学模型，让数学模型的计算结果刚好与观测结果一致。这种拟合的方法虽然可以预测行星的运动，但却无法解释行星为什么会这样运动。

从亚里士多德的时代开始，就一直有人发问：如果地球是一个球体，那么人为什么不会掉下去呢？还有，如果所有天体都是球体，那么这些球体是依靠什么支撑，才会悬浮在宇宙中的呢？即便开普勒的模型能够准确预测行星的运动，他也仍然无法回答这些疑问。

当开普勒面对观测数据与计算结果存在微小出入时，由于并不理解行星运动的原理，他只能以观测数据作为准绳，通过调整计算方法或者计算参数，力求让计算结果更加贴合观测数据。这种情况反映出开普勒定律的局限性，即它无法对任何可能出现的偏离现象作出解释。

相比之下，牛顿的背后是万有引力定律这样的物理学基本原理。这意味着一旦掌握了万有引力定律，就可以从原理出发去计算天体的运动状态，并预测其未来轨迹。当出现计算结果与观测数据有所出入的情况时，牛顿不仅可以质疑观测数据的准确性，还可以大胆假设是否有尚未观测到的天体干扰了已知天体的运行。

所以，牛顿的伟大之处并不仅仅是发现了天体运动的规律，更是理解了规律背后的原理。从此，天文学从以观测为主、计算为辅，迈入一个以计算为主、观测负责验证的全新时代。因此，牛顿开创了一门崭新的学科——天体物理学。

到了 19 世纪，这门学科迎来了一个属于自己的高光时刻。

天体物理学的高光时刻

1846 年 9 月 23 日，一个普通的秋日午后，普鲁士王国（德意志第一帝国的前身）首都柏林的天文台台长约翰·加勒（公元 1812—1910）收到了一封略显神秘的来信。信件的作者身份不明，然而字句间却流露出一股强烈的自信："尊敬的台长，敬请将您的望远镜指向摩羯座δ星以东大约 5 度的位置，那里潜藏着一颗等待发现的新行星。"

当加勒台长接到这封信时，心中的疑虑与好奇瞬间交织在一起。这就像是一封天外来信，连收到信件的时间都像是被精心设计过一样。加勒迅速组织人员按照信中的指示调整望远镜，指向了信中指定的天区。不出所料，就在摩羯座δ星附近，一颗发着微弱蓝光的天体出现在视野当中。一切都精确得令人难以置信。

经过连续几天的观察，加勒发现这颗蓝色天体一直静静地沿着预测的轨道缓慢移动，而且那的确是一颗此前从未被人类所知的新行星！加勒向全世界宣布：一颗未知行星被找到了，它被命名为海王星。

一个月后，当寄信人勒维烈（公元 1811—1877，法国天文学家）站在了加勒面前时，加勒大大地吃了一惊——没想到对方居然是一个 30 出头的年轻人，还带着羞涩腼腆的笑容。加勒冲上去给了他一个拥抱，吓了小伙子一大跳。当加勒问他是如何发现海王星时，勒维耶拿出了厚厚一叠稿纸，说：“喏，我利用牛顿先生的原理在纸上计算了好多年。”

加勒在看完小伙子的计算稿后不禁大为惊叹，上面一共是 33 个联立方程组。加勒几乎用了一辈子在望远镜中寻找海王星，但一直没有找到，没想到这个年轻人仅仅用纸笔就战胜了自己的设备和经验。

这是牛顿原理的伟大胜利，也是人类天文学历史上的光辉一刻。事实证明，四条原理一直统领着我们的宇宙。

加勒与勒维烈

宇宙可以被理解

希望本章的故事让你记住的科学精神是：

所有的物理现象背后均有原理，宇宙是可以被理解的。

在宇宙面前，人类渺小如微尘。但是，自从科学诞生后，我们一点一点地揭开了宇宙运行的奥秘。我们能精确地预测日月星辰在未来任何一个时刻的准确位置，这中间没有任何神秘的东西，只要能学透并掌握牛顿的四条原理，谁都能做到。

虽然今天还有太多科学无法回答的问题，但是今天不能回答的问题不代表未来不能回答。可能会有人告诉你要敬畏未知，但我想告诉你的是我们只需要对未知感到好奇，而不需要畏惧。只有当我们坚信宇宙是可以被理解的，才能不断发现大自然的奥秘，破解一个又一个未解之谜。

在《原理》出版后，宇宙运行的规律似乎已经被牛顿爵士彻底破解，天文学家们踌躇满志，发誓要攻破天文学的最后一个堡垒，那就是有着“天文学第一问题”之称的日地距离。只要知道了地球离太阳有多远，人类就能计

人类一直致力于揭开宇宙运行的秘密

算出当时认为的整个宇宙的大小。这是一个让无数天才魂牵梦萦的目标。到底谁能取得成功呢？下一章为你揭晓答案。

请你仔细观察大自然中的各种现象，思考一下，哪些现象可以用牛顿四条原理中的某一条来解释呢？比如公交车刹车的时候，人的身体会往前倾，这可以用牛顿的哪条原理解释呢？

第 5 章

天文学第一问题——日地距离

失败的三角测量法

在 18 世纪，太阳到地球的距离被称为天文学第一问题。这个问题为什么那么重要呢？因为这个距离是弄清楚太阳系到底有多大的基础，测出了日地距离，就可以根据开普勒第三定律推算出所有的行星到太阳的距离了。

到底该如何测量日地距离呢？早在 2000 多年前的古希腊时代，人类就已经掌握了测量远处物体距离的三角测量法，这个方法不需要你实际跑到测量目标处就能测量你们之间的距离。

你有没有在电影中看过这样的画面：以前的炮兵在开炮前会用大拇指在眼睛前面比划一下，然后再调整炮管的角度。其实，他就是在利用三角测量

三角测量法

法估测目标的距离呢！你可以试着把手臂伸直，让自己的大拇指对着远处的一个目标，然后快速地用双眼切换着看大拇指，你会看到远处的目标与大拇指的距离会来回变化。有经验的炮兵，就是根据变化的幅度来估测目标的距离。

这是什么原理呢？因为我们双眼之间的距离是已知的，我们分别用双眼观看远处目标，就相当于在测量物体所在位置的这个角的角度。根据几何学知识，知道了双眼和物体之间的距离和物体所在位置的这个角的角度，就能计算出我们到目标的距离。这就是三角测量法。

如何利用三角测量法来测量日地距离呢？可以在地球上相距很远的两个天文台同时观察太阳，测量出太阳在天空中的精确位置，再根据两座天文台相隔的距离计算出日地距离。

法国天文学家卡西尼提出用一个天文台来测量日地距离

聪明的法国天文学家卡西尼（公元 1625—1712）在开普勒发表第三定律的半个世纪后想出了一个巧妙的办法。他说，不需要两个天文台，一个就够了，因为地球在不停地自转，任何一个天文台在日出和日落时的位置之间的距离其实就已经相当于地球的直径。

但这种方法好是好，就是不容易实现，因为限制条件太多。远隔万里的两个天文台要协作，哪有那么容易？即便只用一个天文台，可是太阳在望远镜中的视面积很大，测量精确位置实在不易，一个点的坐标好测，一个圆的坐标不好测。

所以，用三角测量法直接测量日地距离从来就没有真正成功过。看来，要想把日地距离这个天文学第一问题攻破，必须得换个思路，想出点新的招数来。

哈雷的绝妙主意

到了 1716 年，上一章我们说到的那位督促牛顿写出了《原理》的哈雷博士，提出了一个绝妙的新思路，震动了整个天文学界，甚至改变了后世的几位天文学家一生的命运。

哈雷说，利用金星凌日的罕见天象，就可以测定日地距离。他提出的原理是这样的：

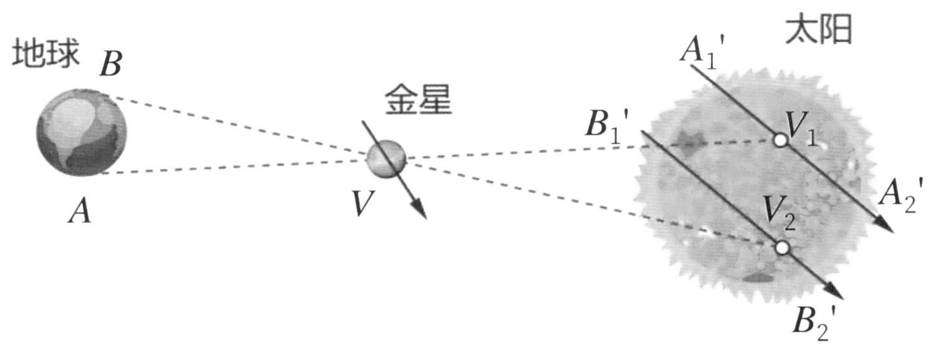

利用金星凌日现象计算日地距离的原理图

在上图中，当金星（V）凌日的时候，从地球上的 A、B 两地同时观测，可以看到它投影在日轮上的 V_1、V_2 两点循着 $A_1'A_2'$ 和 $B_1'B_2'$ 两条平行弦经过日轮。所以，可以通过观测求得 $\angle AVB$ 的度数，并可推出 $\angle AV_1B$（或

$\angle AV_2B$)的度数。如果弦 AB 之长等于地球的半径，则 $\angle AV_1B$ 便是太阳的视差。

可遗憾的是，虽然哈雷找到了好方法，但并没有看到这个问题被解决的那一天，除非他能活到 105 岁，可哈雷只活了 86 岁。但是，天文学界不会忘记这个重要的时刻，在 1761 年金星凌日来临的时候，一场国际大比拼拉开了序幕。

为了率先解决这个“最崇高的问题”，整个天文学界都在摩拳擦掌，简直就像天文界的奥运会。为了能在比赛中拔得头筹，法国派出了 32 名选手，英国派出了 18 名，瑞典、俄国、意大利等国也都派出了参赛选手。这些英勇的天文学家们奔赴地球的 100 多个地点，比如俄国的西伯利亚、中国的青藏高原等地。

1761 年，金星凌日来临的时候，一场国际大比拼拉开了序幕

下一节我会给你讲讲其中一位法国天文学家勒让蒂（公元 1725—1792）的故事，他无疑是这次比赛中最倒霉的一位参赛选手。

史上最倒霉的天文学家

勒让蒂提前一年从法国出发，他计划去印度的荒原上观测这次金星凌日。哪知道，就在这一年，印度的宗主国英国和勒让蒂的祖国法国开战了，勒让蒂被当作间谍给关进了监狱，虽然最后捡回了一条命，但观测泡汤了。

虽然经历了牢狱之灾，但是意志坚定的勒让蒂没有放弃观测金星凌日

不过意志坚定的勒让蒂没有放弃，他继续前往印度，因为金星凌日每隔 100 多年会出现两次，虽然他错过了 1761 年这次机会，可 8 年后的 1769 年还会有一次。勒让蒂用了 8 年的时间建立了一个一流的观测站，添置了最精良的观测设备，并且不断地做着演练，调试设备，直到对每一个细节都感到满意。

勒让蒂在印度的观测地点也是精挑细选的，他选的那个地方在 6 月通常都是晴天。1769 年的 6 月 4 日终于到来了，勒让蒂在前一天晚上沐浴，把所有的设备都擦得干干净净。你可以想象一下，一个人为了一个时刻整整等待了 8 年，做了 8 年的精心准备，这一夜将是什么样的心情。早上起来的时候，勒让蒂看到了一个完美的艳阳天，他非常激动，就等着那个神圣的时刻来临。

勒让蒂 8 年的努力因一朵乌云而“完美”地化为乌有

果然，这一天，金星凌日现象如约而至。正当金星刚刚开始从太阳的表面通过时，老天爷又开起了玩笑。一朵不大不小的乌云不知从何处飘来，刚好挡住了太阳。勒让蒂简直要疯掉了，他焦急地一边看表一边等待乌云飘走。

最后，当乌云飘走时，勒让蒂记录下来的时间是 3 小时 14 分 7 秒，这差不多恰好是那次金星凌日现象的持续时间。

勒让蒂 8 年的努力因为一朵乌云而化为乌有，悲愤交加的他只好收拾起仪器启程回老家，但他的厄运并没有因此结束。他在港口患上了痞疾，一病就是整整一年。一年后，他终于登上了一条船回国，可是没想到途中遇上了

参加 1769 年观测金星凌日现象的天文学家大部分都没能完成观测

飓风，差点儿失事。当勒让蒂九死一生回到法国老家时，他已经离家 11 年了，但迎接他的不是一个温暖的家和亲属们的热烈拥抱：他早就被亲属们宣布死亡，所有的财产也被他们抢夺一空。

这就是史上最倒霉的天文学家勒让蒂的故事。那其他参赛选手的运气如何呢？也都不怎么样。绝大多数人都没能顺利完成观测：不是交通受阻，就是遇上坏天气，或者好不容易赶到了目的地，打开箱子一看，所有的仪器设备都损坏了。有少数天文学家完成了观测，但由于当时天文摄像技术还很落后，拍出来的照片质量都不够好。

所以，18 世纪的这两次金星凌日，虽然全世界有很多天文学家付出了巨大的努力，但都没能测出真实的日地距离。天文学第一问题依然没有得到很好的解决。

纽康攻克天文学第一问题

读到这里，聪明的你应该已经明白，法国天文学家勒让蒂不过是当时众多参与观测金星凌日现象的天文学家中最倒霉的一位而已，而其他天文学家虽然没有遇到勒让蒂那些倒霉事，但也都没有测量出真实的地日距离。

有科学家专门整理过 1761 年和 1769 年全球各地汇总的观测数据，发现这些数据由于测量误差过大，无法互相验证，更没办法形成统一有效的结论。下一次出现金星凌日，要等到 105 年之后，在世的天文学家没人能等那么久，他们只好把遗憾交给后人去解决。

1873 年初，美国天文学家西蒙·纽康（公元 1835—1909）决定挑战这一难题。此时，距离下一次金星凌日还有将近两年的时间，他决定提前做好准备，一举完成利用金星凌日这一罕见天文现象，精确测量日地之间的平均距离的科学壮举。

时隔 105 年，尽管天文观测的精度已经得到了突飞猛进的发展，但是，在遥远的日地距离面前，手头可用的测量技术依然显得捉襟见肘。观测计划启动后，纽康精心组织了 8 支天文考察队，并为每一支队伍都精心安排了目标观测地点。8 支天文考察队的观测地点均匀地分布在美洲、欧洲、亚洲、非洲和大洋洲，他们在金星凌日现象出现前先抵达观测地点，进行模拟观测，以提高观测工作的同步性和准确性。

万事俱备，只欠东风。1874 年 12 月 9 日，各天文考察队按照计划有条不紊地开展工作，详细记录了金星凌日开始和结束时的精确时刻，观测和数据采集工作完成得堪称完美。

然而，意外还是发生了。数据汇总之后，纽康发现，由于受到气象条件和人为因素的共同影响，这些数据的精度仍未达到理想的水平。最明显的问题是，8 支队伍观测到的金星凌日持续时间存在差异，这是必须避免的问题。

虽然这一次观测的精度已经超过了往次所有的观测活动，但纽康深知此次测量的数据仍然不足以支撑他对日地距离测量的要求。因此，他决定再做 8 年的准备工作，把握住 8 年后到来的第二次金星凌日的观测机会。

1882 年，纽康再度集结队伍，重复了 8 年前的全球观测布局。同年 12 月 6 日，第二次金星凌日如期上演，各探险队再次提交了宝贵的观测数据。这次，纽康团队在吸取第一次的经验教训后，优化了观测技术和数据处理方法，观测结果终于达到了标准。

经过对两次金星凌日观测数据的深入分析和计算，纽康及其团队利用三角测量法，将不同地点观测到的金星凌日的时差转换为角度差异，通过复杂的数学模型推算出日地之间的距离。尽管过程中充满了挑战，但最终他们还是取得了成功。他们利用哈雷提出的方法，准确计算出了太阳到地球的距离是 1.4959 亿千米，相当于把 1100 多万个地球紧挨着排成一串。这个结果相当精确，与我们今天用最先进的设备测量出的结果几乎没有差异。

美国天文学家西蒙·纽康成功观测到金星凌日

天文单位

从 18 世纪初太阳到地球的距离被定义为天文学第一问题，到 19 世纪末人类终于完成了精确的日地距离测量，这期间经历了将近 200 年。有了上一节纽康等人的努力，天文单位这个可以用来丈量太阳系的天文概念终于有了准确的数值：1 个天文单位，相当于 1.496 亿千米。

如果用天文单位来衡量太阳系，我们可以非常方便地理解和比较太阳系内不同天体之间的距离关系。例如：火星到太阳的距离约为 1.52 个天文单位，而木星到太阳的距离则是大约 5.2 个天文单位。天文单位让原本难以理解的巨大数字变成了日地距离的倍数，两者的远近是不是就一目了然了？

以太阳风能吹到的界线来计算，太阳系的半径约为 100 到 200 个天文单位。而如果以太阳引力的有效范围来计算，太阳系的半径则可以达到 5 万到 10 万个天文单位。

与太阳系相比，地球显得如此渺小。天文单位的定义，不仅彰显了人类探索宇宙的决心和毅力，也体现了人类对宇宙认知的不断深化。它不仅是天文学研究的重要工具，也是人类理解宇宙尺度和结构的重要基石。

知识来之不易

希望本章的故事让你记住的科学精神是：

科学探索艰辛，知识来之不易。

所有写入教科书的科学知识都不是从天上掉下来的，也不是乱写的，而是无数科学家通过艰辛探索，经受住了严苛的检验之后才能保留下来的。这些科学知识，作为人类文明的成果，被一代又一代地传承下去。

科学之塔离不开每一位科学家的努力

或许你有时候会在网上看到一些耸人听闻的标题，什么“达尔文的进化论破产了”“我们被教科书骗了几十年”“牛顿理论被推翻了”等。但是，请你记住：凡是有这种标题的文章，其内容全都不可信。任何被写入教科书的科学知识尤其是被写入中小学教科书的知识，不可能被某个民间科学爱好者轻易地推翻。正如你在本章中看到的，为了一个日地距离，人类付出了将近 200 年的努力。知识之塔的每一块砖都不是轻易得来的，你现在要做的是努力吸收前人的成果。

当 20 世纪的太阳升起来时，人类已经把太阳系的家底基本摸清楚了，摆在天文学家们面前的是另外一个难题：银河系到底有多大?

当谜底被揭开时，天文学家们再次被震惊了，宇宙的真相远超人类的想象。银河系与宇宙的关系是怎样的呢？我将在下一册揭晓答案！

我们现在人人都知道月亮绕着地球转，请你想一想，你能设计出什么样的观察方法来验证这个科学知识呢?

青少年科学基石32课

◎汪诘 著 庞坤 绘

从宇宙大爆炸到宇宙大撕裂

南方出版社·海口

图书在版编目（CIP）数据

青少年科学基石 32 课 . 6, 从宇宙大爆炸到宇宙大撕裂 / 汪诘著 ; 庞坤绘 . —海口 : 南方出版社 , 2024.11.

ISBN 978-7-5501-9186-0

Ⅰ . N49；P1-49

中国国家版本馆 CIP 数据核字第 2024SF9027 号

QINGSHAONIAN KEXUE JISHI 32 KE：CONG YUZHOU DA BAOZHA DAO YUZHOU DA SILIE

青少年科学基石 32 课：从宇宙大爆炸到宇宙大撕裂

汪诘 著　庞坤 绘

责任编辑：师建华
特约编辑：林楠
排版设计：刘洪香
出版发行：南方出版社
地　　址：海南省海口市和平大道 70 号
电　　话：（0898）66160822
经　　销：全国新华书店
印　　刷：天津丰富彩艺印刷有限公司
开　　本：710mm×1000mm　1/16
字　　数：418 千字
印　　张：34
版　　次：2024 年 11 月第 1 版　2024 年 11 月第 1 次印刷
书　　号：ISBN 978-7-5501-9186-0
定　　价：168.00 元（全六册）

目录

第1章 宇宙中的一座座孤岛

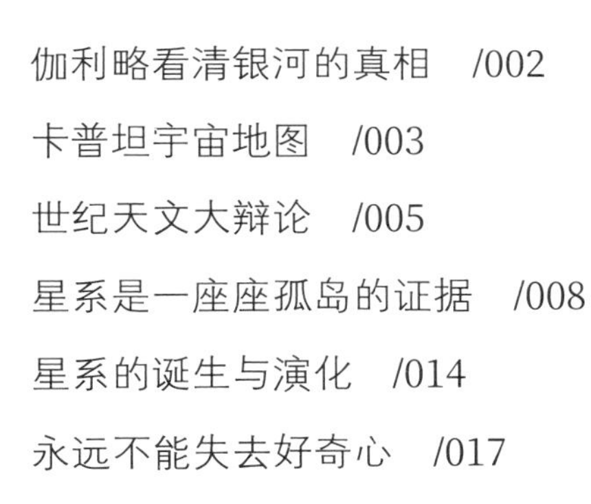

伽利略看清银河的真相 /002

卡普坦宇宙地图 /003

世纪天文大辩论 /005

星系是一座座孤岛的证据 /008

星系的诞生与演化 /014

永远不能失去好奇心 /017

第2章 宇宙的中心在哪里?

哈勃发现星系退行 /020

宇宙大爆炸设想 /023

宇宙大爆炸的证据 /026

强调宇宙没有中心的意义 /030

非凡主张需要非凡证据 /031

宇宙的年龄原来是这样推算的

如何测算面团膨胀了多久？ /034

如何测算宇宙膨胀了多久？ /037

锁定宇宙年龄的证据 /041

没有测量就没有科学 /047

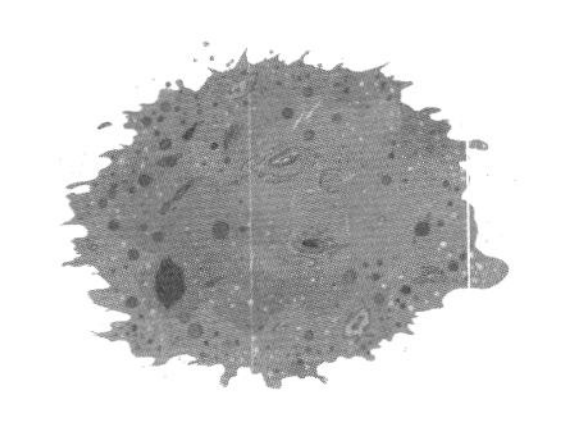

宇宙是有限还是无限的？

“有限无界”的宇宙观 /050

宇宙没按常理出牌 /053

测量宇宙曲率的方法 /055

宇宙是无限的 /058

什么是可观宇宙？ /060

过程比结论更重要 /063

宇宙的未来命运

追问宇宙未来命运的意义 /066

关于宇宙未来命运的熵增定律 /069

宇宙热寂假说 /071

宇宙扩张与暗能量探秘 /073

宇宙大撕裂假说 /077

探索永无止境 /080

第1章

宇宙中的一座座孤岛

伽利略看清银河的真相

自从人类开始对星空感到好奇以来，我们就注意到头顶上的那一条横贯天际的银河。在中国古代的神话传说中，银河是天上的一条大河，它隔开了牛郎和织女，所以每年的七夕节，牛郎和织女只能在鹊桥上相会。

传说当然只是传说，并不是银河的真相。那么，银河到底是什么呢？

第一个看清银河真相的人是伽利略。当他用望远镜对准银河后，他发现，银河实际上是由无数极为暗弱的恒星构成的。后来，一代又一代天文学家用望远镜仔细地观测银河，证实了银河确实是由多到难以计数的恒星组合而成的。经过天文学家们的测算，银河中那些密密麻麻的恒星距离我们最远不会超过 10 万光年。在夜空中，银河之外的满天繁星相比银河来说，离我们近得多，所有望远镜中可见的单颗恒星最远也不过是在数千光年之外。

伽利略用望远镜发现，银河实际上是由无数极为暗弱的恒星构成的

卡普坦宇宙地图

当时间走到 1906 年时，全世界的天文学家在荷兰天文学家卡普坦（公元 1851—1922）的倡议下，联合了起来。他们决心要干一件大事——画出全宇宙中所有可见星星的分布图。在当时的天文学家看来，这幅图就等同于宇宙的地图。但这项工程无比浩大，他们要在天空中随机选出来的 206 个天区中详细记录每一颗恒星的亮度、位置、距离、移动速度等信息。

这项工作开始后没多久，第一次世界大战就爆发了，但依然有许多天文学家坚持着这项观测工作。到了 1922 年，卡普坦终于向天文界宣布：他用统计分析的方法画出了宇宙地图。在这幅图中，全宇宙的所有星星组成了一个透镜一样的东西，总体上是一个圆形，中心厚，两边薄，越靠近中心的位置的星星越密。这个圆形的直径大约是 5.5 万光年，中心的厚度大约是 1.1 万

卡普坦宇宙地图

光年，我们的太阳系位于这个透镜的中心附近。这就是天文学史上赫赫有名的卡普坦宇宙地图。

尽管我们今天知道，卡普坦宇宙并不是宇宙的真相，但这毕竟是第一次由人类的科学家根据观测得到的证据，而不是仅仅依靠神话传说给宇宙画的像。

世纪天文大辩论

其实，就在卡普坦给宇宙画像的那些年，在美国，天文学家沙普利和柯蒂斯在做着几乎同样的事情，他们各自给宇宙画了一幅不同的图像。

沙普利（公元 1885—1972）画的宇宙图，在总体形状上与卡普坦宇宙地图差不多。但是，沙普利根据他观测到的球状星团的分布情况，得出了一个结论：太阳系不在宇宙的中心附近，而是在宇宙的边缘。

柯蒂斯（公元 1872—1942）抛出了一个非常重要的概念——银河系，这个概念在今天看来似乎稀松平常，可你知道当时这个概念被提出来的时候人们有多震惊吗？要知道，在当时，人们还没有建立"星系"这个概念，几乎所有的天文学家都认为宇宙就是我们眼中包含了无数颗恒星的一块区域，谁也没有想过宇宙中的恒星还会聚集在不同的区域。例如，在北半球能看到的最明显的一片星云位于仙女座附近，所以这片星云被叫作"仙女座大星云"。柯蒂斯根据一些间接证据（主要是他自己的推测），坚持认为，仙女座大星云就是与银河系一样的星系，也是由无数的恒星组成的。

于是，在柯蒂斯画的宇宙图中，有两个巨大的像铁饼一样的星系：一个就是太阳系所在的银河系，另一个就是距离银河系 50 万光年的星系——仙女座星系。

天文学家赫歇尔认为星云像天空中的云一样

科学讲求证据，任何科学概念都不是科学家们拍脑袋凭空想出来的。那么，柯蒂斯凭什么认为在银河系之外还有别的星系呢？他提出的关键证据是一种叫作“星云”的天体。

早在 18 世纪，天文学家威廉·赫歇尔（公元 1738—1822）就注意到了隐藏在夜空中的无数星云。之所以称它们为星云，是因为在望远镜中，这些星云就是一些淡淡的、发着不同颜色光芒的薄雾状的东西，就像天空中的云一样。

不过，关于星云到底是什么，天文学家们争论了近 200 年，但是谁也拿不出有说服力的证据。

在北半球能看到的最明显的一片星云位于仙女座附近，所以这片星云一直就被叫作“仙女座大星云”。柯蒂斯根据一些间接证据（主要是他自己的推测），坚持认为，仙女座大星云就是与银河系一样的星系，也是由无数的恒星组成的。

不管是沙普利还是柯蒂斯，都有很多的支持者。为了分出个对错，他们于 1920 年在美国科学院的大礼堂中搞了一次规模盛大的辩论会，这场辩论会史称“世纪天文大辩论”。辩论会很激烈，双方始终针锋相对，分不出高下。

在大礼堂的一角，有一个人静静地坐着。他没有参与辩论，只是静静地听着，嘴角泛起一丝冷笑。3 年后，这个人将为这场辩论做出终极评判。

世纪天文大辩论

星系是一座座孤岛的证据

上一节结尾提到的那个人是谁呢？他就是美国一位传奇天文学家——埃德温·哈勃（公元 1889—1953）。

要想弄清楚仙女座大星云到底是不是一个星系，最关键的就是要测出它与地球的距离。这个道理你能想明白吗？因为近大远小的关系，假如仙女座大星云离我们非常遥远，那么我们只能通过观测到的大小算出它的真实大小。

哈勃之所以后来能成功算出仙女座大星云与地球的距离，除了他自身的努力，也与当时天文照相术的发展密切相关。进入 20 世纪后，天文学家观测星空时已经很少用肉眼直接去看了，都是研究照片。

哈勃为仙女座大星云在内的数个大星云拍摄了大量照片，最为关键的是，哈勃以惊人的耐心从这些照片中分辨出了 30 多颗造父变星，这是一种亮度会发生周期性变化的恒星。然后他又用了两年多的时间，耐心地绘制了这些造父变星的光变周期曲线。根据这些曲线，他最终计算出了仙女座大星云和三角座大星云离地球至少有 93 万光年。这对当时的天文学家们来说，实在是一个无法想象的遥远距离。

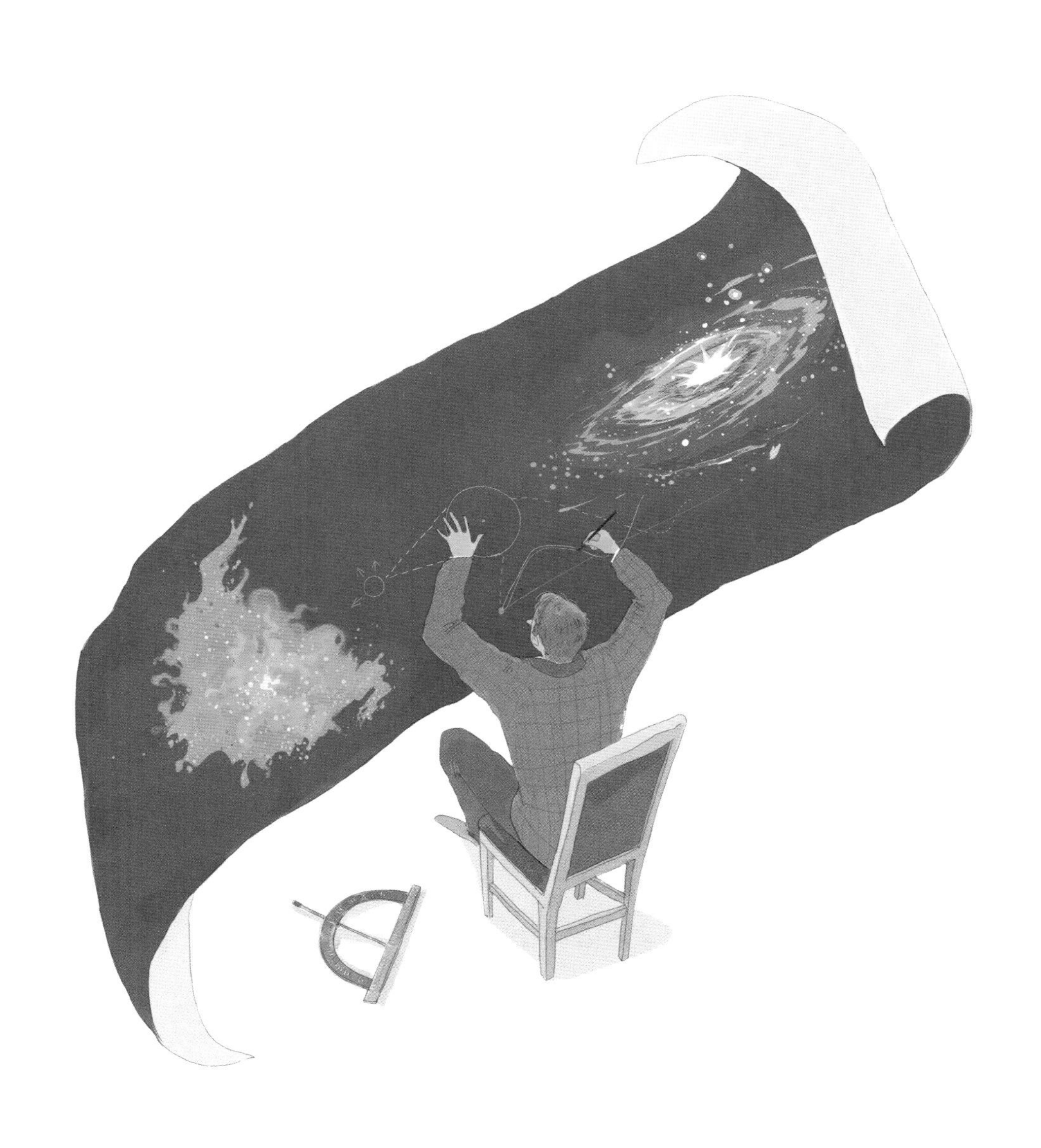

哈勃用了两年多的时间，耐心地绘制造父变星的光变周期曲线

哈勃的工作很细致，数据很翔实，科学家们只会也必然会屈服于证据。在铁证面前，天文学家们达成了共识：夜空中的绝大多数星云不可能是银河系中的发光气体云或者某一个单独的天体，而是与银河系一样的由千亿星辰构成的真正的星系。每一个星系就像是广袤宇宙中的一座孤岛，而我们生活在其中的一座孤岛也就是银河系上。在哈勃生活的年代，人们已经观测到，宇宙中至少有数以千万计的星系孤岛。70 多年后的 1995 年，另一个哈勃，也就是为了纪念哈勃而命名的哈勃太空天文望远镜，再次把宇宙孤岛的图景推向了令人难以置信的地步。

1995 年 12 月 18 日看上去是平凡的一天，一个来自美国的天文研究小组租用了哈勃望远镜，他们要选择一个颇受争议的区域进行观测。那是一块“黑区”，还是整个天空中最黑的一块“黑区”。“黑区”是什么意思呢？顾名思义，它就是天空中一块看似什么也没有的黑色区域。这次观测选择的“黑区”，大小仅仅只有 144 弧秒，只占整个天区的两千四百万分之一，相当于你站在 100 米开外去观察一个网球。

更加让许多人大跌眼镜的是，这组观测者要求租用整整 11 天。大家要知道，全世界的天文学家都在争相排队租用哈勃望远镜，每个人都认为自己要观测的那个位置是最重要的。于是，全世界有很多天文学家吐槽，NASA（美国国家航空航天局）怎么能批准这样一个不靠谱的观测计划呢？他们中有很多人预言，11 天后，这些人在那个“黑区”中什么也看不到，最后会成为一个笑柄，还浪费了哈勃望远镜宝贵的工作时间。

在一片质疑声中，哈勃望远镜把镜头聚焦到了那片位于大熊座的黑区，从 12 月 18 日一直观测到了 12 月 28 日，这 11 天中哈勃望远镜绕着地球转了 150 圈，在 4 个不同的波段上整整曝光了 342 次。在宇宙中穿行了 100 多亿年的光子一颗颗落在了哈勃望远镜极为灵敏的感光元件上，谁也没想到，这些光子组成的图像将让全世界的天文学家接受一次革命式的洗礼。

全世界的天文学家都在争相排队租用哈勃望远镜

这 342 张图像最后合成的照片被称为“哈勃深空场”，这恐怕是人类天文学史上到目前为止最为重要的一张天文照片。下面我就把这张照片贴出来让你看看。

哈勃深空场

如果完全没有看明白这张照片的震撼之处，也很正常，如果不解释，非专业人士谁也看不出这张照片的价值。让我来解释一下。在这张照片中，每一个光点，哪怕是最暗弱的一个光点，都不是一颗星星，而是一个星系，一个像银河系这样包含了上千亿颗恒星的星系！在这么一个只占整个天区的两千四百万分之一的区域中，哈勃望远镜就拍摄到了超过 3000 个星系。

宇宙中星系的分布密度是均匀的，这一点早已被证实过了。那么根据“哈勃深空场”中的星系数量就可以推测出，宇宙中可观测到的星系总数将超过1000亿个，这实在是多到吓人。如果我们的银河系在宇宙中是一个中等大小的星系的话，那么宇宙中平均每个星系就包含了1000亿到2000亿颗恒星，也就是说宇宙中恒星的总数量相当于地球上所有沙子的数量（包括所有沙漠和海滩上的沙子）。这虽然令人难以置信，但确实是观测到的事实。

所以，感谢埃德温·哈勃，我们现在知道银河系只是可见宇宙中数千亿星系中的一个，也就是说柯蒂斯的论点是正确的。那场世纪天文大辩论至此画上了一个句号。

星系的诞生与演化

在我们生活的宇宙中，仅仅可观测到的星系数量就超过了 1000 亿个。但宇宙并没有因此而变得拥挤，而是极为空旷。星系与星系之间的距离极其遥远。根据天文学家估算出来的数据，星系与星系之间的平均距离在几百万光年到几千万光年之间。

宇宙为什么会呈现出如此怪异的状态呢？这就要从恒星和星系的诞生开始说起。

在宇宙诞生的初期，宇宙中平均分布着极为稀薄的少量物质。此时的宇宙，比实验室条件下所能达到的真空条件，更加接近于真空。

随着时间的推移，宇宙中稀薄的物质开始在引力的作用下逐渐聚集起来。它们就是星系的种子——原始星云。这些星云就像宇宙中的气体泡沫，它们在引力的引导下一边旋转，一边聚集。星云的产生，让稀薄的物质聚集起来。在星云与星云之间广袤的空间里，宇宙变得越来越空旷。

当星云内部的某个区域聚集了足够多的物质后，引力将会克服气体的压力，引发一次猛烈的坍塌。坍塌会引发核聚变反应，从星云中诞生出第一代恒星。这些恒星就像灯塔一样把星云照亮。

随着越来越多的恒星从星云中诞生，恒星之间的物质也逐渐被恒星吸引。

原始星云就像宇宙中的气体泡沫，它们在引力的引导下一边旋转，一边聚集

这些恒星在围绕着引力中心绕转的过程中，就形成了一个个庞大的恒星集合，这就是星系。

在引力的作用下，大部分星系都能形成圆形、椭圆形或者旋涡的形状。但是，如果一个星系最初聚集的物质太少，它就有可能无法形成规则的圆盘，只能形成一个不规则的样子。这就是不规则星系。

尽管星系之间的距离极为遥远，但并非彼此孤立。天文学家已经观测到，宇宙中的星系并不是随机散布在宇宙当中的，而是在引力的作用下聚集成巨大的星系团和超星系团结构。换句话说，引力作用牵引着每一个星系，它们借助引力的作用而相互融合、碰撞，甚至有时候还会出现毁灭性的星座吞噬现象。这让宇宙空间更加空旷和孤寂。

银河系在我们地球人眼中如此巨大，但在宇宙的广阔舞台上显得如此渺小而孤独。宇宙的尺度如此宏大，星系间的距离如此遥远，才使得每个星系如同一座座孤岛，散落在广袤的宇宙海洋之中。

当我们仰望星空，感叹银河系的伟大与壮丽之时，也许不禁会对宇宙的深远、宽广与无限感到敬畏。在浩渺的宇宙中，每一个星系的诞生与演化，都在无声地讲述着一段段关于时间、空间与物质相互交融的宇宙史诗。

永远不能失去好奇心

好了，希望本章的故事让你记住的科学精神是：

永远不能失去好奇心。

在浩瀚的宇宙面前，虽然人类渺小如微尘，但我们通过科学技术，可以看到如此宏大的宇宙。驱使我们不断向宇宙深处探索的，是永不消失的好奇心，这是你无论长到多大都不能丢掉的宝贵品质。

经常会有人问我：搞清楚宇宙有多大有什么用？我回答说：满足好奇心就是最大的用处。我们的身体虽然禁锢在小小太阳系中的一颗蓝色星球上，但我们的目光可以投向百亿光年外的宇宙深处。这是人类作为宇宙中的一个文明最值得骄傲的成就。

天文学家哈勃第一个找到了证明宇宙由一座座星系孤岛组成的证据。他没有停止探索的脚步，几年后又有了一个惊人的发现。这个发现令人震惊的程度远远超过了星系孤岛，甚至连远在德国的爱因斯坦，听闻这个发现后，都忍不住赶到美国来核实数据，生怕被哈勃给忽悠了。

这到底是一个什么样的惊天大发现呢？下一章将揭晓答案。

请你到厨房中抓一把米，然后想一想怎样才能用最快的方法知道这一把米中包含了多少米粒，再想一想用什么方法可以算出家里总共有多少米粒。

第 2 章

宇宙的中心在哪里?

哈勃发现星系退行

上一章我们说到，天文学家哈勃证实了我们的宇宙中漂浮着一座座孤岛，这些孤岛就是星系，而我们身处的这座孤岛叫作“银河系”。哈勃把人类的宇宙观又带向了一个更广阔的层次，而他自己也成了一位痴迷于观测星系的天文学家。

哈勃在天空中努力搜寻着能被望远镜观测到的所有星系，一个也不放过，仔细测量着每一个星系的亮度、发光颜色、距离等一切能被测量的数据。这个工作极为繁琐枯燥，日复一日，年复一年。要是你问他为什么这么做，哈勃可能会回答你：说实话，我也不知道能从中发现什么，但我知道科学研究的过程就是观察、测量、记录、找规律，然后说不定就会有惊喜不期而至。他很幸运，只是连他自己都没想到，这次获得的惊喜之巨大远远超出了他的预期。

几年下来，哈勃已经积累了上百个星系的详细数据，他惊讶地发现，除了像仙女座大星系等几个离银河系最近的星系，几乎所有的星系都在远离银河系。这种现象在天文学中有一个术语，叫作“退行”，意思就是后退而行。更加令他惊讶的是，他发现星系的退行速度与星系到我们的距离成正比。也就是说，距离我们越远的星系，退行的速度也就越快，这就是著名的哈勃定律。

距离我们越远的星系，退行的速度也就越快，这就是著名的哈勃定律

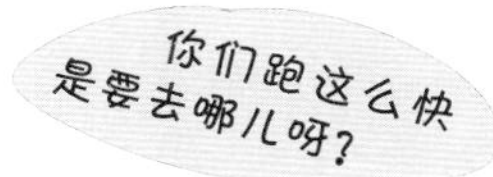

有些人可能想知道，哈勃是如何发现遥远的星系在退行的呢？他又是怎么测量出退行速度的呢？或许你想到的是近大远小的规律，就像我们平时看天上的飞机时，它会越飞越小，那么只要测量出它变小的速度，就能推算出它的退行速度。

上面这个原理本身当然没错，但用在星系退行的测定上是完全无效的。为什么呢？因为星系离我们实在是太遥远了，以至于它退行所产生的一点点视觉上大小的变化完全可以忽略不计，而且远远超出了人类的观测精度。

那么，哈勃是如何发现遥远的星系在退行，又是怎么测量出退行速度的呢？实际上，一个发光的物体如果远离我们而去，除了会造成视觉上的近大远小外，光的颜色也会发生变化，而且退行速度越快，变化的幅度就越大。

这种现象在科学上被称为“多普勒效应”，由奥地利物理学家及数学家多普勒 (公元 1803—1853) 在 1842 年提出。

在日常生活中，我们就能直观地感受到多普勒效应。比如：当火车鸣着

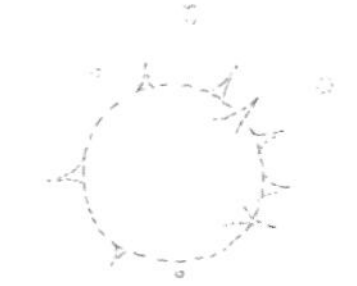

多普勒效应：发光的物体离我们远去，除了会造成视觉上的近大远小外，光的颜色也会发生变化

笛朝你开过来时，你会听到火车的笛声的音调在变高；而在火车从你身边开过并逐渐离你而去时，笛声的音调就会变低。这是因为声波在运动方向上波长变短，频率（音调）升高；反之，则波长变长，频率（音调）降低。

光的本质是电磁波，所以，在运动方向上，波长会变短，频率会升高，而频率就决定了光的颜色。这在天文学上被称为蓝移或者红移。也就是说，光的颜色会朝着光谱中蓝色的一端或者红色的一端移动：如果发光物体朝着我们飞过来，就会产生蓝移现象；反之，当它们远离我们而去时，就会产生红移现象。

哈勃的精细测量的结果表明几乎所有的星系发出的光都存在红移现象，这就说明几乎所有的星系都在相对于我们进行退行。而距离我们越遥远的星系，它们红移的幅度也就越大。这就说明距离我们越远的星系，退行速度也越快。

宇宙大爆炸设想

请你想象一下银河系在宇宙中的处境，就好像你站在一个广场上，举目四望，所有的人都在远离你而去。这时候，你会不会产生自己是广场中心的感觉呢？

银河系在宇宙中的处境

如此说来，难道银河系就是宇宙的中心吗？其实不是。哈勃在仔细分析了上百个星系的数据后发现：实际上，从宇宙这个大尺度的角度来看，不仅几乎所有星系在远离银河系，任何两个星系之间的距离也都在增大，而且这个距离拉得越大，这个效应就越明显。

换句话说，在宇宙这个广场上的每一个星系举目四望，都会产生同样的感觉：其他星系都在远离自己而去，自己就是广场的中心。所以，我们可以说宇宙处处都是中心，也可以说宇宙没有中心。因此，宇宙中没有哪个位置是特殊的。这被称为宇宙学第一原理——平庸原理。

因为广场只是一个二维的平面，而我们的宇宙是一个三维的空间，因此，科学家们经常会用气球来比喻宇宙。假如我们在一个气球的表面画上很多小点，每个小点代表一个星系，那么，当这个气球被吹大的时候，我们就会发现，所有的点都在互相远离。因此，如果我们的宇宙也是一个这样的气球，那么哈勃的这个发现就证明了宇宙正在膨胀。

宇宙正在膨胀，这绝对是一个令人震惊的大发现。

哈勃的这个发现让远在德国的爱因斯坦也震惊不已。为了核实哈勃的观测数据，爱因斯坦甚至亲自跑到美国，生怕哈勃弄错了。爱因斯坦一直以为宇宙应该是一个非常恒定的结构，甚至不惜在自己的理论中毫无道理地凭空添加一个常数来维持宇宙的恒定。然而，令他万万没有想到的是，宇宙居然不恒定，而且在膨胀。

宇宙膨胀这件事情极为惊人，有些科学家就设想，假如昨天的宇宙一定比今天的宇宙小，前天的宇宙又一定比昨天的更小，那么如此往前一直反推的话，宇宙岂不是诞生于一个点吗？难道如此浩瀚无垠的宇宙在很久很久以前只是一个小小的点吗？这个设想实在太过于惊人，以至于一开始大多数科学家都不敢相信。比如当时英国一位著名的天文学家霍伊尔（公元 1915—2001）就不信，他还把这个他认为荒谬的设想称为“宇宙大爆炸”，说难道

宇宙正在膨胀，这绝对是一个令人震惊的大发现

我们的宇宙是像一颗炸弹一样“砰”的一声炸出来的吗？

不过，也有少数科学家相信这个宇宙大爆炸设想。不过，对于科学界来说，宇宙大爆炸显然是一个非同寻常的观点。对于这样的观点，科学家们的态度总是会非常谨慎，只有哈勃的观测证据显然是不够的，还需要更多的证据。那么，还有什么证据能够证明宇宙正在膨胀呢？

宇宙大爆炸的证据

科学家伽莫夫（公元 1904—1968）根据爱因斯坦的相对论做了一个计算，结果是：如果宇宙真的诞生于一次大爆炸，那么这团爆炸后的火球膨胀到今天这个大小后，并没有完全冷却，还剩下那么一丝丝温度。也就是说，伽莫夫发现，外太空也不是绝对零度，还剩下一点处处均匀的余温。伽莫夫计算出了这个余温的精确数值是 5K，并且预言我们能够测量出这个温度。

伽莫夫发现外太空也不是绝对零度，还剩下一点处处均匀的余温

我们的宇宙就好像一台超级巨大的微波炉，只是这台微波炉的功率极低。要想探测这么低功率的微波辐射，需要巨大的射电望远镜

事实上，如果用今天测定出的各种参数代入伽莫夫的方程，这个值应当是 2.7K。你可能不熟悉 K 这个温度单位，如果把这个数值转换成我们熟悉的摄氏度，就是零下 270.15℃。这个温度只比绝对零度高了那么一点儿。因此，虽然伽莫夫提出了预言，但以当时人类所掌握的技术水平，要想探测到宇宙中残存的这个温度，是没有可能的。伽莫夫还需要等待。这一等，就是 24 年。幸运的是，伽莫夫在去世前等到了这一天。

如何探测这么低的温度呢？用温度计是不行的，因为这么低的温度表现出来的其实是微波辐射，而不是热量。这就好像你家里的微波炉，它发出的微波可以给食物加热。我们的宇宙就好像一台超级巨大的微波炉，只是这台微波炉的功率极低。要想探测这么低功率的微波辐射，需要巨大的射电望远镜。

1964 年，美国的两位工程师阿诺・彭齐亚斯（公元 1933—2024）和罗伯特・威尔逊（公元 1936—）一起在美国新泽西州的霍尔姆德尔建造了一个形状奇特的号角形射电天文望远镜，开始对来自银河系的无线电波进行研究。他们其实当时并不知道伽莫夫的预言，本想研究的对象也并不是宇宙微波背景辐射。但是，他们竟然意外地发现了宇宙微波背景辐射（关于这个发现背后的故事，请参见本套书的第 2 册第 2 章）。

这是 20 世纪天文学史上最重要的发现之一，也是宇宙大爆炸理论的最关键证据。因为这个发现，这两位幸运的美国工程师在 10 多年后获得了 1978 年的诺贝尔物理学奖，荣光无限，尽管他们根本就不是研究理论物理的专业人士。他们恐怕是诺贝尔奖史上最幸运的获奖人。

宇宙微波背景辐射之所以能成为大爆炸理论最关键的证据，不仅仅是因为它符合了伽莫夫的预言，其实还有一个更重要的原因。根据已观测到的 3K 左右的温度进行换算，相当于宇宙的任何一个地方每平方厘米每秒都能接收到大约 10 个光子。考虑到宇宙的尺度之大，根本不可能有哪一个辐射源能产生如此巨大的能量，这些光子只能是在宇宙诞生的时候同时产生的，就像一个巨大的火球在经过了 138 亿年的膨胀后的余温。

二十世纪八九十年代，中国很多家庭用的是老式的彩色电视机。当时，人们有时候会在电视中看到一片片小雪花，这让他们很烦躁。其实，他们大可不必为此烦躁，这些小雪花中有 1% 是宇宙背景辐射造成的，人们看到这些小雪花时就等于是在观看宇宙大爆炸的余温。

人们曾经因彩色电视机中出现的雪花而烦躁，这证明了宇宙微波背景辐射就在我们身边

强调宇宙没有中心的意义

讲了这么多，我无非就是想要告诉你，宇宙其实并没有一个中心。我承认，这个结论是有些违反常识的。在我们可观察的世界里，一切都是有中心的。比如地球是地月系统的中心，再比如太阳就是太阳系的中心。也就是说，任何物体，只要它有形状，有尺寸，就会存在一个中心。

但是，宇宙是没有中心的，因为宇宙的本质是一个一直在膨胀的空间。所以，宇宙的形状和尺寸是不固定的，自然也就没有中心。

你可能会问，强调宇宙没有中心这件事情，对我们认识宇宙有什么帮助吗？

这当然是有帮助的。宇宙没有中心意味着宇宙在大尺度上是均匀的，无论观察者身在何处。这极大地简化了我们的宇宙学模型，并且为构建现代宇宙学打下了重要的基础。

非凡主张需要非凡证据

伽莫夫的预言终于被那两位美国无线电工程师的观测结果证实了，这是天文学史上非常非常重要的发现。因为这个证据，绝大多数科学家从反对宇宙大爆炸的阵营转投到了支持的阵营，这说明科学家们认为这个证据过硬。

希望本章的故事让你记住的科学精神是：

非凡主张需要非凡证据。

科学家是全世界最看重证据的群体，在科学探索中，唯一能让假说成为理论的只有证据。而且，越是惊世骇俗的假说，就越需要惊世骇俗的证据。

所以，你以后看到任何一个让你感到震惊的消息，一定要问问是否有同等级别的证据。你震惊的程度越深，就越需要刨根问底，多方求证。千万不要轻易被耸人听闻的标题唬住。

既然科学家们接受了宇宙大爆炸的理论，那么接下去就自然而然地产生了一个重要的问题：科学家们到底是如何推算宇宙年龄的呢？下一章将揭晓答案。

听说在沙漠中发现了一座死亡城堡呢！
有证据吗？

越是令人震惊的消息，越需要刨根问底，多方求证

思考题

假如你看到一篇文章，标题是《食盐中的抗凝结剂亚铁氰化钾致癌》，你觉得，自己应该怎么做才是最有科学精神的做法？

第3章

宇宙的年龄原来是这样推算的

如何测算面团膨胀了多久？

上一章已经说过科学家们发现宇宙正在膨胀。你可能会想，如果宇宙正在膨胀的话，银河系是不是也在膨胀呢？另外，地球是不是也在变得离太阳越来越远呢？其实，这些都是大家对宇宙在膨胀这一现象的普遍误解。我们说的宇宙在膨胀是在比星系更大的尺度上来说的，而在星系的内部，万有引力的力量超过了引起宇宙膨胀的力量（这被称为“暗能量”，请参见本套书的第 1 册第 5 章）。所以，银河系是不膨胀的，地球与太阳之间距离的变化也与宇宙膨胀无关。

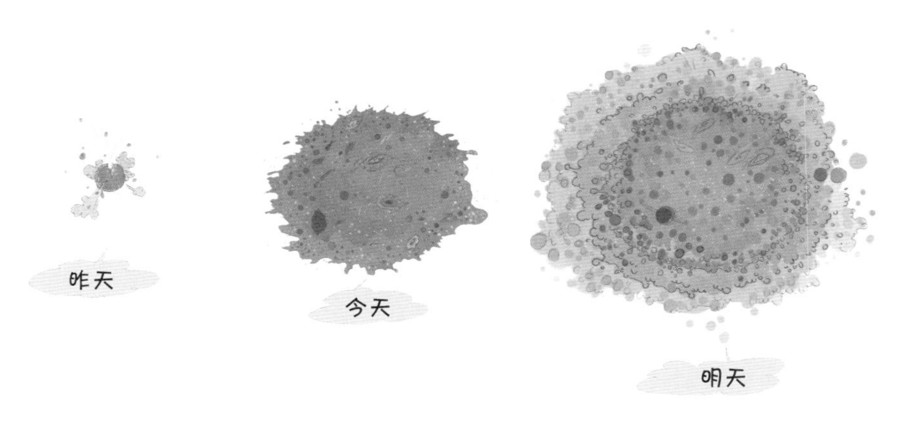

宇宙的昨天、今天和明天

宇宙在膨胀，意味着明天的宇宙一定比今天的大，而后天的宇宙也一定比明天的大。反过来想，也就意味着昨天的宇宙一定比今天的小，前天的宇宙又比昨天的小。

既然没有什么能阻止宇宙膨胀，那么就没有什么能阻止宇宙在时间的反向上缩小。这么一直反推下去，宇宙必然是起源于一个小到不能再小的点。自然而然地，科学家们就开始对这个问题感兴趣了：宇宙到底膨胀了多久呢？换句话说，我们有没有办法推算出宇宙的年龄呢？

你有没有办法测算出这个面团已经膨胀了多久

这似乎是一个不可能完成的任务，但是科学家居然用他们的智慧解决了这个难题。这简直太厉害了！科学家是怎么解决这个难题的呢？

首先，我来考考你：如果在生活中，你看到一个正在匀速膨胀的面团，例如烤箱中的一个面包，你有没有办法测算出这个面团已经膨胀了多久呢？

聪明的你可能已经想出来了，我们只需要测量出面团的膨胀速度即可，具体的操作过程是这样的：先记下开始测量的时刻的面团体积。过一段时间，比如 1 小时后，我们再次测量面团的体积，然后把两次测量得到的体积相减，就得到了这个面团每小时会膨胀多少的速度值。知道了这个速度值，只需要用面团现在的体积除以面团膨胀的速度值，就等于知道了面团已经膨胀了多长时间。

我们来举个例子，比如，第一次测量得出的面团初始体积是 18 立方厘米，1 小时后测量得出的面团体积是 20 立方厘米，那么这个面团每小时可以膨胀 2 立方厘米。那么，它从一个点膨胀到现在的 20 立方厘米用了多久呢？答案是 10 小时。我们也可以认为这个面团的年龄就是 10 岁，也就是把面团世界的 1 小时换算成我们人类世界的 1 年。

如何测算宇宙膨胀了多久？

怎么样？上一节那个用来测算面团膨胀多久的方法是不是看上去很简单，理解起来毫无困难？那我们能不能用那个方法来推算宇宙的年龄呢？也就是说，我们把宇宙想象成一个面团，去测算一下宇宙的体积。很遗憾，我们没办法测算出宇宙的体积，因为我们本身就在这个面团中，不可能跳出这个面团去测算它的体积。

其实，我们不需要知道面团的体积，有一个简单的办法可以测算面团膨胀了多久。这个办法是这样的：先在面团的表面撒上一些芝麻，然后测量一下任意两颗芝麻之间的距离；1 小时后，我们再测量一下这两颗芝麻之间的距离；接着把两次测量得到的距离相减，得到的数值就表示两颗芝麻之间的距离每小时增加了多少。而有了这个数值，就相当于知道了面团每小时膨胀多少的速度值，也就可以最终计算出这个面团膨胀了多久。

为什么？我们假设面团是从一个点膨胀而来的，所以，这两颗芝麻在膨胀开始前必然是重合的。假如我们第一次测量时两颗芝麻的距离是 9 厘米，1 小时后测量的结果是 10 厘米，那么就意味着这两颗芝麻之间的距离每小时增加了 1 厘米，就是说在第二次测量时，面团的年龄是 10 岁。这样，我们同样得出了面团年龄是 10 岁这个结论。你看，这个办法既避免了去测量整个面团的体积，又不影响得出最后的正确结果。

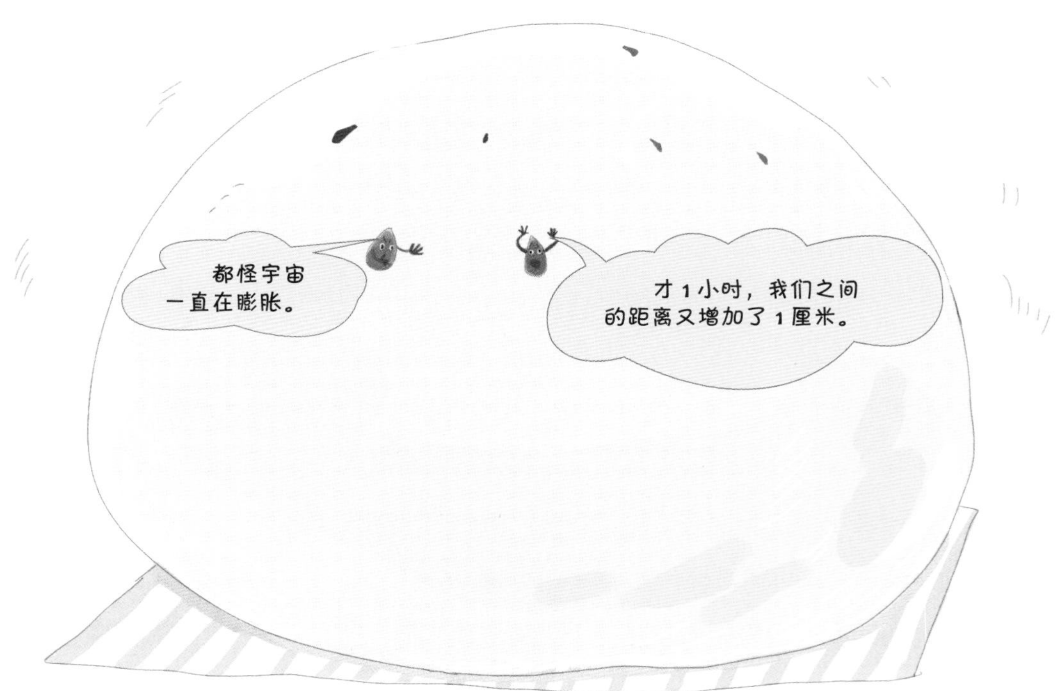

在面团的表面撒上一些芝麻，然后测量不同时段任意两颗芝麻之间的距离，就能算出面团膨胀了多久

那么问题来了：在我们的宇宙中，有没有这样可以供测量距离用的标记点呢？答案是有，不但有，而且很多很多。这就是宇宙中无数个大大小小的星系，这些星系均匀地分布在全宇宙中，近的距离银河系几百万光年，远的有 100 多亿光年。在宇宙这个尺度上，我们就可以把星系看成一个个标记点，只要测量出标记点之间距离增加的平均速度，就能计算出宇宙的年龄。

讲到这里，你可能会觉得奇怪：前面讲到的是面团表面的芝麻，而星系是在宇宙这个面团内部的，之前讲到的原理还能用吗？其实，如果你把芝麻想象成均匀地分布在整个面团中，既有在表面的，也有在内部的，那么之前讲到的原理也是可以用的。

上一章我们说到，二十世纪二三十年代，在美国加利福尼亚州的威尔逊山天文台，天文学家哈勃痴迷于测量不同的星系到银河系的距离，他率先通过计算，得出了宇宙的年龄大约是 2 亿多岁。为了纪念哈勃的贡献，我们今天把宇宙膨胀的速度值叫作“哈勃常数”，把通过这个数值推算出来的宇宙年龄称为“哈勃时间”。

你的膨胀速度可是
用我的名字命名的！

为了纪念哈勃的贡献，我们今天把宇宙膨胀的速度值叫作“哈勃常数”

当然，受限于哈勃生活的那个年代的观测精度，他的测量数值与实际数值的误差还很大，但意义极为重大，这可是人类第一次用科学的方法推算出了宇宙的年龄。方法一旦被人们找到，人们离发现真相那一天就已经不远了。今天，随着天空中的太空望远镜的技术提升，哈勃常数已经被测量得越来越精确，宇宙的年龄逐步被锁定在了 138 亿岁左右且误差不超过 4000 万年。

不过，我又要说那句话了：非同寻常的主张需要非同寻常的证据，科学家最看重的就是证据。除了对哈勃常数的测定，我们还有没有其他证据可以验证宇宙的年龄呢？当然还有。我们来看下一节。

锁定宇宙年龄的证据

你肯定知道，闪烁在夜空中的那些恒星，每一颗都是正在发生着剧烈核聚变反应的巨大火球。就像点燃一支蜡烛后，我们能估算出蜡烛可以燃烧多长时间一样，恒星的燃烧也有其自己的规律。

想象一下，每一颗恒星都像一个巨大的自然时钟，它们从诞生、成长到衰老，每一步都在默默记录着时间的流逝。恒星诞生于星云之中，一开始只是一团气体和尘埃，后来在引力作用下收缩并升温，直至产生核聚变，便进入了稳定发光发热的阶段。就像木柴燃烧后会留下灰烬一样，恒星在燃烧的过程中，会留下大量的化学痕迹。恒星燃烧的时间越长，它剩余的燃料（比如氢）就越少，而生成的新元素（比如氦）就越多。天文学家可以通过研究恒星的光谱，来检查这些“燃烧灰烬”的种类和数量，这样就能判断恒星燃烧了多久。这就是恒星的年龄。

前面我们说过，最早的恒星是在星云中诞生的。显然，即便是最早诞生的恒星，它们的年龄也要比宇宙的年龄小。所以，通过研究宇宙微波背景辐射、哈勃常数和恒星的光谱红移程度综合得出的宇宙年龄，不应该比任何一颗恒星的年龄更小。恒星年龄也就成了校验宇宙年龄的独立证据。所以下次假如你在资料中看到一个古老的星系距离我们有 400 亿光年，你一定不要以为它的年龄是 400 亿岁，因为宇宙才 138 亿岁，所以它的年龄一定是小于 138 亿岁的。

不知道你还记不记得，之前我在本册书第 1 章第 4 节提到过一种特殊的天体——造父变星。通过测量它们的视亮度，就能计算出它们与地球之间的距离。天文学家把这种能够用来测量距离的恒星叫作“标准烛光”。如果在同一个星云或者星系中观察到一颗能够作为标准烛光的恒星，就等于确定了

你此时此刻看到的北极星，其实不是现在的北极星，而是 430 多年前的北极星

这个星云或者星系与地球之间的距离。这样，整个星云或者星系中的其他恒星与地球之间的距离也就基本确定了。这种测量天体距离的方法叫作“标准烛光法”。

一旦我们了解了某颗古老恒星的确切年龄，并且通过标准烛光法测定了它离地球有多远，就相当于找到了一块关于宇宙历史的化石。如果这颗极为古老的恒星的年龄接近或略低于我们通过宇宙微波背景辐射、哈勃常数或其

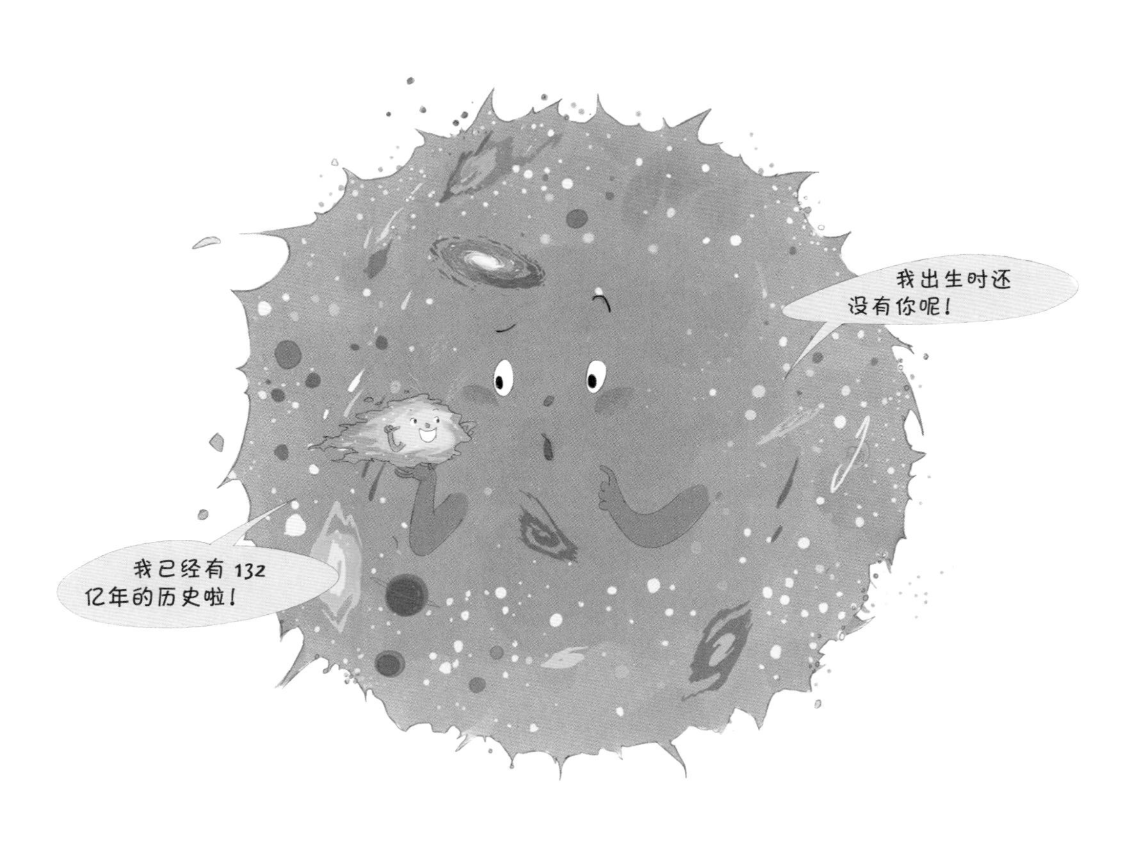

在宇宙诞生的最初六七亿年里，星系还没有形成

因为宇宙不断膨胀，星系发出的光跑向地球的过程，就好像你在机场的自动步道上反向行走

他方法计算出的宇宙年龄，那么我们就有了有力的间接证据，证明我们对宇宙年龄的估算基本准确。

不知道你有没有意识到，每当我们在夜晚抬头仰望星空的时候，其实就是在回望宇宙的过去。为什么这样说呢？我来举个例子，比如，你此时此刻看到的北极星，其实不是现在的北极星，而是 430 多年前的北极星，因为北极星距离地球 430 多光年。所谓的“光年”是一个距离单位，它表示光在一年中走过的距离。所以，北极星发出的光需要走 430 多年才能到达地球。

理解了上面这些内容，我就可以告诉你宇宙年龄的一项重要证据了。2013 年，天文学家们发现，不论我们把望远镜指向宇宙的何处，我们能观测到的最遥远的星系距离都不超过 465 亿光年。注意，这个数据不能说明我们的望远镜的能力不够，假如真的还有更遥远的星系，我们的望远镜也一样能发现。扣除掉宇宙膨胀所产生的额外距离后，结果就是，我们所能观测的所有星系，都没有超过 132 亿岁的，这与哈勃常数计算出来的结果一致，这就是非常过硬的证据了。

你可能奇怪，为什么我们所能观测的所有星系不超过 132 亿岁，前面我不是说宇宙的年龄大约是 138 亿岁吗？原因很简单：在宇宙诞生的最初六七亿年时间里，星系还没有形成。

讲到这里，或许你会产生一个误解，以为宇宙的半径就是 465 亿光年。其实不是。在 465 亿光年之外完全有可能还有无数的星系，只是这些星系发出的光跑了 138 亿年也没有跑到地球。实际上，它们很可能永远也跑不到地球。这就好像你在机场的自动步道上反向行走，如果你走路的速度赶不上步道移动的速度，你就永远也不可能前进。

因此，天文学家把 465 亿光年半径的宇宙称为“可观宇宙”。这个概念很重要，这里你可以先简单了解，下一章我还会为你仔细讲。

宇宙年龄的证据还不止我上面说的这些，还有其他一些根据更复杂的原理测量出来的数据也都表明宇宙的年龄是 138 亿岁左右。这么多的测量数据汇总在一起，就形成了一个坚实的证据链，将宇宙的年龄牢牢锁定。所以，我们的宇宙诞生于大约 138 亿年前的一次宇宙大爆炸已经成为一个结论，它已经成为了科学界公认的成果，也写入了教科书。

没有测量就没有科学

好了，希望本章我讲的知识能让你记住的科学精神是:

测量是一切科学研究的基础，没有测量就没有科学。

测量是一切科学研究的基础，
没有测量就没有科学

著名的开尔文勋爵曾经说过这样的话：如果你不能用测量数据说话，那你就没有资格谈科学。天文学家们之所以敢说宇宙的年龄是 138 亿岁，那是有实实在在的测量数据做支撑的，而不是仅仅依靠理论去推测。请记住：科学中的任何结论都有测量数据的支撑，无一例外。

在我国古代，有很多伟大的思想巨著（比如《周易》《道德经》《庄子》等），它们是我国古老而又悠久的文明的思想结晶。但这些著作是哲学著作，并不是科学著作，其中一个最重要的原因就是，这些著作中只有思辨而没有测量，而任何一门学问要迈入科学的殿堂，都离不开测量。

在这一章的开头，我说过因为我们自己身在宇宙中，所以没法测量出宇宙的体积，但科学家们又真的很想知道宇宙到底有多大，至少他们想弄清楚宇宙到底是有限还是无限的。你是不是也很想知道宇宙到底是有限还是无限的呢？下一章将揭晓答案。

社会上有一门很流行的学问，就是研究星座与性格之间的关系。我想请你根据今天学习到的知识来判断一下这门学问属不属于科学。

第 4 章

宇宙是有限还是无限的?

“有限无界”的宇宙观

在我还是一个孩子的时候，我就特别喜欢问一个问题：宇宙到底有多大？不知道你是不是也对这个问题感到非常好奇呢？

上一章我已经讲过，人类能够观测到的宇宙范围永远也不可能超过一个半径为 465 亿光年的球形区域。但是，这并不意味着宇宙就是一个半径为 465 亿光年的球。我们之所以看不到比这更大的范围，仅仅是因为光速是有限的，即我们能看到的最古老的光子不可能超过宇宙的年龄。

那么宇宙到底有多大呢？今天的宇宙到底是有限还是无限的呢？

古代的哲学家一致认为，空间是无限大的。这是一种非常朴素的想法，它符合一个很简单的道理。假如我跟你说宇宙是有限的，就好像一个篮球，那么你可能马上就会反问我：篮球的外面是什么呢？宇宙的外面是什么呢？因为在我们的脑子里，似乎“外面”总是存在的。

不过，到了近现代，科学家却对哲学家说：“外面”不一定总是存在的，也就是说宇宙完全有可能是没有边界但大小固定的东西。

这似乎特别违反直觉，不好理解。究竟什么样的东西是一个没有边界但大小固定的东西呢？

其实，只要我们愿意思考一下，这样的东西也不难找。你想，如果一只蚂蚁在一个篮球上爬，那么对于这只蚂蚁来说，这个篮球就是没有边界但大小固定的东西，原因就在于篮球的表面是弯曲的并且形成了一个闭合的曲面，这样一来，蚂蚁无论朝哪个方向一直爬，最后总是会回到原地。

当然，我们的宇宙并不是篮球，这仅仅是帮助你理解宇宙的第一步。

一个二维的平面假如是弯曲的，就能形成一个有限无界的曲面。其实，同样的道理，三维的空间也可以是弯曲的，这就是爱因斯坦的深刻洞见。100多年前，爱因斯坦提出了广义相对论，这个理论最核心的思想就是空间可以是弯曲的。爱因斯坦的这个发现颠覆了人们对空间的认知，特别反常识。不过，科学家们只相信证据，不相信常识。经过100多年的努力，现在，大量的坚实证据都证明爱因斯坦是对的：空间确实可以是弯曲的。

自从爱因斯坦提出广义相对论后，有很多科学家认为整个宇宙就是一个

这个篮球对于这只蚂蚁来说，就是没有边界但大小固定的东西

无比巨大的弯曲空间。什么意思呢？就是说，假如我们朝着宇宙中任何一个方向一直飞，只要飞行的时间足够长，最终我们就会回到原地，就好像那只在篮球上爬的蚂蚁一样。换句话说，宇宙是一个循环往复、有限但无界的空间。

再后来，宇宙在膨胀这一现象被发现，宇宙大爆炸理论也成为了一个有着坚实观测证据的科学理论。既然宇宙诞生于 138 亿年前的一次大爆炸，那么宇宙的这种有限无界的特性似乎就更加说得通了。于是，越来越多的科学家赞同宇宙是有限的，大名鼎鼎的物理学家霍金也是这个观点的拥护者。几乎所有科学家都认为，接下来只需要天文学家们找到宇宙有限的证据就可以了，而这个证据迟早是能被找到的。

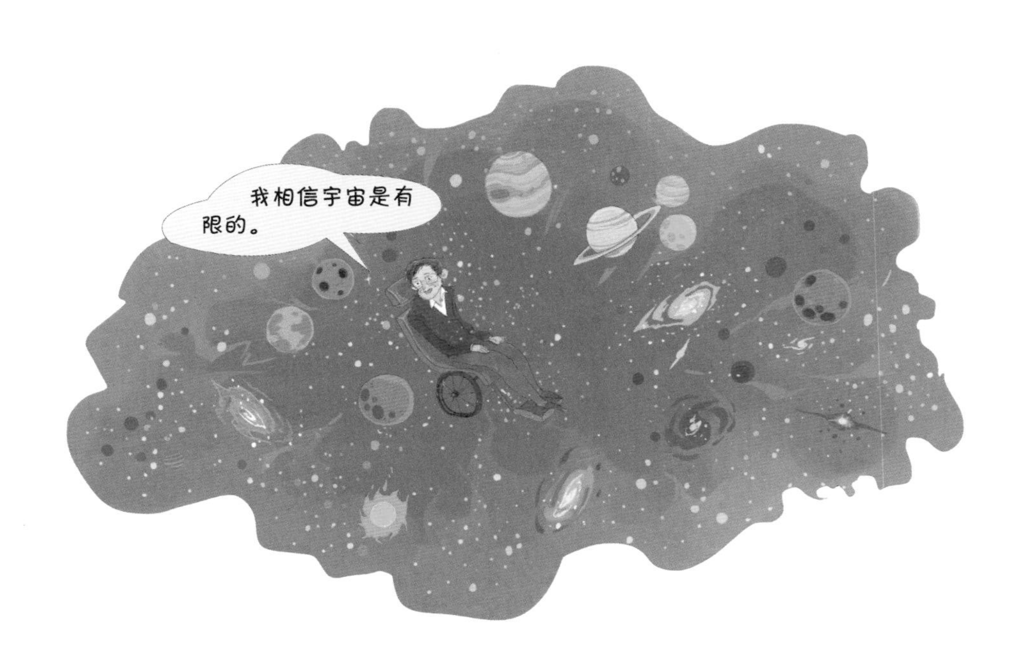

越来越多的科学家赞同宇宙是有限的这种观念，大名鼎鼎的物理学家霍金也是这种观点的拥护者

宇宙没按常理出牌

任何科学猜想都需要证据，宇宙有限同样需要证据。你可能会说，前面我不是刚刚说爱因斯坦的弯曲空间理论有大量的坚实证据了吗？我们现在确实有了坚实的证据证明空间可以是弯曲的，但准确地说，我们只是证明了在大质量天体附近的空间是弯曲的，但是这和证明宇宙在大尺度上整体是弯曲的有着本质的不同。

我给你打个比方，假如我们把宇宙想象成一块地毯的话，那么我们只是

假如我们把宇宙想象成一块地毯的话，那么我们只是证明了在这块地毯上分布着很多小坑，并不能证明整块地毯从大尺度上来看是弯的还是平的

证明了在这块地毯上分布着很多小坑，并不能证明整块地毯从大尺度上来看是弯的还是平的。

在物理学上，我们用“曲率”这个词来表示弯曲程度。如果一个东西是完全平的，一点弯曲的地方都没有，那么它的曲率就等于零。假如一个东西的曲率大于零或者小于零，就说明它存在弯曲。

所以，要找到宇宙有限的证据，就需要测量宇宙空间在大尺度上的曲率。然而，宇宙似乎不喜欢被人类轻易地看透，它总是喜欢给我们制造意外。最近这十几年，天文学家采用了很多不同的方式对宇宙的曲率进行了精心的测量。他们发现，在精度误差不超过 1% 的范围内，没有测量到宇宙存在任何弯曲之处。这已经是一个相当高的精度了，也就是说，科学家们意外地发现，宇宙的曲率很可能不多不少，恰好就是零，或者怎么都不会大于 0.01，即宇宙很可能完全是平的。

宇宙很可能完全是平的

这个结果让所有科学家都吃了一惊，虽然现在还不能完全肯定宇宙是平的，但已经有了一种剧情大反转的感觉。讲到这里，你或许很想知道科学家是如何测量宇宙曲率的。下面给你介绍一下测量宇宙曲率的两个方法。

测量宇宙曲率的方法

测量宇宙曲率的第一个方法就是简单直接的几何学测量。三角形的内角和等于 180 度，这是一个最基础的几何学常识。不过，这个常识其实需要一个非常重要的前提，那就是这个三角形必须是一个平面上的三角形。假如你在一个篮球上画一个三角形，这个三角形的内角和就不再是 180 度，而是大于 180 度。假如我们在一口锅中画一个三角形，那么这个三角形的内角和就会小于 180 度。因此，我们就可以通过测量一个三角形的内角和，判断这个三角形所处的面是平的还是弯曲的，以及是怎样弯曲的。

根据上面的这个原理，如果我们在宇宙中测量一个巨大的三角形（比如三个相距遥远的星系构成的三角形）时，其内角和不是 180 度，那么，我们就可以推断出宇宙空间不是平的。

测量宇宙曲率的第二个方法是间接测量。要搞懂这个方法，你需要用到第 2 册中关于相对论的知识。在第 2 册第 1 章中，爱因斯坦在 100 多年前为我们揭示了质量和能量可以使空间弯曲的道理，而且有一个可以定量的推论：假如整个宇宙的平均质能密度等于某一个数值，那么宇宙从整体上来说就是平的；如果大于或者小于这个数值，那么宇宙就是弯曲的。你不需要去搞懂这是怎么计算出来的，也不需要知道这个数值到底是多少，因为这超出了你

通过测量三角形的内角和，就可以判断这个三角形所处的面是平的还是弯曲的，以及是怎样弯曲的

现在掌握的数学知识的范围。你只需要知道理论物理学家们计算出了这样一个数值就够了。

天文学家们经过 10 多年的精心测量，结论是：在 0.004 的误差范围内，宇宙的平均质能密度刚好等于那个确保宇宙是平的的数值。这说明宇宙中的物质不多不少，恰好可以让整体空间维持平直。现在我用一个直观的比喻，让你理解这个条件是多么苛刻又多么巧妙。比如， 在一个像北京的水立方体育馆那么大的宇宙空间中，恰好有 5 粒沙子，假如沙子多 1 粒或者少 1 粒，都会造成宇宙空间的弯曲。这个条件是多么苛刻，可是我们的宇宙做到了。

所以，今天的宇宙学家告诉我们，尽管还没有百分之百的把握，但是宇宙空间从整体上看很可能是完全平的，至少是极度地接近平的。

宇宙是无限的

既然宇宙空间从整体上看很可能是完全平的，至少是极度地接近平的，那么宇宙很可能是无限大的，至少极度地趋近于无限大。

为什么这样说呢？我们其实可以反过来思考：如果宇宙不是无限大的，就一定不是平的。这就像一根两端闭合的线必然是有弧度的。

实际上，对于天文学家们来说，“宇宙是无限大的”这个结论远比“宇宙是有限大的”更出人意料，因为它会产生很多令人觉得不可思议的推论。我给你举一个例子。现在的天文观测的结果表明，宇宙中星系的分布在大尺度上是极为均匀的。因此，我们有理由认为，在可观宇宙之外，也就是 465 亿光年之外，星系的分布依然是均匀的。

宇宙是无限大的就意味着宇宙中有无限多的星系，至少是极度接近无限多的星系。这也就意味着极有可能存在另外一个一模一样的地球。这就好像假如地球是一副数量和排列顺序固定的扑克牌，那么总能找到另一副一模一样的扑克牌。组成地球的每一个原子就好像是扑克牌中的每一张牌，无限多的星系就代表了无限多副扑克牌，那么总能找到两个一模一样的地球。也就是说，在宇宙中的某个角落，很可能还有一个完全一模一样的你和我，正在做着完全一模一样的事情。这是不是让你感到不可思议呢？

在宇宙中的某个角落，很可能还有一模一样的你和我

什么是可观宇宙？

不过，就算真的像上一节说的那样，这个宇宙中还有另外的你和我，我们也完全不用为此烦恼。你可以想象一下，假设在另一个星球上真的有一个一模一样的你，但是，这个星球和地球发出的光，无论过多久都不能被对方星球上的人看到，那么，你还有可能知晓对方星球的存在吗？这就是宇宙最令人着迷的地方：宇宙是无限的，但在这个无限的宇宙中我们可以观测的部分（“可观宇宙”）是有限的。

可观宇宙是什么样子的呢？它有多大呢？我在第 3 章第 3 节讲到，我们的可观宇宙是一个以地球为中心、半径是 465 亿光年（这个是理论上的数值，目前只能观测到 460 亿光年）的球体空间。

不过，可观宇宙的大小并不是固定的。随着时间的推移，会有一些更遥远的星系发出的光陆续到达地球。那么，这些星系所处的区域也将成为可观宇宙的一部分。

但是，那些因为宇宙膨胀，与地球之间的距离的增加速度已超过光速的天体，它们发出的光线将永远无法到达地球。也就是说，不仅我们现在看不到它们，未来也不可能看到它们。所以，可观宇宙虽然会随着时间的推移无限扩大，但即使我们等待无限长的时间，我们能观测到的星系数量也是有限的。

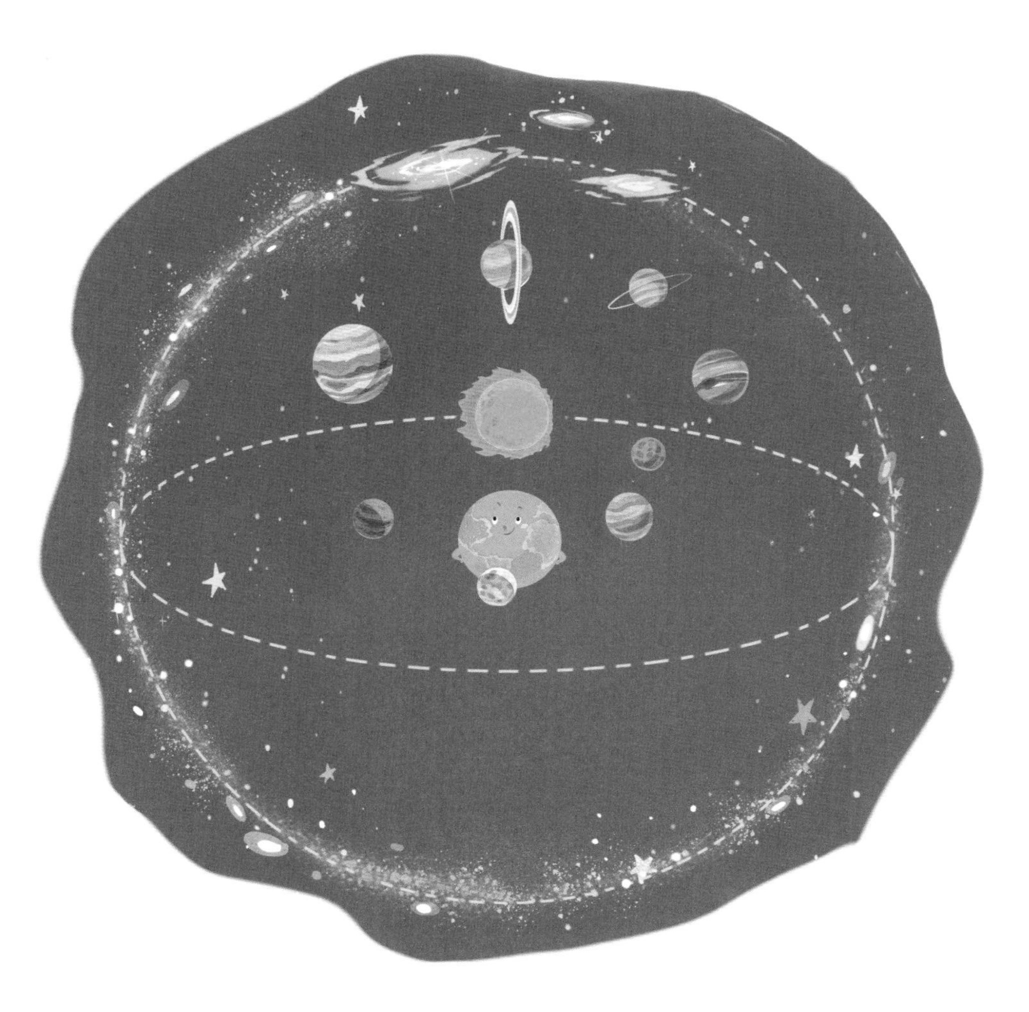

在理论上，我们的可观宇宙是一个以地球为中心、半径是 465 亿光年的球体空间

那么，有没有这样一种可能：在我们的可观宇宙里，也有一个一模一样的你和我呢？很遗憾，这种可能性是极低的。虽然 465 亿光年是一个极大的数字，但只要是有限的空间，物质的总量就是有限的。而且，物质的分布和演化都需要遵循特定的物理规律，想要复制出完全一样的地球和完全一样的你和我，是一个概率低到无限接近于零的事情。

过程比结论更重要

希望本章中我讲的知识能让你记住的科学精神是:

决定思想深度的不是结论，而是推导的过程。

几千年前的人们认为宇宙是无限的，今天的科学家也这么认为。虽然两种看法是相同的，可理由完全不同：古人靠的是朴素的直觉和经验，而今天的科学家靠的是数学计算和观测实证。

你未来会学习数不清的科学知识，有时候你会发现一些现代科学的结论似乎与古人的某个说法不谋而合或者非常类似。比如，我国的古代先贤老子就曾经说过："道生一，一生二，二生三，三生万物。"老子觉得万物都是来源于一个叫"道"的东西。有人也许会问：这说的是不是就是宇宙大爆炸?

我们姑且认为老子当时想到了宇宙有一个起点（尽管这没有证据），但是老子并没有告诉我们他是如何发现"道生一"的，又是如何发现"三生万物"的，以及为什么不是"二生万物"。所以，我们不能认为老子比现代科学家更早发现了科学真理因而更加伟大，因为比结论更重要的是寻找结论也就是推导的过程。

你能不能看出这里面隐藏了宇宙大爆炸设想的相关内容

我已经给你讲完了宇宙的年龄和大小，在最后一章要带你去看一看宇宙的未来。我们的宇宙到底会走向怎样的结局呢？我们下一章揭晓答案。

思考题

“万物是由原子构成的”最早是由古希腊的哲学家德谟克利特提出的，后来英国科学家道尔顿也提出了“万物是由原子构成的”这一观点。请你思考一下，德谟克利特和道尔顿相比，谁对科学的贡献更大一些呢？

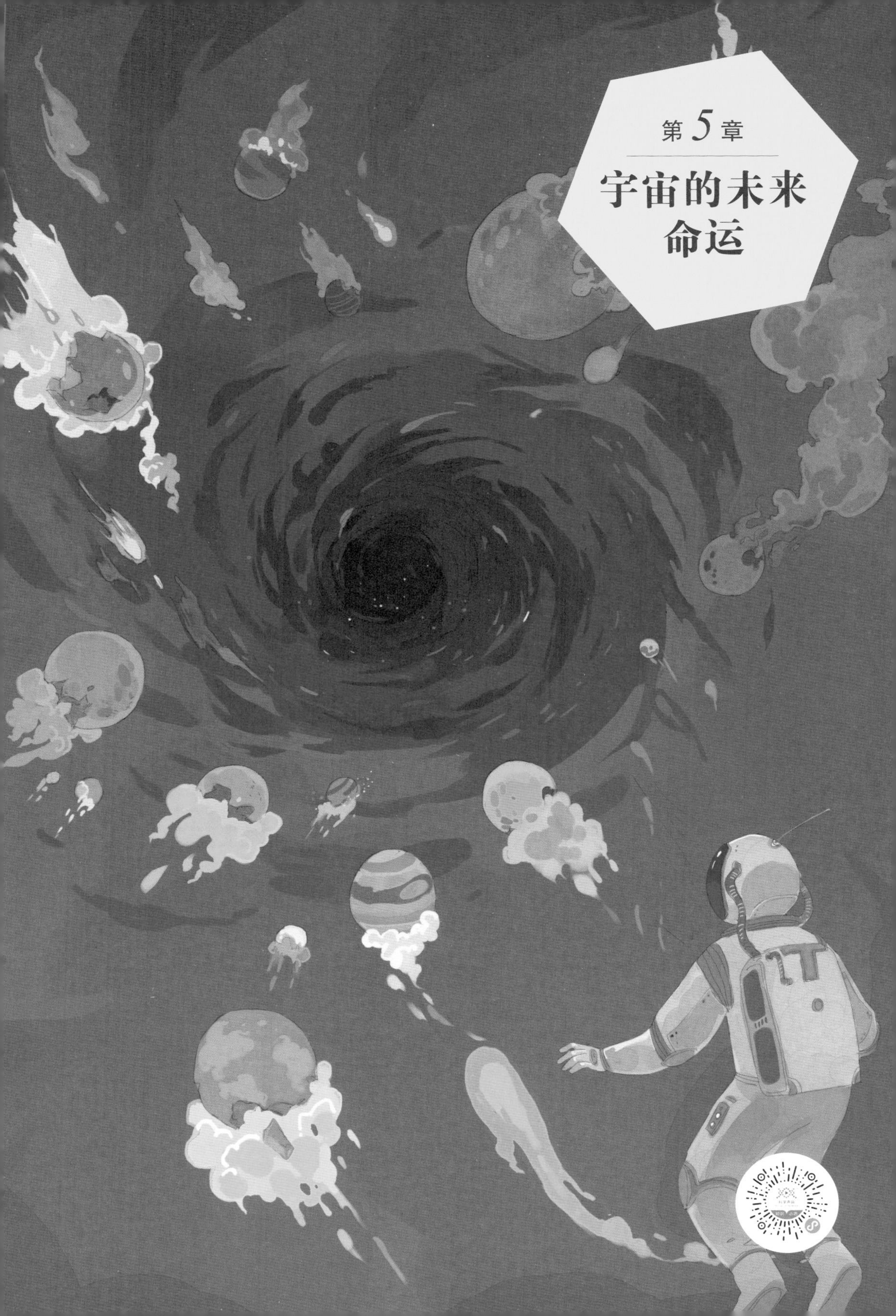

第5章 宇宙的未来命运

追问宇宙未来命运的意义

人类文明从诞生的那天起，我们就在追问两个问题：宇宙从何而来？要去向何方？

现在，我们已经可以大致有把握地回答第一个问题：宇宙诞生于 138 亿年前的一次大爆炸。相比于未来的事情，过去发生的事情更容易回答一些，因为已经发生的事情总会留下各种各样的蛛丝马迹，科学家们可以通过研究这些蛛丝马迹去还原真相。而未来的事情还没发生，我们只能靠推测，所以第二个问题“宇宙要去向何方”就不那么容易回答了。

宇宙未来的命运最终会是怎样的？这是人类能够提出的终极问题。所有对这个问题的回答都是现有人类智慧下的回答，并且也不可能得到最后的验证。那么，研究这个问题到底有没有意义？为什么要去研究？其实，所有的意义都是人赋予的，能够引发思考和满足好奇心就是无与伦比的意义。在解决温饱之前，艺术是没有意义的。但是温饱问题被解决之后，人们会发现艺术的意义更大。如果你追问艺术对人类的意义到底是什么，答案就是给人带来美感。

我们研究宇宙未来的命运这件事本身也是一种对美的追求，你不觉得宇宙就是一首宏大的交响曲吗？从宇宙大爆炸的那一声大鼓开始，这首已经持

从人类文明诞生的那天起，我们就在追问两个问题

续了 138 亿年的交响曲正进入高潮。这首交响曲最终会以什么样的方式结束？人类有追寻答案的本能冲动。如果把人类文明当作宇宙中难以计数的众多文明之一来看待，这个问题的研究深度代表着人类文明在宇宙文明中的排名。它的意义不是针对个人，而是关系到整个人类文明。

虽然这个问题看似无解，但科学家们依然可以根据已知的物理定律，对宇宙的未来作出合理的推测。到底是什么样的物理定律能够让我们对宇宙的未来作出科学猜想呢？这就是大名鼎鼎的热力学第二定律，也被称为“熵增定律”。

宇宙就是一首宏大的交响曲

关于宇宙未来命运的熵增定律

“熵”这个字对你来说可能是一个生僻字，它是一个物理学术语。和我们经常会遇到的“质量”“能量”一样，它们都是科学家们发明出来的，被用来度量自然界中的某种物理量的。不过，“熵”这个物理量比较抽象，它表示的是一种自然界中自发的发展方向，这个方向就是从有序向无序发展，用热力学的术语来说就是从低熵值向高熵值发展。

什么意思呢？假如我们拿到一副扑克牌，牌是按从小到大的顺序排列的，我们洗牌的次数越多，这副牌就会变得越来越无序，在这个系统中，熵的数值也在慢慢地变大。再比如，一个打碎的玻璃杯的熵的数值就比没有打碎前高。反过来，假如我们把一堆无序的沙子堆成一个很有规则、形状完整的沙堡，在这个过程中，沙子的熵值就减小了。

物理学家们发现了大自然的一个规律：任何孤立系统中的熵，只能增大，不能减小。什么叫孤立系统呢？你可以把它理解为一个不受外界干扰的环境。比如前面提到的那个被打碎的玻璃杯就是一个孤立系统，如果没有外界干扰的话，它不可能自发地复原，也就是说它的熵值不可能自动减小。

再比如，我在前面提到了那座沙堡，假如我们把整个大自然想象成一个封闭的系统，在没有人类干扰的情况下，风很快就会让沙堡消失，让沙子的

碎玻璃的熵的数值增大了，沙堡的熵的数值减小了
我的熵的数值增大了。
我的熵的数值减小了。

排列重新回归无序，再厉害的风也永远不可能把沙子吹成一座规则的沙堡。这同样也是熵增定律的体现。

在天文学家的眼中，我们的宇宙可以被看成一个超级巨大的孤立系统。宇宙中的所有物质都是由原子组成的。这些原子就像沙子，那么宇宙的总体熵值只能增大而不能减小。也就是说，所有的原子一定会自发地朝着无序方向发展。那么，当整个宇宙的熵值最大也就是当它处于最无序的状态时是什么样子的呢？

宇宙热寂假说

当整个宇宙的熵值最大也就是当它处于最无序的状态时，所有原子都均匀地分布在整个宇宙空间中，就好像沙子均匀地分布在了海滩上。这时，我们的宇宙再也不可能产生什么变化了。

热寂的意思并不是说宇宙最后会热死。其实，到了宇宙处于热寂状态的那一天，宇宙的温度也降到了最低

上面这个关于宇宙未来的说法是用热力学第二定律推导出来的，所以就被称为宇宙热寂假说。

不过，关于宇宙处于热寂状态的整个过程到底会是怎样的，这个状态会在多久之后达到，科学家们却没有一致的答案，甚至产生了比较大的分歧。一些科学家认为，宇宙中所有恒星最终都会燃烧完毕，所有天体最终也都会分解成基本粒子，甚至连黑洞最终也会全部蒸发完毕，宇宙最终只剩下永恒的黑暗。这个过程大约需要 10^{1000} 年。我劝你不要试图去想象这是一段多么长的时间，因为你无论把它想象成多久，它实际上都比你能想到的还要久得多。

宇宙热寂假说一度统治着宇宙学，不同的宇宙学家只是在宇宙处于热寂状态的年代和方式上会产生分歧。但是，令人意想不到的是，当人类进入 20 世纪 90 年代末，在宇宙学上的一个意外发现，让宇宙进入热寂状态的时间被大大地缩短，这种缩短的程度之大超乎想象，类似于把现在的整个可观宇宙一下子缩短到还没有一个原子那么大。这个意外发现到底是什么呢？

宇宙扩张与暗能量探秘

这个意外发现就是暗能量的发现。

前面我们已经讲过，科学家们通过观察天空中的恒星和星系，发现了一个惊人的事实，那就是宇宙正处在不断膨胀的状态中。它就像一个被吹胀的气球一样，星系彼此之间的距离在不断增加。

这个发现始于20世纪初。爱因斯坦在提出广义相对论的时候，也预言了宇宙可能的膨胀行为，而且他指出，星际间物质引力的存在，会使宇宙的膨胀速度逐渐减慢。

但是，细心的科学家注意到，星系之间的分离速度似乎并未像广义相对论的预期那样逐渐减慢，反而似乎越来越快。

这种现象不仅与广义相对论的预测相反，也违反了我们的常识。这就好比你向天空扔出一块石头，本以为它会因为重力的作用减速后最终落回地面，但没想到的是，石头竟然越飞越快，像一枚火箭一样飞走了。

对于这些现象，科学家感到相当迷惑。要知道，只有存在外力的情况下，物体才会拥有加速度。

为了解开这个谜团，科学家在1998年组织了一项重要的实验，研究的对象叫作“Ⅰa[①]型超新星”。

Ⅰa型超新星是一种很特殊的天体，它们爆发时会具有相同的质量和亮度。这个特点非常重要，因为知道了一颗超新星的绝对亮度后，我们再测量它从地球上看过去的亮度，就能通过亮度随着距离变大而减小的规律算出它到地球的距离。

对Ⅰa型超新星的测量结果令人吃惊：距离我们比较远的Ⅰa型超新星，它们的亮度比我们预想的更加暗淡，这就意味着它们与地球的距离比我们之前估计的要远得多。

由此，科学家们终于可以得出结论：宇宙的膨胀速度正在变得越来越快，这不是错觉，而是一个观测事实。

参与这项研究的三位科学家也因此获得了2011年诺贝尔物理学奖。（相关内容详见本套书的第2册第5章）

可是，宇宙加速膨胀毕竟是一种反常的现象，必须得到合理的解释。

于是，科学家们就只能假设宇宙中存在一种未知形式的暗能量，它弥漫在整个宇宙空间中。虽然单位空间中的暗能量极其微弱（整个太阳系中的暗能量的总量可能还不如你眨一眨眼睛所需要的能量多），但是我们的宇宙实在太大了，整个宇宙蕴含的暗能量加在一起的总量就很大了。

而且，暗能量还有一个特点，那就是它会随着空间的增加而增加。也就是说，宇宙膨胀得越大，暗能量也就越大。

暗能量在宇宙中的占比相当惊人，科学家估算，它约占了宇宙总能量的68%。这意味着，我们日常生活中接触到的物质只占宇宙的一小部分，暗能量才是宇宙真正的主宰者。这一发现颠覆了我们对宇宙的传统认知。

尽管“暗能量”这个概念听起来有点不可思议，但它是科学家们依据严格的观测数据和数学模型得出的结论。今天的科学家们正致力于寻找更多线索，尝试理解暗能量的本质。

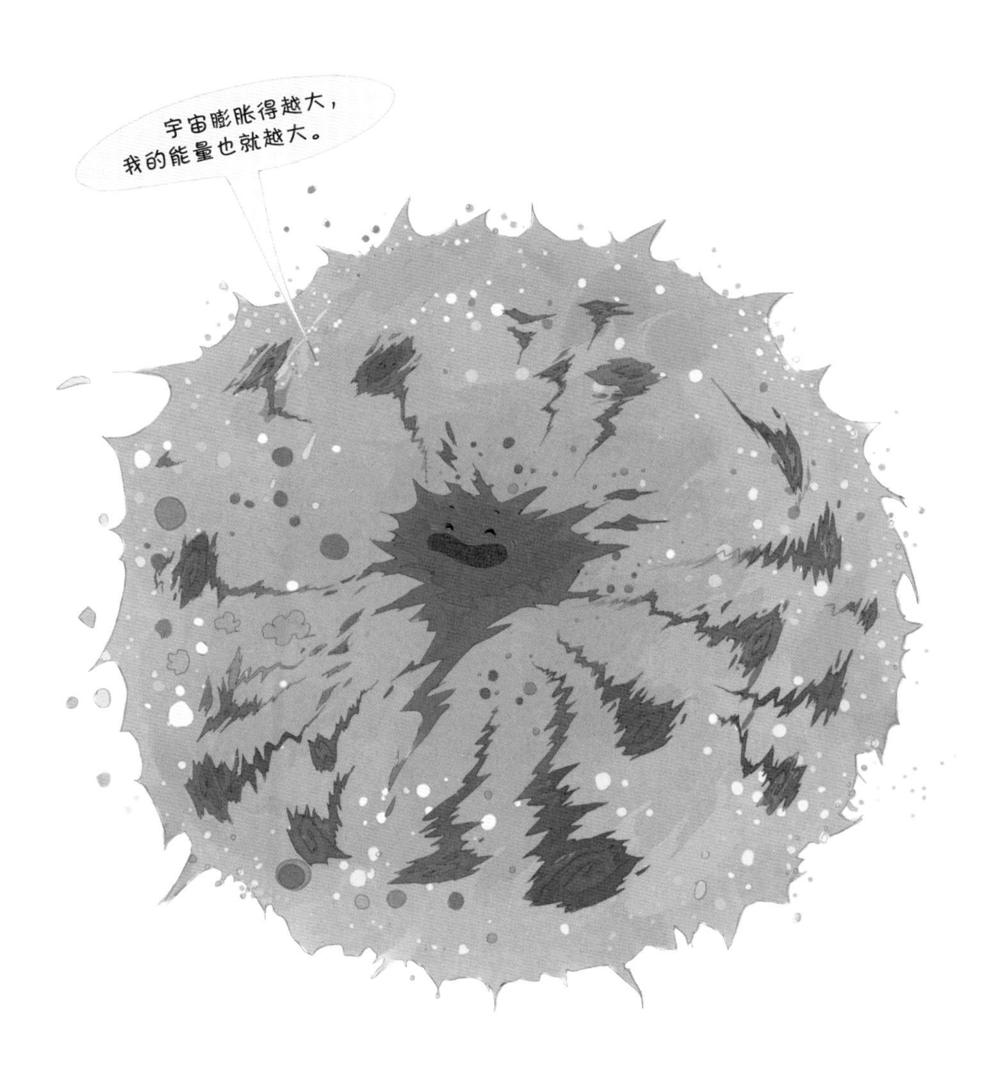

宇宙膨胀得越大，暗能量也就越大

如今，暗能量已经成为现代宇宙学的核心课题之一，暗能量的存在对宇宙的加速膨胀现象作出了解释，它的发现标志着人类在对宇宙的理解上又有了一次飞跃。

TIP

①Ⅰa：Ⅰ是罗马数字，代表1，不是大写的英文字母i。

宇宙大撕裂假说

有一些科学家计算出，220 亿年后，宇宙的暗能量就足以大到把宇宙中的所有物质彻底撕裂。所谓的“彻底撕裂”，就是每个基本粒子之间互相远离的速度都超过了光速，任何基本粒子之间再也不可能发生相互作用了，宇宙也不可能再发生任何的变化，一切可能性都丧失了。这就是宇宙大撕裂假说。

宇宙大撕裂假说认为，220 亿年后，宇宙的暗能量就足以大到把宇宙中的所有物质彻底撕裂

宇宙大撕裂假说得到了不少科学家的支持，但是计算结果不太一样，甚至有人认为150亿年以后，宇宙就将进入大撕裂状态。不过不管是220亿年，还是150亿年，相对于现在来说都非常遥远，并不会对我们现在产生任何影响，大家不用太过担心。

宇宙大塌缩假说认为，宇宙会在膨胀到某一个临界点后停止膨胀，发生收缩，直到重新收缩回奇点大小

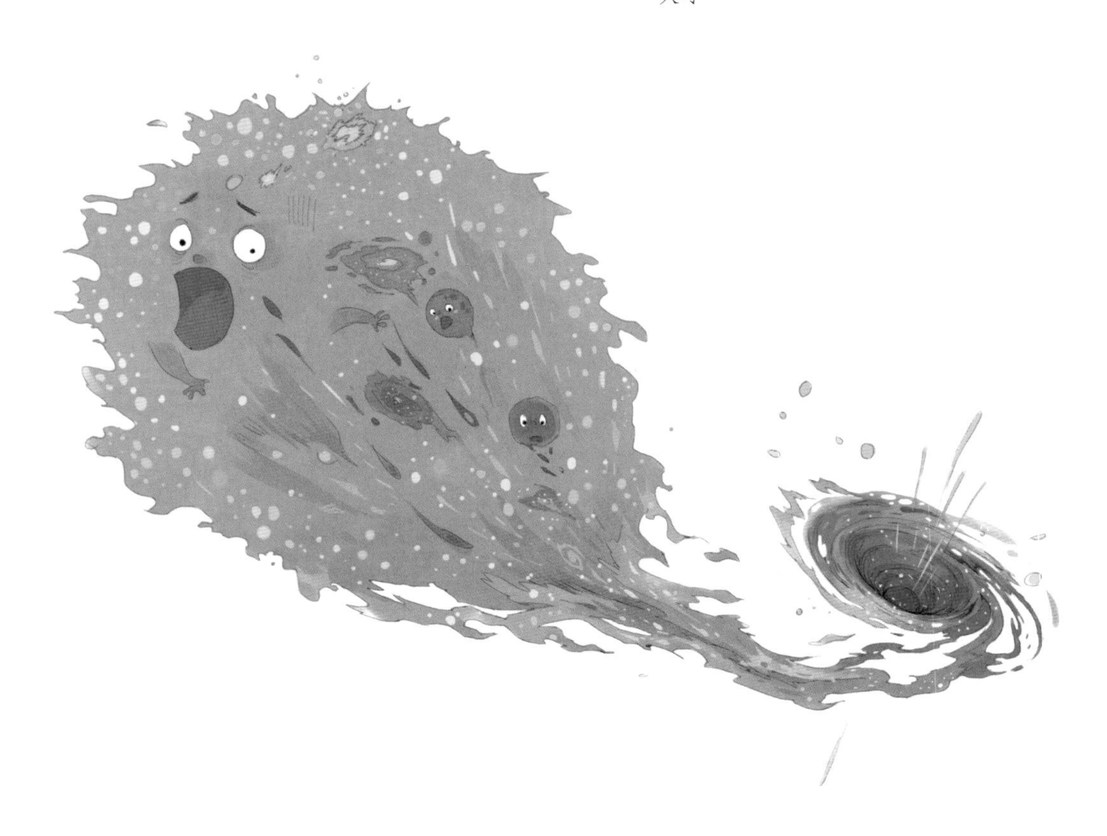

宇宙热寂假说和宇宙大撕裂假说是目前科学界关于宇宙未来命运的最重要的两种假说，此外还有一些其他假说，例如宇宙大塌缩假说。这个假说认为，宇宙会在膨胀到某一个临界点后停止膨胀，发生收缩，直到重新收缩回奇点大小。不过，随着暗能量的发现，这个假说现在已经越来越不吃香了。

关于宇宙的未来命运，目前的所有假说都还缺乏足够的证据，毕竟我常说“非同寻常的主张必须要有非同寻常的证据”。

因此，我们的宇宙到底会走向何方依然是一个世界未解之谜。

探索永无止境

好了，本书讲到这里，也即将结束。本书与上一本所讲述的，不仅是一部人类探索天文的历史，也是一部人类追求科学的历史，希望你能从中体会人类是怎样一步步地走出蒙昧，拥有理性，最后让科学得以诞生。

我们现在已知的一切天文学知识，无不是在科学精神的引领下，一步一个脚印地探索后得来的。如果把我们对宇宙的认识比喻成一座雄伟大厦的话，那么每一块砖瓦都不是凭空而立，而是一块块地垒上去的。在建造这座大厦的过程中，我们不断地修正、剔除无法经受住严格检验的砖瓦，而且每增加一层都会经历无数人的质疑和验证。时至今日，人类已经取得了许多伟大的成就。对于宇宙而言，人类渺小如微尘。但是，这样渺小的人类对宇宙的了解居然能达到今天这样的程度，我们都应该深感自豪。

所以，本章我希望你能记住的科学精神是：

探索永无止境。

宇宙留给我们的未知领域还有很多。即使是我们身处的太阳系，我们还有许多未解之谜，比如太阳的磁暴是怎么产生的？太阳系中除了地球之外，还有孕育生命的地方吗？彗星到底来自哪里？奥尔特云是怎么形成的？……

从太阳系向外扩展到银河系，我们想知道的事情就更多了，比如是什么力量在推动着银河系自转并形成一个旋涡？黑洞的视界之内到底是怎样的？……

再从银河系扩展到整个宇宙，更多的未解之谜等待着人类破解，比如星系与星系之间的空间真的是完全空旷的吗？虫洞是真实存在的天体吗？宇宙大爆炸的原因是什么？……

或许在我的有生之年，这些问题都找不到答案。但也许，就在你们中间，会有这么一位少年从此立志去探寻宇宙的奥秘，并最终解开了其中一个谜题。如果未来有这么一天，我将为我今天写下这套书而感到无比自豪。

本次科学之旅即将结束，我给你讲了很多科学精神，也给你讲了很多科学故事及其背后的知识。或许，过不了多久，你就会忘记本套书中的这些科学故事和科学知识。但是，我希望你能牢记书中的科学精神。

我是汪诘老师，我们后会有期。

思考题

前面我提到了那么多宇宙未解之谜，你对哪个谜题最感兴趣呢？你还知不知道其他的宇宙未解之谜呢？如果不知道，设法找到一个并告诉我。

我的邮箱地址是：kexueshengyin@163.com

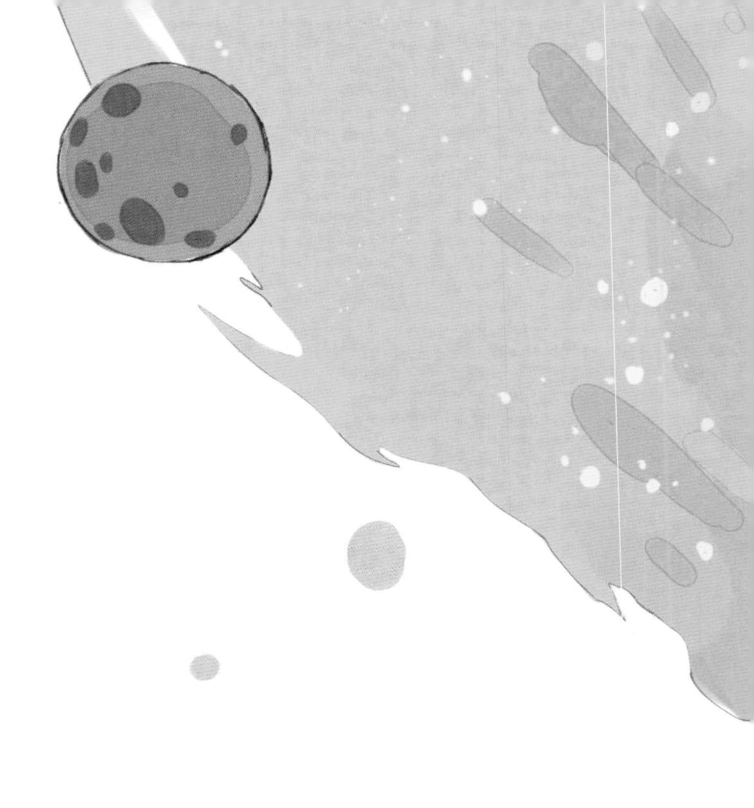

探索永无止境，宇宙留给我们的未知领域还有很多